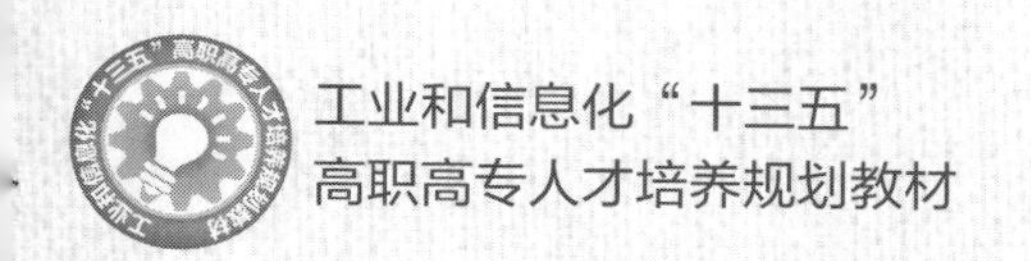

计算机网络技术

移动互联基础

廖继旺 主编
孙洪淋 王红军 刘思夏 胡柳 副主编
彭顺生 主审

人 民 邮 电 出 版 社
北 京

图书在版编目（CIP）数据

计算机网络技术 ： 移动互联基础 / 廖继旺主编. -- 北京 ： 人民邮电出版社, 2019.8
工业和信息化“十三五”高职高专人才培养规划教材
ISBN 978-7-115-49574-7

Ⅰ. ①计… Ⅱ. ①廖… Ⅲ. ①移动通信－互联网络－高等职业教育－教材 Ⅳ. ①TN929.5

中国版本图书馆CIP数据核字(2018)第229084号

内 容 提 要

本书在计算机网络技术的基础上，向移动互联技术延伸。全书共分 5 章，内容包括计算机网络技术绪论、计算机网络体系结构、无线网络和移动网络、网络互联技术、移动网络安全等。

本书适合高职高专院校电子信息大类、自动化大类相关专业的读者使用，也可供从事移动互联网相关工作的技术人员参考。

◆ 主　　编　廖继旺
副 主 编　孙洪淋　王红军　刘思夏　胡　柳
主　　审　彭顺生
责任编辑　范博涛
责任印制　马振武

◆ 人民邮电出版社出版发行　　北京市丰台区成寿寺路 11 号
邮编　100164　　电子邮件　315@ptpress.com.cn
网址　http://www.ptpress.com.cn
大厂聚鑫印刷有限责任公司印刷

◆ 开本：787×1092　1/16
印张：12.5　　2019 年 8 月第 1 版
字数：312 千字　　2019 年 8 月河北第 1 次印刷

定价：39.80 元

读者服务热线：(010)81055256　印装质量热线：(010)81055316
反盗版热线：(010)81055315
广告经营许可证：京东工商广登字 20170147 号

前言 FOREWORD

近年来，随着新技术的迅猛发展和人们需求的不断提升，移动通信和互联网快速发展。

移动互联网是互联网产业与移动通信产业融合发展背景下的产物，它融合了互联网的连接功能、无线通信的移动性以及智能移动终端的计算功能，并呈现出数字化和 IP 化的发展特点。数字化提供了统一的数字表述格式，IP 化则提供了统一的数据联通格式。以此为前提，网络的通信和信息的共享都变得相对简单，这是信息产业带给社会的重要变革。产业技术融合将给用户一种全新的“超媒体”体验，即个人计算、个人通信和个人控制，从而带给用户一种全新的生活方式和工作方式。

移动互联网是电信业最有发展潜力的领域之一，是未来的蓝海，它将有力地推动电信行业的创新与转型，也将推动我国信息化的发展。学校在新一轮的教学改革和专业群建设中，整合计算机工程学院的所有专业为移动互联网专业群，在专业群建设中，“移动互联基础”作为专业群的专业基础课，在各个专业中开设。而目前国内针对移动互联网络技术的教材较少，为了让广大读者熟悉、了解移动互联网及其相关技术，我们编写了本书。

本书共 5 章，第 1 章总体介绍移动互联网概念，由廖继旺编写；第 2 章主要介绍计算机网络体系结构，由孙洪淋编写；第 3 章主要介绍无线网络和移动网络，由刘思夏编写；第 4 章主要介绍网络互联技术，由王红军编写；第 5 章主要介绍移动网络安全，由胡柳编写。

在本书编写过程中，彭顺生根据专业群建设的要求，对本书的编写提出了许多宝贵意见，并对全书进行了审阅，邓桂林同学帮助绘制了全书的插图，计算机工程学院的领导和老师们也给予了大力支持，在此向他们一并表示感谢。

本书中可能存在疏漏和不当之处，恳请广大读者给予批评指正，我们将不胜感激！您提出的宝贵建议将帮助我们对本书做进一步的修订和完善。

编者

2019 年 5 月

目 录 CONTENTS

Network Technology

Chapter 1

第1章 计算机网络技术绪论

本章将从互联网、移动互联网、移动互联网的体系结构、移动通信技术和移动互联网的发展历程与趋势 5 个方面来论述，旨在使读者对移动互联网的产生、发展以及运行体系有初步的认识及了解。

1.1 网络的基本概念

计算机网络是计算机技术与通信技术相结合的产物，它的诞生使计算机的体系结构发生了巨大变化。在当今社会发展中，计算机网络起着非常重要的作用，并对人类社会的进步做出了巨大贡献。

现在，计算机网络的应用遍布全世界及各个领域，并已成为人们社会生活中不可缺少的重要组成部分。从某种意义上讲，计算机网络的发展水平不仅反映了一个国家的计算机科学和通信技术的水平，也是衡量其国力及现代化程度的重要标志之一。

1.1.1 什么是计算机网络

什么是计算机网络？多年来一直没有一个严格的定义，并且随着计算机技术和通信技术的发展而具有不同的内涵。目前一些较为权威的看法认为：

所谓计算机网络，就是通过线路互连起来的、自治的计算机集合，确切地讲，就是将分布在不同地理位置上的具有独立工作能力的计算机、终端及其附属设备用通信设备和通信线路连接起来，并配置网络软件，以实现计算机资源共享的系统。网络资源共享，就是通过连在网络上的工作站（个人计算机）让用户可以使用网络系统的所有硬件和软件（通常根据需要被适当授予使用权），这种功能称为网络系统中的资源共享。

首先，计算机网络是计算机的一个群体，是由多台计算机组成的；其次，它们之间是互连的，即它们之间能彼此交换信息。其基本思想是：通过网络环境实现计算机相互之间的通信和资源共享（包括硬件资源、软件资源和数据信息资源）。所谓自治，是指每台计算机的工作是独立的，任何一台计算机都不能干预其他计算机的工作（例如，计算机启动、关闭或控制其运行等），任何两台计算机之间没有主从关系。概括起来说，一个计算机网络必须具备以下 3 个基本要素：

① 至少有两个具有独立操作系统的计算机，且它们之间有相互共享某种资源的需求。

② 两个独立的计算机之间必须有某种通信手段将其连接。

③ 网络中的各个独立的计算机之间要能相互通信，必须制定相互可确认的规范标准或协议。

以上 3 条是组成一个网络的必要条件，三者缺一不可。在计算机网络中，能够提供信息和服务能力的计算机是网络的资源，而索取信息和请求服务的计算机则是网络的用户。由于网络资源与网络用户之间的连接方式、服务类型及连接范围的不同，从而形成了不同的网络结构及网络系统。

随着计算机通信网络的广泛应用和网络技术的发展，计算机用户对网络提出了更高的要求，既希望共享网内的计算机系统资源，又希望调用网内几个计算机系统共同完成某项任务。这就要求用户对计算机网络的资源像使用自己的主机系统资源一样方便。为了实现这个目的，除了要有可靠的、有效的计算机和通信系统外，还要求制定一套全网一致遵守的通信规则，以及用来控制、协调资源共享的网络操作系统。

1.1.2 计算机网络的功能和应用

1. 计算机网络的功能

计算机网络技术使计算机的作用范围和其自身的功能有了突破性的发展。计算机网络虽然各种各样，但作为计算机网络都应具有如下功能。

（1）数据通信

数据通信是计算机网络最基本的功能之一，利用这一功能，分散在不同地理位置的计算机就可以相互传输信息。该功能是计算机网络实现其他功能的基础。

（2）计算机系统的资源共享

对于用户所在站点的计算机而言，无论硬件还是软件，性能总是有限的。一台个人计算机用户，可以通过使用网中的某一台高性能的计算机来处理自己提交的某个大型复杂的问题，还可以像使用自己的个人计算机一样，使用网上的一台高速打印机打印报表、文档等。更重要的资源是计算机软件和各种各样的数据库。用户可以使用网上的大容量磁盘存储器存放自己采集、加工的信息，特别是可以使用网上已有的软件来解决某个问题。各种各样的数据库更是取之不尽。随着计算机网络覆盖区域的扩大，信息交流已愈来愈不受地理位置、时间的限制，使得人类对资源可以互通有无，大大提高了资源的利用率和信息的处理能力。

（3）进行数据信息的集中和综合处理

将分散在各地计算机中的数据资料适时集中或分级管理，并经综合处理后形成各种报表，提供给管理者或决策者分析和参考，如自动订票系统、政府部门的计划统计系统、银行财政及各种金融系统、数据的收集和处理系统、地震资料收集与处理系统、地质资料采集与处理系统等。

（4）均衡负载，相互协作

当某一个计算中心的任务很重时，可通过网络将此任务传递给空闲的计算机去处理，以调节忙闲不均现象。此外，地球上不同区域的时差也为计算机网络带来很大的灵活性，一般计算机在白天负荷较重，在晚上则负荷较轻，地球时差正好为我们提供了半个地球的调节余地。

（5）提高系统的可靠性和可用性

当网中的某一处理机发生故障时，可由别的路径传输信息或转到别的系统中代为处理，以保证用户的正常操作，不因局部故障而导致系统的瘫痪。又如某一数据库中的数据因处理机发生故障而消失或遭到破坏时，可从另一台计算机的备份数据库中调来进行处理，并恢复遭破坏的数据库，从而提高系统的可靠性和可用性。

（6）进行分布式处理

对于综合性的大型问题可采用合适的算法，将任务分散到网中不同的计算机上进行分布式处理。特别是对当前流行的局域网更有意义，利用网络技术将微机连成高性能的分布式计算机系统，使它具有解决复杂问题的能力。

以上只是列举了一些计算机网络的常用功能，随着计算机技术的不断发展，计算机网络的功能和提供的服务将会不断增加。

2. 计算机网络的应用

随着现代信息社会进程的推进以及通信和计算机技术的迅猛发展，计算机网络的应用日益多元化，打破了空间和时间的限制，几乎深入到社会的各个领域。可以在一套系统上提供集成的信息服务，包括来自政治、经济等方面的信息资源，同时还提供多媒体信息，如图像、语音、动画等。在多元化发展的趋势下，许多网络应用的新形式不断出现，如电子邮件、IP 电话、视频点播、网上交易、视频会议等。其应用可归纳为以下几个方面。

（1）方便的信息检索

计算机网络使我们的信息检索变得更加高效、快捷，通过网上搜索、WWW 浏览、FTP 下载，我们可以非常方便地从网络上获得所需的信息和资料。网上图书馆更以其信息容量大、检索方便的优势赢得了人们的青睐。

（2）现代化的通信方式

网络上使用最为广泛的电子邮件目前已经成为一种最为快捷、廉价的通信手段。人们在几分钟，甚至几秒钟内就可以把信息发给对方，信息的表达形式不仅可以是文本，还可以是声音和图片。其低廉的通信费用更是其他通信方式（如信件、电话、传真等）所不能比拟的。同时，利用网络可以实现 IP 电话，将语音和数据网络进行集成，利用 IP 作为传输协议，通过网络将语音集成到 IP 网络上来，在基于 IP 的网络上进行语音通信，节省长途电话费用。

（3）办公自动化

通过将一个企业或机关的办公计算机及其外部设备连成网络，既可以节约购买多个外部设备的成本，又可以共享许多办公数据，并且可对信息进行计算机综合处理与统计，避免了许多单调重复性的劳动。

（4）电子商务与电子政务

计算机网络还推动了电子商务与电子政务的发展。企业与企业之间、企业与个人之间可以通过网络来实现贸易、购物；政府部门则可以通过电子政务工程实施政务公开化，审批程序标准化，提高了政府的办事效率并使之更好地为企业或个人服务。

（5）企业的信息化

通过在企业中实施基于网络的管理信息系统（Management Information System，MIS）和资源制造计划（Enterprise Resource Planning，ERP），可以实现企业的生产、销售、管理和服务的全面信息化，从而有效地提高生产率。医院管理信息系统、民航及铁路的购票系统、学校的学生管理信息系统等都是管理信息系统的实例。

（6）远程教育与 E-Learning

网络提供了新的实现自我教育和终身教育的渠道。基于网络的远程教育、网络学习使得我们可以突破时间、空间和身份的限制，方便地获取网络上的教育资源并接受教育。

（7）丰富的娱乐和消遣

网络不仅改变了我们的工作与学习方式，也给我们带来了新的丰富多彩的娱乐和消遣方式，如网上聊天、网络游戏、网上电影院、视频点播等。

（8）军事指挥自动化

基于计算机辅助信息系统（Computing Aided Information，CAI）的网络应用系统，把军事情报采集、目标定位、武器控制、战地通信和指挥员决策等环节在计算机网络基础上联系起来，形成各种高速高效的指挥自动化系统，是现代战争和军队现代化不可缺少的技术支柱，这种系统在公安武警、交警、火警等指挥调度系统中也有广泛应用。

以上列出的计算机网络应用在发达国家已有较长的历史，是很成熟的技术。在我国，随着改革开放和经济的快速发展，计算机网络在以上几方面的应用也发展很快。目前，我国实行的金字头工程，就是计算机网络的具体应用。可以预言，计算机网络具有广阔的发展前景。

1.2 网络的发展

我们知道，21 世纪的一个重要特征就是数字化、网络化和信息化，它是一个以网络为核心的信息时代，从 20 世纪 90 年代开始，计算机网络得到了飞速发展。

1.2.1　计算机网络的产生

计算机网络是通信技术和计算机技术相结合的产物，它是信息社会最重要的基础设施，并将构筑成人类社会的信息高速公路。

（1）通信技术的发展

通信技术的发展经历了一个漫长的过程，1835 年莫尔斯发明了电报，1876 年贝尔发明了电话，从此开辟了近代通信技术发展的历史。通信技术在人类生活和两次世界大战中都发挥了极其重要的作用。

（2）计算机网络的产生

1946 年诞生了世界上第一台电子数字计算机，从而开创了向信息社会迈进的新纪元。20 世纪 50 年代，美国利用计算机技术建立了半自动化的地面防空系统（Semi-Automatic Ground Environment，SAGE），它将雷达信息和其他信号经远程通信线路送至计算机进行处理，第一次利用计算机网络实现远程集中控制，这是计算机网络的雏形。

1969 年美国国防部的高级研究计划局（Defense Advanced Research Project Agency，DARPA）建立了世界上第一个分组交换网——ARPANET，即 Internet 的前身，这是一个只有 4 个节点的存储转发方式的分组交换广域网，1972 年在首届国际计算机通信会议（International Conference on Computer Communications，ICCC）上首次公开展示了 ARPANET 的远程分组交换技术。

1976 年美国 Xerox 公司开发了基于载波监听多路访问/冲突检测（Carrier Sense Multiple Access/Collision Detection，CSMA/CD）原理的、用同轴电缆连接多台计算机的局域网，取名以太网。计算机网络是半导体技术、计算机技术、数据通信技术和网络技术相互渗透、相互促进的产物。数据通信的任务是利用通信介质传输信息。通信网为计算机网络提供了便利而广泛的信息传输通道，而计算机和计算机网络技术的发展也促进了通信技术的发展。

1.2.2　计算机网络的发展

随着计算机技术和通信技术的不断发展，计算机网络也经历了从简单到复杂，从单机到多机的发展过程，其发展过程大致可分为以下 5 个阶段。

（1）具有通信功能的单机系统

该系统又称终端—计算机网络，是早期计算机网络的主要形式。它是将一台计算机经通信线路与若干终端直接相连，如图 1-1 所示。

（2）具有通信功能的多机系统

在简单的“终端—通信线路—计算机”这样的单机系统中，主计算机负担较重，既要进行数据处理，又要承担通信功能。为了减轻主计算机负担，20 世纪 60 年代出现了在主计算机和通信线路之间设置通信控制处理机（或称为前端处理机，简称前端机）的方案，前端机专门负责通信控制的功能。此外，在终端聚集处设置多路器（或称集中器），组成终端群—低速通信线路—集中器—高速通信线路—前端机—主计算机结构，如图 1-2 所示。

（3）以共享资源为主要目的计算机网络阶段（计算机—计算机网络）

计算机—计算机网络是 20 世纪 60 年代中期发展起来的，它是由若干台计算机相互连接起来的系统，即利用通信线路将多台计算机连接起来，实现了计算机与计算机之间的通信，如图 1-3 所示。

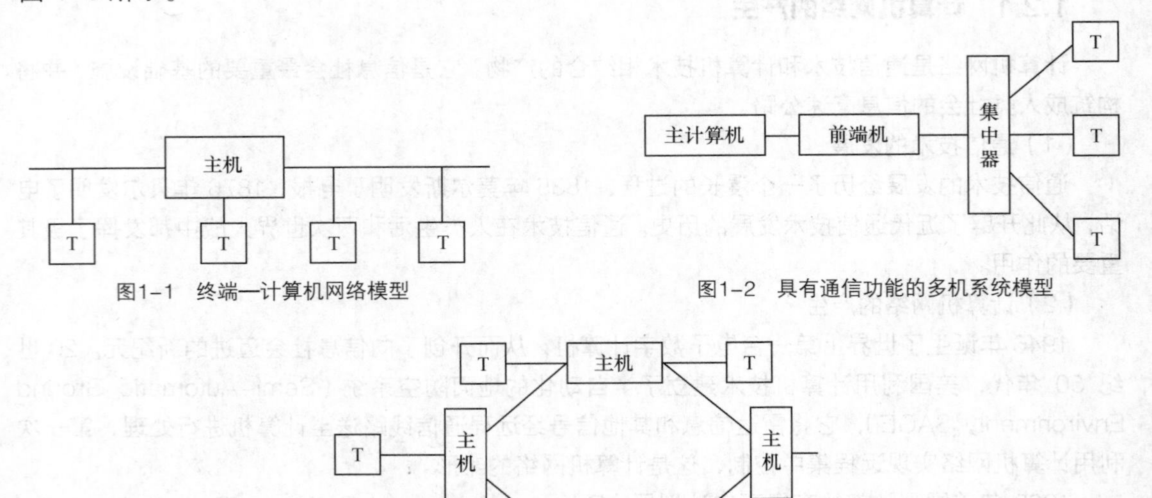

图1-1 终端—计算机网络模型

图1-2 具有通信功能的多机系统模型

图1-3 计算机—计算机网络模型

20 世纪 60 年代至 70 年代，美国和前苏联两个超级大国一直处于相互对立的冷战阶段，美国国防部为了保证不会因其军事指挥系统中的主计算机遭受来自前苏联的核打击而使整个系统瘫痪，委托其所属的高级研究计划局于 1969 年成功研制了世界上第一个计算机网络——ARPANET，该网络是一个典型的以实现资源共享为目的的计算机—计算机网络，它为计算机网络的发展奠定了基础。这一阶段结构上的主要特点是：以通信子网为中心，多主机多终端。

（4）标准、开放的计算机网络阶段

局域网是继远程网之后发展起来的小型计算机网络，它继承了远程网的分组交换技术和计算机的 I/O（Input/Output，输入/输出）总线结构技术，并具有结构简单、经济实用、功能强大和方便灵活等特点，是随着微型计算机的广泛应用而发展起来的。

20 世纪 70 年代末到 80 年代初，微型计算机得到了广泛的应用，各机关和企事业单位为了适应办公自动化的需要，迫切要求将自己拥有的为数众多的微机、工作站、小型机等连接起来，以达到资源共享和相互传递信息的目的，而且迫切要求降低连网费用，提高数据传输效率。为此，有力地推动了计算机局域网的发展。另一方面，局域网的发展也导致了计算机模式的变革。早期的计算机网络是以主计算机为中心的，主要强调对计算机资源的共享，主计算机在计算机网络系统中处于绝对的支配地位，计算机网络的控制和管理功能都是集中式的，也称为集中式计算模式。由于微机是构成局域网的基础，特别是随着个人计算机（Personal Computer，PC）功能的增强，用户个人就可以在微机上处理所需要的作业，PC 方式呈现出的计算能力已发展成为独立的平台，从而导致了一种新的计算结构——分布式计算模式的诞生。这个时期，虽然不断出现的各种网络极大地推动了计算机网络的应用，但是众多不同的专用网络体系标准给不同网络间的互连带来了很大的不便。鉴于这种情况，国际标准化组织（International Organization Standardization，ISO）于 1977 年成立了专门的机构从事“开放系统互连”问题的研究，目的是设计一个标准的网络体系模型。1984 年 ISO 颁布了“开放系统互连基本参考模型（Open Systems Interconnection Reference Model，OSI/RM）”，这个模型通常简称作 OSI。只有标准的才是开放的，OSI 参考模型的提出引导着计算机网络走向开放的、标准化的道路，同时也标志着计算机网络的发展步入了成熟的阶段。

（5）高速、智能的计算机网络阶段

近年来，随着通信技术，尤其是光纤通信技术的发展，计算机网络技术得到了迅猛的发展。光纤作为一种高速率、高带宽、高可靠性的传输介质，在各国的信息基础建设中使用越来越广泛，这为建立高速的网络奠定了基础。千兆位乃至万兆位传输速率的以太网已经被越来越多地用于局域网和城域网中，而基于光纤的广域网链路的主干带宽也已达到 10 Gbit/s 数量级。网络带宽的不断提高，更加刺激了网络应用的多样化和复杂化，多媒体应用在计算机网络中所占的份额越来越高。同时，用户不仅对网络的传输带宽提出越来越高的要求，对网络的可靠性、安全性和可用性等也提出了新的要求。为了向用户提供更高的网络服务质量，网络管理也逐渐进入了智能化阶段，包括网络的配置管理、故障管理、计费管理、性能管理和安全管理等在内的网络管理任务都可以通过智能化程度很高的网络管理软件来实现。计算机网络已经进入了高速、智能化的发展阶段。

1.3 移动互联网的基本概念

早在 20 世纪末，移动通信的迅速发展就大有取代固定通信之势。与此同时，互联网技术的完善和进步将信息时代不断往纵深推进。移动互联网就是在这样的背景下孕育、产生并发展起来的。移动互联网通过无线接入设备访问互联网，能够实现移动终端之间的数据交换，是计算机领域继大型机、小型机、个人计算机、桌面互联网之后的第五个技术发展周期。作为移动通信与传统互联网技术的有机融合体，移动互联网被视为未来网络发展的核心和最重要的趋势之一。统计数据显示：在过去的五年里全球移动网民数量年增长率超过 20%，到 2017 年底全球移动网民人数将达到 30.7 亿，截至 2017 年三季度，中国移动互联网用户规模已高达 12.3 亿。2012 年以来，全球移动智能终端出货量年均增长率超过 50%，2017 年出货量超过 10 亿部，同比增长 51.6%；移动数据流量在主要互联网平台超过 50 %，每月达到 885PB。未来移动互联网仍将保持长期快速发展。

前摩根士丹利互联网分析师，KPCB 合伙人 Mary Meeker 在年度互联网趋势报告中指出：中国移动互联网用户目前达到中国互联网用户总数的约 80%，中国的移动互联网用户已达到“关键的大多数”，因此将主导移动商务的革命。她还大胆预计，2020 年移动互联网将达到一百亿个设备的量级。

由中国本土第三方应用商店、苹果商店和未正式进入中国的谷歌商店构成面向中国消费者的主流移动应用市场。目前移动互联网业务组织的主要形式是应用程序商店，应用程序商店改变了传统业务的组织和营销模式，基于移动应用商店的软件数目急剧增长。截至 2017 年第二季度，中国消费市场中活跃移动应用的数量已超过 575 万款，苹果应用商店的应用数量达 170 万款，下载累计超过 400 亿次，我国本土第三方应用商店聚合的应用数量超过 232 万款，下载数量超过 6000 亿次。

1.3.1 移动互联网的定义及功能特性

尽管移动互联网是目前 IT 领域最热门的概念之一，然而业界并未就其定义达成共识。这里介绍几种有代表性的移动互联网的定义。

百度百科中指出：移动互联网（Mobile Internet，MI）是一种通过智能移动终端，采用移动无线通信方式获取业务和服务的新兴业态，包含终端、软件和应用 3 个层面。终端层包括智能手机、平板电脑、电子书、MID（Mobile Internet Device，移动互联网设备）等；软件包括操作系统、中间件、数据库和安全软件等；应用层包括休闲娱乐类、工具媒体类、商务财经类等不同应用与服务。

独立电信研究机构 WAP 论坛认为：移动互联网是通过手机、PDA（Personal Digital Assistant，掌上电脑）或其他手持终端通过各种无线网络进行数据交换。中兴通讯则从通信设备制造商的角度给出了定义：狭义的移动互联网是指用户能够通过手机、PDA 或其他手持终端通过无线通信网络接入互联网；广义的定义是指用户能够通过手机、PDA 或其他手持终端以无线的方式通过各种网络（WLAN、BWLL、GSM、CDMA 等）来接入互联网。可以看到，对于通信设备制造商来说，网络是其在移动互联网领域的主要切入点。

MBA 智库同样认为移动互联网的定义有广义和狭义之分。广义的移动互联网是指用户可以使用手机、笔记本电脑等移动终端通过协议接入互联网，狭义的移动互联网则是指用户使用手机终端通过无线通信的方式访问采用 WAP 的网站。

Information Technology 论坛认为：移动互联网是指通过无线智能终端，如智能手机、平板电脑等使用互联网提供的应用和服务，包括电子邮件、电子商务、即时通信等，保证随时随地的无缝连接的业务模式。

认可度比较高的定义是中国工业和信息化部电信研究院在 2011 年的《移动互联网白皮书》中给出的："移动互联网是以移动网络作为接入网络的互联网及服务，包括 3 个要素：移动终端、移动网络和应用服务"，该定义将移动互联网涉及的内容主要囊括为 3 个层面，分别是：①移动终端，包括手机、专用移动互联网终端和数据卡方式的便携电脑；②移动通信网络接入，包括 2G、3G、4G 甚至 5G 等；③公众互联网服务，包括 Web、WAP 方式。移动终端是移动互联网的前提，接入网络是移动互联网的基础，而应用服务则成为移动互联网的核心。

上述定义给出了移动互联网两方面的含义：一方面，移动互联网是移动通信网络与互联网的融合，用户以移动终端接入无线移动通信网络（2G 网络、3G 网络、4G 网络、WLAN、WiMax 等）的方式访问互联网；另一方面，移动互联网还产生了大量新型的应用，这些应用与终端的可移动、可定位和随身携带等特点相结合，为用户提供个性化的、位置相关的服务。

综合以上观点，我们也提出一个参考性定义："移动互联网是指以各种类型的移动终端作为接入设备，使用各种移动网络作为接入网络，从而实现包括传统移动通信、传统互联网及其各种融合创新服务的新型业务模式。"

移动互联网的基本特点如下。

（1）终端移动性：通过移动终端接入移动互联网的用户一般都处于移动之中。

（2）业务及时性：用户使用移动互联网能够随时随地获取自身或其他终端的信息，及时获取所需的服务和数据。

（3）服务便利性：由于移动终端的限制，移动互联网服务要求操作简便，响应时间短。

（4）业务/终端/网络的强关联性：实现移动互联网服务需要同时具备移动终端、接入网络和运营商提供的业务三项基本条件。

移动互联网相比传统固定互联网的优势在于：实现了随时随地的通信和服务获取；具有安全、可靠的认证机制；能够及时获取用户及终端信息；业务端到端流程可控等。劣势主要包括：无线频谱资源的稀缺性；用户数据安全和隐私性；移动终端硬软件缺乏统一标准，业务互通性差等。

移动互联网业务是多种传统业务的综合体，而不是简单的互联网业务的延伸，因而产生了创新性的产品和商业模式。

（1）创新的技术与产品：例如，通过手机摄像头扫描商品条码并进行比价搜索，通过重力感应器和陀螺仪确定目前的方向和位置等，内嵌在手机中的各种传感器能够帮助开发商开发出各种超越原有用户体验的产品。

（2）创新的商业模式：如风靡全球的 App Store+终端营销的商业模式，以及将传统的位置服务与 SNS、游戏、广告等元素结合起来的应用系统等。

1.3.2 移动互联网的架构

1. 移动互联网的技术架构

移动互联网的出现带来了移动网和互联网融合发展的新时代，移动网和互联网的融合也会是在应用、网络和终端多层面的融合。为了能满足移动互联网的特点和业务模式需求，在移动互联网技术架构中要具有接入控制、内容适配、业务管控、资源调度、终端适配等功能。构建这样的架构需要从终端技术、承载网络技术、业务网络技术各方面综合考虑。

图 1–4 所示为移动互联网的典型体系架构模型。

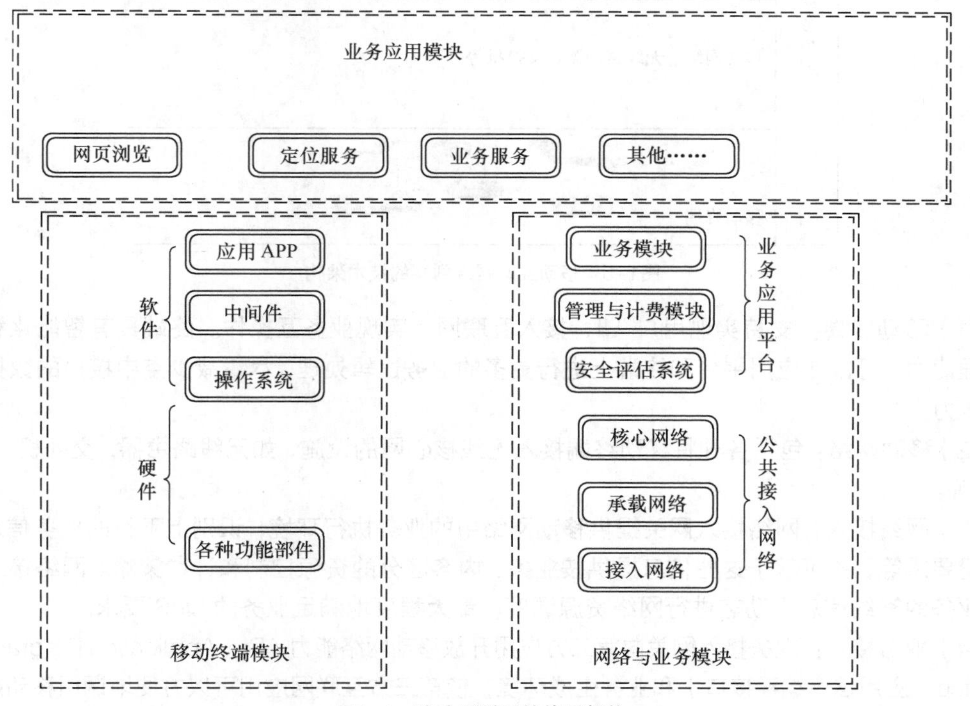

图1–4 移动互联网的体系架构

（1）业务应用模块：提供给移动终端的互联网应用，这些应用中包括典型的互联网应用，如网页浏览、在线视频、内容共享与下载、电子邮件等，也包括基于移动网络特有的应用，如定位服务、移动业务搜索以及移动通信业务，如短信、彩信、铃音、微信等。

（2）移动终端模块：从上至下包括终端软件架构和终端硬件架构。

终端软件架构：包括应用 App、用户 UI、支持底层硬件的驱动、存储和多线程内核等。

终端硬件架构：包括终端中实现各种功能的部件。

（3）网络与业务模块：从上至下包括业务应用平台和公共接入网络。

业务应用平台：包括业务模块、管理与计费系统、安全评估系统等。

公共接入网络：包括核心网络、承载网络和接入网络等。

从移动互联网中端到端的应用角度出发，又可以绘制出图 1-5 所示的业务模型。从该图可以看出移动互联网的业务模型分为 5 层。

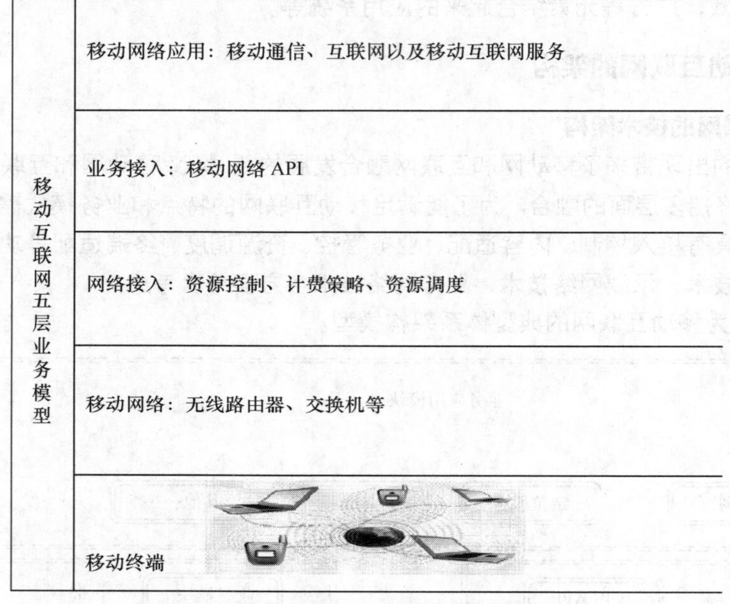

图1-5 移动互联网端到端的技术架构

（1）移动终端：支持实现用户 UI、接入互联网、实现业务互操作。终端具有智能化和较强的处理能力，可以在应用平台和终端上进行更多的业务逻辑处理，尽量减少空中接口的数据信息传递压力。

（2）移动网络：包括各种将移动终端接入无线核心网的设施，如无线路由器、交换机、BSC、MSC 等。

（3）网络接入：网络接入网关提供移动网络中的业务执行环境，识别上下行的业务信息、服务质量要求等，并可基于这些信息提供按业务、内容区分的资源控制和计费策略。网络接入网关根据业务的签约信息，动态进行网络资源调度，最大程度地满足业务的 QoS 要求。

（4）业务接入：业务接入网关向第三方应用开放移动网络能力 API（Application Programming Interface，应用程序编程接口）和业务生成环境，使第三方互联网应用可以方便地调用移动网络开放的 API，提供具有移动网络特点的应用。同时，实现对业务接入移动网络的认证，实现对互联网内容的整合和适配，使内容更适合移动终端对其的识别和展示。

（5）移动网络应用：提供各类移动通信、互联网以及移动互联网特有的服务。

2. 移动互联网的业务体系

移动互联网作为传统互联网与传统移动通信的融合体，其服务体系也是脱胎于上述二者。移动互联网的业务模型如图 1-6 所示。

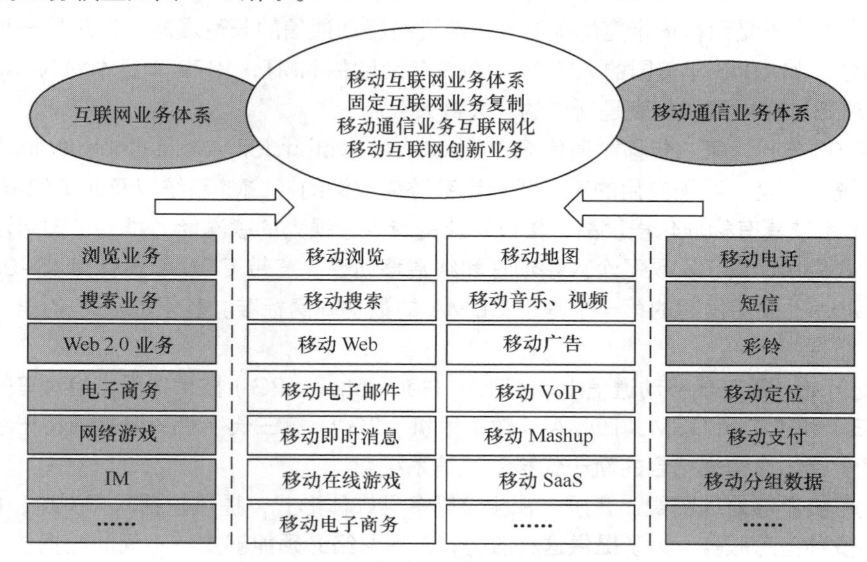

图1-6　移动互联网业务模型图

移动互联网的业务主要包括如下三大类。

（1）固定互联网业务向移动终端的复制：实现移动互联网与固定互联网相似的业务体验，这是移动互联网业务发展的基础。

（2）移动通信业务的互联网化：使移动通信原有业务互联网化，目前此类业务并不太多，如意大利的“3 公司”与“Skype 公司”合作推出的移动 VoIP 业务。

（3）融合移动通信与互联网特点而进行的业务创新：将移动通信的网络能力与互联网的网络与应用能力进行聚合，从而创新出适合移动终端的互联网业务，如移动 Web 2.0 业务、移动位置类互联网业务等，这也是移动互联网有别于固定互联网的发展方向。

1.4 移动通信网络

1.4.1 移动通信的发展史

图1-7　马可尼

1897 年，马可尼（见图 1-7）在陆地和一只拖船上完成无线通信实验，标志着无线通信的开始。

1928 年，美国警用车辆的车载无线电系统标志着移动通信开始进入实用阶段。

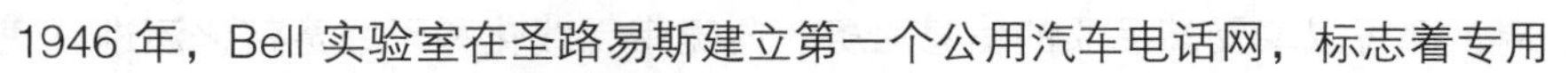

1946 年，Bell 实验室在圣路易斯建立第一个公用汽车电话网，标志着专用

的移动通信系统应用到了公用系统上。

1974 年，Bell 实验室提出蜂窝移动通信的概念。

20 世纪 80 年代，第一代蜂窝移动通信系统开始应用。第一代移动通信技术（The First Generation，1G）是指以模拟技术为基础的蜂窝无线电话系统，提出于 20 世纪 80 年代，完成于 20 世纪 90 年代。它主要采用的是模拟技术和频分多址（Frequency Division Multiple Access，FDMA）技术，由于受到传输带宽的限制，不能进行移动通信的长途漫游，只能是一种区域性的移动通信系统。如 1983 年美国的 AMPS，1980 年北欧的 NMT，1979 年日本的 NAMTS，1985 年英国的 TACS。在中国的代表是所谓的“大哥大”。

20 世纪 90 年代，第二代移动通信 GSM（Global System for Mobile Communication，全球移动通信系统）面世。我国应用的第二代蜂窝系统为欧洲的 GSM 系统以及北美的窄带 CDMA 系统。GSM 系统具有标准化程度高、接口开放的特点，强大的联网能力推动了国际漫游业务；用户识别卡的应用，真正实现了个人移动性和终端移动性。窄带 CDMA 也称为 IS-95，是由高通（Qualcomm）公司发起的第一个基于 CDMA 的数字蜂窝标准。基于 IS-95 的第一个品牌是 cdmaOne。

21 世纪开始，第三代移动通信（The Third Generation，3G）技术推出。相对第一代模拟制式手机（1G）和第二代 GSM、TDMA 等数字手机（2G），第三代手机一般是指将无线通信与国际互联网等多媒体通信相结合的新一代移动通信系统。

第三代手机能够处理图像、音乐、视频流等多种媒体形式，提供包括网页浏览、电话会议、电子商务等多种信息服务。为了提供这种服务，无线网络必须能够支持不同的数据传输速度，也就是说，在室内、室外和行车的环境中能够分别支持至少 2MB/s、384KB/s 以及 144KB/s 的传输速度。

2010 年开始进入 4G（The Fourth Generation）时代，随着数据通信与多媒体业务需求的发展，适应移动数据、移动计算及移动多媒体运作需要的第四代移动通信开始兴起。2013 年 12 月 18 日，中国移动在广州宣布，将建成全球最大的 4G 网络。2013 年年底，北京、上海、广州、深圳等 16 个城市可享受 4G 服务；到 2017 年年底，中国 4G 基站数量达到 315 万个，城区实现 4G 网络完全覆盖，行政村 4G 网络覆盖比例也超过 92%，地铁、高铁、高速公路、景区等 4G 网络覆盖远超很多发达国家。

4G 移动通信系统采用新的调制技术，如多载波正交频分复用调制技术以及单载波自适应均衡技术等调制方式，以保证频谱利用率和延长用户终端电池的寿命。4G 移动通信系统采用更高级的信道编码方案（如 Turbo 码、级连码和 LDPC 等）、自动重发请求（Automatic Repeat-reQuest，ARQ）技术和分集接收技术等。4G 移动通信系统可称为广带（Broadband）接入和分布网络，具有非对称的超过 2Mbit/s 的数据传输能力，数据率超过 UMTS（Universal Mobile Telecommunications System，通用移动通信系统），是支持高速数据率（2～20Mbit/s）连接的理想模式，上网速度从 2Mbit/s 提高到 100Mbit/s。

4G 意味着更多参与方，更多技术、行业、应用的融合，不再局限于电信行业，还可以应用于金融、医疗、教育、交通等行业；通信终端能做更多的事情，如除语音通信之外的多媒体通信、远端控制等；或许局域网、互联网、电信网、广播网、卫星网等能够融为一体组成一个通播网，无论使用什么终端，都可以享受高品质的信息服务，向宽带无线化和无线宽带化演进，使 4G 渗透到生活的方方面面。从用户需求的角度看，4G 能为用户提供更快的速度并满足用户更多的需求。

移动通信之所以从模拟到数字、从 2G 到 4G 并向将来的 xG 演进，最根本的推动力是用户需求由无线语音服务向无线多媒体服务的转变，这种转变激发了运营商为了提高 ARPU（Average Revenue Per User，每用户平均收入），开拓新的频段以支持用户数量的持续增长，实现更有效的频谱利用率以及更低的运营成本，而不得不进行变革转型。

移动通信网络技术发展至今，2G、3G 和 4G，每一代都有一个十年的发展周期。尽管移动通信技术经历了 30 年的发展与更新，比起第一代移动通信系统，其数据传输速率已经大大提高，可是目前在这个数据传输大爆炸的 21 世纪，移动通信服务仍然面临着巨大挑战。因此，研究有关于 5G 移动通信的关键技术已是目前的发展趋势，而 5G 也将在不久的将来代替 3G、4G 变成新一代的移动通信技术。我国也对 5G 通信今后的发展与研究投入了很大的热情与关注，IMT–2020（5G）推进组在国家的支持下规划了有关于 5G 研发试验的各个阶段。

1.4.2　4G 通信系统的关键技术

4G 移动通信系统网络结构分为物理网络层、中间环境层、应用环境层 3 层，如图 1–8 所示。物理网络层提供网络接入和网络路由选择功能，中间环境层提供 QoS 机制、地址转换和安全管理等功能，应用环境层提供各种应用编程接口。

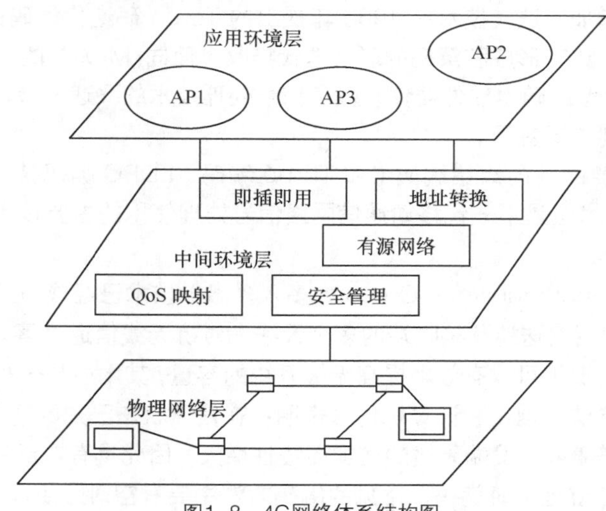

图1–8　4G网络体系结构图

由于不同业务和不同用户之间业务量的不均匀、节点移动引起的网络结构变化以及不同网络之间的无缝漫游等原因，使得第四代移动通信系统需要采用更为先进的无线传输技术，主要的关键技术如下。

（1）先进的信号处理及传输技术

在无线通信中，高速移动会产生较大的多普勒频移，导致严重的频率选择性衰落。新的调制技术如多载波正交频分复用（Orthogonal Frequency Division Multiplexing，OFDM）调制技术可以有效地对抗频率选择性衰落，同时还具有很高的频谱效率。

从技术层面来看，第三代移动通信系统主要是以 CDMA 为核心技术，第四代移动通信系统技术则以 OFDM 最受瞩目，OFDM 是一种无线环境下的高速传输技术。无线信道的频率响应曲线大多是非平坦的，而 OFDM 技术的主要思想就是在频域内将给定信道分成许多正交子信道，在每个子信道上使用一个子载波进行调制，并且各子载波并行传输，这样，尽管总的信道是非平坦的，即具有频率选择性，但是每个子信道是相对平坦的，并且在每个子信道上进行窄带传输，信号带宽小于信道的相应带宽，因此就可以大大消除信号波形间的干扰。OFDM 技术的最大优点是能对抗频率选择性衰落或窄带干扰。在 OFDM 系统中，各个子信道的载波相互正交，于是它们的频谱是相互重叠的，这样不但减小了子载波间的相互干扰，同时又提高了频谱利用率。OFDM 有如下优点：抗多径干扰与窄带干扰能力较单载波系统强；高的频谱利用率；能充分利用信噪比比较高的子信道；抗频率选择性衰落能力强；可与其他多址方式相结合，灵活支持多种业务。

自适应无线传输技术也是第四代移动通信系统基带信号处理的核心技术。自适应无线传输技术是指移动通信设备能够根据无线网络的不同情况选取不同的传输方式来获得最佳的无线传输效果。基于新一代的移动通信系统，这种自适应无线传输技术将得到广泛的应用，其中信源信道联合编码技术、OFDM 子载波自适应调制技术就是自适应技术的很好体现。OFDM 自适应调制机制允许各个子载波根据信道状况的不同采用动态的调制方式：在信道条件比较好的时候采用高效的调制方案；信道状况比较差的时候采用效率较低而性能较好的调制方案。

迭代接收技术是提高接收系统可靠性的主要手段之一。迭代接收是指在接收端通过多次循环迭代使得接收机的检测和解码性能达到最佳。一般而言迭代次数越多，接收机的解码性能越好，但系统复杂度也相应增加。迭代技术从 1993 年提出的 Turbo 码迭代译码技术发展而来，Turbo 迭代信道估计和解码、波束形成和解码的联合迭代接收、面向 MIMO 的迭代接收技术都是迭代接收技术具体应用的体现。随着硬件器件和数字信号处理技术的飞速发展，这些迭代技术将会在下一代通信技术中得到广泛应用。

除此之外，高性能的前向纠错编码（如 Turbo 编码、LDPC 编码技术等）、自动重发请求（ARQ）和分集接收技术也是下一代移动通信网络信号处理使用的主要技术。

（2）多入多出技术

MIMO（Multiple-Input Multiple-Output，多入多出）技术已经成为无线通信领域的关键技术之一。MIMO 技术利用发送端和接收端的多个天线来对抗无线信道衰落，从而在不增加系统带宽和天线发射功率的情况下可以有效地提高无线系统的容量，其本质是一种基于空域和时域联合分集的通信信号处理方法。理论和计算机仿真表明：在信道状态已知的情况下，基于 MIMO 的无线系统信道容量可随着收、发端天线的增加而线性增大，因此具有广泛的应用价值。MIMO 技术领域的一个研究热点就是空时编码，常见的编码方法主要有空时分组码、空时格码和 BLAST 码。MIMO 系统有以下优点：降低了码间干扰（Inter Symbol Interference，ISI）；提高了空间分集增益；提高了无线信道容量和频谱利用率。

MIMO 技术已经成为无线通信领域的关键技术之一，通过近几年的持续发展，MIMO 技术越来越多地应用于各种无线通信系统。在无线宽带移动通信系统方面，第三代移动通信合作计划组织已经在标准中加入了 MIMO 技术相关的内容，在 3G 和 4G 的系统中也广泛应用了 MIMO 相关技术，大规模 MIMO 技术通过增加基站天线数大幅提高系统频谱效率和能量效率，必将成为未来 5G 通信系统的关键技术之一。

在无线宽带接入系统中，IEEE 协会制订的 802.16e、802.11n 和 802.20 等无线宽带接入标准也采用了 MIMO 技术。在其他无线通信系统研究中，如超宽带（Ultra Wide Band，UWB）系统、认知无线电系统（Cognitive Radio System，CR），也都使用了 MIMO 技术。

（3）智能天线技术

智能天线（Adaptive Antenna Array，AAA）是一种基于自适应天线原理的移动通信技术，具有抑制信号干扰、自动跟踪以及数字波束调节等智能功能，被认为是未来移动通信的关键技术。智能天线成形波束能在空间域内抑制交互干扰，增强特殊范围内想要的信号，这种技术既能改善信号质量又能增加传输容量，其基本原理是在无线基站端使用天线阵和相干无线收发信机来实现射频信号的接收和发射，同时，通过基带数字信号处理器，对各个天线链路上接收到的信号按一定算法进行合并，实现上行波束赋形。在移动通信中，智能天线在消除干扰、扩大小区半径、降低系统成本、提高系统容量等方面具有不可比拟的优越性。这种技术的优点主要在于可以改善信号质量和增加传输容量，同时又能扩大覆盖区域、降低系统建设成本，因此将在 4G 系统中得到广泛应用。

（4）软件无线电技术

软件无线电（Software Defined Radio，SDR）是利用数字信号处理技术，在一个通用、可编程控制的硬件平台上，将无线电的标准化、模块化硬件功能单元利用软件加载方式来实现的一种具有开放式结构的技术。各功能模块如基带处理、高频、中频还有控制协议等全部由软件来完成，即通过下载不同的软件程序，在硬件平台上实现不同的功能，它是解决移动终端在不同系统中工作的关键技术。软件无线电的核心思想是在尽可能靠近天线的地方使用宽带 A/D（Analog/Digital，模拟/数字）和 D/A（Digital Analog，数字/模拟）变换器，并尽可能多地用软件来定义无线功能，各种功能和信号处理都尽可能用软件实现，其软件系统包括各类无线信令规则与处理软件、信号流变换软件、调制解调算法软件、信道纠错编码软件、信源编码软件等。

（5）网络结构与协议

第四代移动通信系统的网络体系结构包括了适用于 IP 分组传输的空中接口、位置寄存、基站网络配置、无线 QoS 控制、网络配置和集成式 3G-WLAN 无缝业务控制等功能模块。在处理多媒体业务时，智能无线资源管理是关键技术，无线系统资源（频率和发射功率）是有限的且易受阻塞的困扰，因此，有必要采用无线 QoS 资源控制，以保证业务质量和支持各种级别的应用。由 4G 系统支持的应用业务将依据业务的特点进行分类（如分为实时和非实时），无线 QoS 资源控制方式要既能支持实时性应用，又能支持非实时性应用。无线资源管理者首先检查可用资源、前/后向链路质量、应用类别以及 QoS 业务用户级别，然后指配适当的前/后向链路速率和发射功率。4G 系统中基于 IP 技术的网络结构可以处理 IP 包，方便地提供全向功能，关键是选路/切换和鉴权策略。在第四代移动通信系统中，核心网侧的交换应是一个基于全 IP 的交换系统，这和固网的发展趋势是相同的，即传统的电路交换和现行的分组交换网络将会被 IP 分组交换网络所取代，因此射频、线性放大器与信道的控制均是相当重要的组件。在硬件的实现上，第三代移动通信基础架构均是交换层架构，而第四代移动通信不仅要考虑到交换层级技术，还必须涵盖不同类型的通信接口，因此第四代移动通信主要是基于路由技术的网络架构。

1.5 我国移动互联网的发展历史及趋势

1.5.1 我国移动互联网的发展历史

移动通信与网络技术的发展带来了中国移动互联网的快速发展，移动互联网服务模式和商业模式得到了大规模创新。移动互联网的发展大致可以分为萌芽期、培育成长期、高速发展期和全面发展期 4 个阶段。

第一阶段——萌芽期（2000 年—2007 年），WAP（Wireless Application Protocol）应用是移动互联网应用的主要模式。这一时期由于受限于移动 2G 网速和手机智能化程度，中国移动互联网发展处在一个简单 WAP 应用期。利用手机自带的支持 WAP 协议的浏览器访问企业 WAP 门户网站是当时移动互联网发展的主要形式。

第二阶段——培育成长期（2008 年—2011 年），3G 移动网络建设掀开了中国移动互联网发展新篇章。随着 3G 移动网络的部署和智能手机的出现，移动网速大幅提升初步破解了手机上网带宽瓶颈，简单应用软件安装功能的移动智能终端让移动上网功能得到大大增强，中国移动互联网掀开了新的发展篇章。在此期间，各大互联网公司都在摸索如何抢占移动互联网入口，百度、腾讯、奇虎 360 等一些大型互联网公司企图推出手机浏览器来抢占移动互联网入口，新浪、优酷等其他一些互联网公司则是通过与手机制造商合作，在智能手机出厂的时候，就把企业服务应用（如微博、视频播放器等）预安装在手机中。

第三阶段——高速发展期（2012 年—2013 年），智能手机规模化应用促进移动互联网快速发展。具有触摸屏功能的智能手机的大规模普及应用解决了传统键盘机上网的众多不便，苹果、安卓等智能手机操作系统的普遍安装和手机应用程序商店的出现极大地丰富了手机上网功能，移动互联网应用呈现了爆发式增长。

第四阶段——全面发展期（2014 年至今），4G 网络建设将中国移动互联网发展推上快车道。随着 4G 网络的部署，移动上网网速得到极大提高，上网网速瓶颈限制得到基本破除，移动应用场景得到极大丰富。截至 2017 年 6 月底，全球 4G 用户已经达到 23.6 亿人，每 4 个移动用户中就有 1 个 4G 用户。同时，根据 CNNIC 数据显示，截至 2016 年 6 月底，中国移动互联网用户已经达到了 6.56 亿人。移动互联网成为各行各业开展业务的重要驱动，应用场景层出不穷。

1.5.2 我国移动互联网的发展趋势

一是移动互联网产业呈现快速增长趋势，整体规模将实现跃升。移动互联网正在成为我国主动适应经济新常态、推动经济发展提质增效升级的新驱动力。当前，国内经济疲软，规模效应不明显导致经济增速减缓。移动互联网行业却逆流而上，以创新驱动变革，以生产要素综合利用和经济主体高效协同实现内生式增长，发展势头强劲。我国移动互联网市场规模迎来高峰发展期，总体规模超过 1 万亿元，移动购物、移动游戏、移动广告、移动支付等细分领域都获得较快增长。其中，移动购物成为拉动市场增长的主要驱动力。受市场期待和政策红利的双重驱动，移动购物、移动搜索、移动支付、移动医疗、车网互联、产业互联网等领域的蓝海价值正在显现。未来，移动互联网经济整体规模将持续走高，移动互联网平台服务、信息服务等领域不断涌现的业态创新将推动移动互联网产业走向应用和服务深化发展阶段。

二是移动互联网向传统产业加速渗透，产业互联网将开启互联网企业新征程。大数据、云计算、物联网、移动互联技术的创新演进正在拓宽企业的组织边界，推动移动互联网应用服务向企业级消费延伸。传统制造企业正在积极拥抱移动互联网，深化移动互联网在企业各环节的应用，着力推动企业互联网化转型升级。面向传统产业服务的互联网新兴业态将不断涌现。新兴信息网络技术已经渗透和扩散到生产性服务业的各个环节，重构传统企业的移动端业务模式，催生出各种基于产业发展的服务新业态，加快了对医疗、教育、旅游、交通、传媒、金融等领域的业务改造。移动互联网发展不断引领传统生产方式变革，产业互联网开启新征程。移动互联网利用智能化手段，将线上线下紧密结合，实现信息交互、网络协同，有效改善和整合企业的研发设计、生产控制、供应链管理等环节，加快生产流程创新与突破，推动企业生产向个性化、网络化和柔性化制造模式转变，推动了产业互联网的智能化、协同化、互动化变革，实现了大规模工业生产过程、产品和用户的数据感知、交互和分析，以及企业在资源配置、研发、制造、物流等环节的实时化、协同化、虚拟化。

三是移动互联网应用创新和商业模式创新交相辉映，新业态将拓展互联网产业增长新空间。随着移动互联网的崛起，一批新型的有别于传统行业的新生企业开始成长并壮大，也给整个市场带来全新的概念与发展模式，打破了固有的市场格局。互联网思维受到热捧，各行各业开始了在移动互联网领域的各种“创新”“突破”之举，以求实现真正的突破。在传统工业经济向互联网经济转型过程中，旧有的社会经济规律、行业市场格局、企业经营模式等不断被改写，不可思议地叠加出新的格局。在制造业领域，工业智能化、网络化成为热点；在服务业领域，个性化成为新的方向；在农业领域，出现“新农人”现象。

四是移动互联网正在催生出新的业态、新的经济增长点、新的产业。当前企业越来越重视引入移动互联网用户思维，挖掘市场长尾需求，指导生产，探索企业增值新空间。移动支付、可穿戴设备、移动视频、滴滴专车、人人快递等新的应用创新和商业模式创新不断涌现，引发传统行业生态的深刻变革。从零售、餐饮、家政、金融、医疗健康到电信、教育、农业，移动互联网在各行业跑马圈地，改变原有行业的运行方式和盈利模式，移动互联网利用碎片化的时间，为用户提供“指尖上”的服务，促成了用户与企业的频繁交互，实现了用户需求与产品的高度契合，继而加大了用户对应用服务的深度依赖，构建形成“需求—应用—服务—更多服务—拉动更大需求”的良性循环。随着企业“以用户定产品”意识的提升、移动互联网用户黏性的增强和参与热情的高涨，未来，移动互联网应用创新和商业模式创新将持续火热，加速推动各行各业进入全民创造时代。

本章重要概念

- 计算机网络就是通过线路互连起来的、自治的计算机集合，确切地讲，就是将分布在不同地理位置上的具有独立工作能力的计算机、终端及其附属设备用通信设备和通信线路连接起来，并配置网络软件，以实现计算机资源共享的系统。
- 计算机网络都应具有如下功能：数据通信；计算机系统的资源共享；进行数据信息的集中和综合处理；均衡负载，相互协作；提高系统的可靠性和可用性；进行分布式处理。
- 计算机网的发展过程大致分为以下 5 个阶段：具有通信功能的单机系统，具有通信功能的多机系统，以共享资源为主要目的的计算机网络阶段，标准、开放的计算机网络阶段，高速、智能的计算机网络阶段。
- 移动互联网是以移动网络作为接入网络的互联网及服务，包括 3 个要素：移动终端、移动网络和应用服务。
- 移动互联网相比传统固定互联网的优势在于：实现了随时随地的通信和服务获取；具有安全、可靠的认证机制；能够及时获取用户及终端信息；业务端到端流程可控等。
- 移动互联网技术架构中要具有接入控制、内容适配、业务管控、资源调度、终端适配等功能。构建这样的架构需要从终端技术、承载网络技术、业务网络技术各方面综合考虑。

• 移动互联网的业务主要包括三大类：固定互联网业务向移动终端的复制、移动通信业务的互联网化、融合移动通信与互联网特点而进行的业务创新。

• 4G 移动通信系统网络结构分为物理网络层、中间环境层、应用环境层 3 层。物理网络层提供网络接入和网络路由选择功能，中间环境层提供 QoS 机制、地址转换和安全管理等功能，应用环境层提供各种应用编程接口。

习题

1-1 什么是计算机网络？一个计算机网络必须具备哪些要素？

1-2 计算机网络具有哪些功能？

1-3 计算机网络能提供哪些应用？

1-4 计算机网络发展经历了哪些阶段？

1-5 移动互联网的特点有哪些？

1-6 第四代移动通信系统的关键技术有哪些？

Network Technology

2 Chapter

第2章 计算机网络体系结构

计算机网络体系结构是指通信系统的整体设计，它为网络硬件、软件、协议、存取控制和拓扑提供标准。它广泛采用的是国际标准化组织（ISO）提出的开放系统互连（OSI-Open System Interconnection）的参考模型。OSI 参考模型用物理层、数据链路层、网络层、传输层、会话层、表示层和应用层 7 个层次描述网络的结构。而在 Internet 中使用的 TCP/IP 体系结构，它与 OSI 参考模型不同，只包含应用层、传输层、网际层和网络接口层。本书采取折中办法，即综合 OSI 和 TCP/IP 的优点，采用一种只有五层协议的体系结构，即物理层、数据链路层、网络层、传输层和应用层。本章着重介绍了计算机网络体系结构的基本概念，网络层、传输层、应用层的定义及其使用的主要协议。

2.1 网络体系结构基本概念

计算机网络是一个庞大的集合，其体系结构非常复杂，需要有一个适当的方法来研究、设计和实现网络体系结构。网络体系结构是指对构成计算机网络的各组成部分及计算机网络本身所必须实现的功能的精确定义，即网络体系结构是计算机网络中层次、各层的协议以及层间接口的集合。

2.1.1 开放系统互连模型——OSI 参考模型

在计算机网络的基本概念中，分层次的体系结构是最基本的。早在最初的 ARPANET 设计时就提出了分层的方法。“分层”可将庞大而复杂的问题，转化为若干较小的局部问题，而这些较小的局部问题就比较易于研究和处理。

1974 年，美国的 IBM 公司宣布了系统网络体系结构（System Network Architecture，SNA）。这个著名的网络标准就是按照分层的方法制定的。现在用 IBM 大型机构建的专用网络仍在使用 SNA。不久后，其他一些公司也相继推出自己公司的具有不同名称的体系结构。

不同的网络体系结构出现后，使用同一个公司生产的各种设备都能够很容易地互连成网。这种情况有利于一个公司垄断市场。用户一旦购买了某个公司的网络，当需要扩大容量时，就只能再次购买原公司的产品。如果购买了其他公司的产品，那么由于网络体系结构的不同，就很难互相连通。

然而，全球经济的发展使得不同网络体系结构的用户迫切要求能够互相交换信息。为了使不同体系结构的计算机网络都能互连，国际标准化组织（ISO）于 1977 年成立了专门机构研究该问题。不久，他们就提出一个试图使各种计算机在世界范围内互连成网的标准框架，即著名的 OSI/RM（Open Systems Interconnection Reference Model，开放系统互连基本参考模型，简称为 OSI）。“开放”是指非独家垄断，因此只要遵循 OSI 标准，一个系统就可以和位于世界上任何地方的，也遵循这同一标准的其他任何系统进行通信。“系统”是指在现实的系统中与互连有关的各部分。所以 OSI 是个抽象的概念。在 1983 年形成了开放系统互连基本参考模型的正式文件，即 ISO 7498 国际标准，也就是所谓的七层协议的体系结构。

OSI 标准制定过程中采用的是分层体系结构方法，就是将庞大而复杂的问题划分为若干个相对独立、容易处理的小问题。OSI 规定了许多层次，各层一般由若干协议组成，实现该层功能。OSI 的目标是使两个不同的系统能够较容易地通信，而不管它们低层的体系结构如何，即通信中不需要改变低层的硬件或软件的逻辑。由于众多原因，OSI 仅仅是一个模型，并没有完成相应的协议，但它是一个灵活的、稳健的和可互操作的模型，是体系结构、框架，在世界范围内为网络体系结构和协议的标准化制定了一个可遵循的标准。

OSI 将网络通信的工作划分为 7 层，这 7 层由低到高分别是物理层（Physical Layer）、数据链路层（Data Link Layer）、网络层（Network Layer）、传输层（Transport Layer）、会话层（Session Layer）、表示层（Presentation Layer）和应用层（Application Layer），OSI 如图 2-1 所示。第 1 层到第 3 层属于 OSI 的低层，负责创建网络通信连接的链路，通常称为通信子网；第 5 层到第 7 层是 OSI 的高层，具体负责端到端的数据通信、加密/解密、会话控制等，通常称为资源子网；

第 4 层是 OSI 的高层与低层之间的连接层，起着承上启下的作用，是 OSI 中第一个端到端的层次。每层完成一定的功能，直接为其上层提供服务，并且所有层次都互相支持，网络通信可以自上而下（在发送端）或者自下而上（在接收端）双向进行。但是，并不是每个通信都需要经过 OSI 的全部 7 层，有的甚至只需要经过双方对应的某一层即可。例如，物理接口之间的连接、中继器与中继器之间的连接只需在物理层进行；路由器与路由器之间的连接只需经过网络层以下的三层（通信子网）。

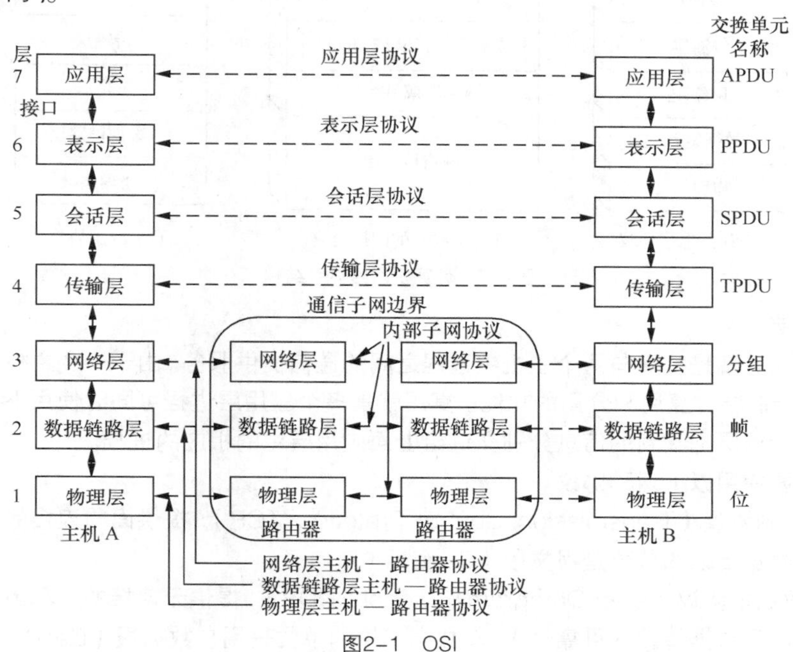

图2-1 OSI

2.1.2 具有五层协议的体系结构

OSI 的七层协议体系结构（见图 2-2（a））的概念清楚，理论也较完整，但它既复杂又不实用。TCP/IP（Transmission Control Protocol/Internet Protocol，传输控制协议/网际协议）体系结构则不同，但它现在却得到了非常广泛的应用。TCP/IP 是一个四层的体系结构（见图 2-2（b）），它包含应用层、传输层、网际层和网络接口层（用网际层这个名字是强调这一层是为了解决不同网络的互连问题）。不过从实质上讲，TCP/IP 只有最上面的三层，因为最下面的网络接口层并没有什么具体内容。因此在学习计算机网络的原理时往往采取折中的办法，即综合 OSI 和 TCP/IP 的优点，采用一种只有五层协议的体系结构（见图 2-2（c）），这样既简洁又能将概念阐述清楚（五层协议的体系结构只是为介绍网络原理而设计的，实际应用还是 TCP/IP 四层体系结构）。

现在结合因特网的情况，自上而下地简要介绍各层的主要功能。

（1）应用层

应用层是体系结构中的最高层。应用层直接为用户的应用进程提供服务。这里的进程就是指正在运行的程序。在因特网中的应用层协议很多，如支持万维网应用的 HTTP（HyperText Transfer Protocol，超文本传输协议），支持电子邮件的 SMTP（Simple Mail Transfer Protocol，简单邮件传输协议），支持文件传送的 FTP（File Transfer Protocol，文件传输协议）等。应用层交互的数据单元称为报文（Message）。

（a）OSI 的七层协议

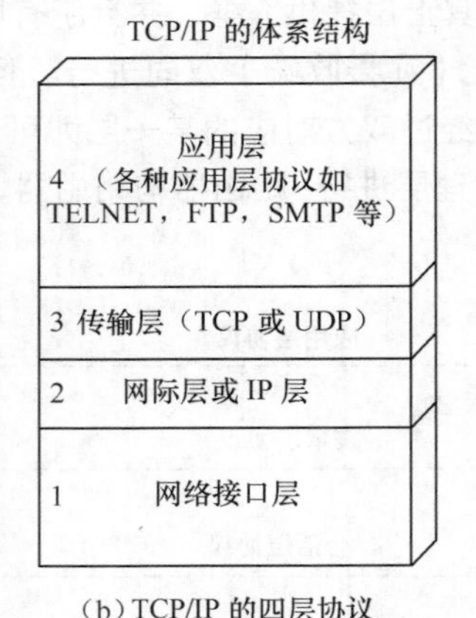

（b）TCP/IP 的四层协议

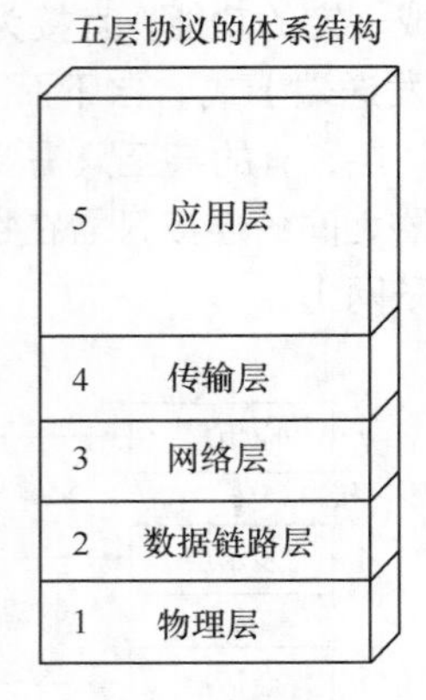

（c）五层协议

图2-2 计算机网络体系结构

（2）传输层

传输层的任务就是负责向两个主机中进程之间的通信提供服务。由于一个主机可同时运行多个进程，因此传输层有复用和分用的功能。复用就是多个应用层进程可同时使用下面传输层的服务，分用则是传输层把收到的信息分别交付给上面应用层中的相应的进程。

传输层主要使用以下两种协议。

① 传输控制协议（Transmission Control Protocol，TCP）。提供面向连接的、可靠的数据传输服务，其数据传输的单位是报文段（Segment）。

② 用户数据报协议（User Datagram Protocol，UDP）。提供无连接的、尽最大努力的数据传输服务（不保证数据传输的可靠性），其数据传输的单位是用户数据报（DataGrams）。

（3）网络层

在计算机网络中进行通信的两台计算机之间可能有会经过多个数据链路，也可能经过多个通信子网。网络层的任务就是选择合适的网间路由和交换节点，确保数据及时传送到目的地。在发送数据时，网络层把传输层产生的报文段或用户数据报封装成分组或包进行传送。在 TCP/IP 体系中，由于网络层使用 IP，因此分组也叫作 IP 数据报，或简称为数据报。

注意

不要将传输层的“用户数据报 UDP”和网络层的“IP 数据报”弄混。此外，无论在哪一层传送的数据单元，都可笼统地用“分组”来表示。

因特网是一个很大的互联网，它由大量的异构网络通过路由器相互连接起来。因特网主要的网络层协议是无连接的网际协议（Internet Protocol，IP）和许多种路由选择协议，因此因特网的网络层也叫作网际层或 IP 层。

（4）数据链路层

两台主机之间的数据传输，总是在一段一段的链路上传送的，这就需要使用专门的链路层的协议。

数据链路层协议有许多种，但有 3 个基本问题是共同的。这 3 个基本问题是：封装成帧、透明传输和差错检测。

封装成帧就是在一段数据的前后分别添加首部和尾部，这样就构成了一个帧。接收端在收到物理层上交的比特流后，就能根据首部和尾部的标记，从收到的比特流中识别帧的开始和结束。我们知道，分组交换的一个重要概念就是：所有在因特网上传送的数据都是以分组（即 IP 数据报）为传送单位。网络层的 IP 数据报传送到数据链路层就成为帧的数据部分。在帧的数据部分的前面和后面分别添加上首部和尾部，构成了一个完整的帧。因此，帧长等于数据部分的长度加上帧首部和帧尾部的长度，而首部和尾部的一个重要作用就是进行帧定界（即确定帧的界限）。

此外，首部和尾部还包括许多必要的控制信息（如同步信息、地址信息、差错控制等）。在发送帧时，是从帧首部开始发送。各种数据链路层协议都要对帧首部和帧尾部的格式有明确的规定。为了提高帧的传输效率，应当使帧的数据部分长度尽可能地大于首部和尾部的长度。但是，每一种链路层协议都规定了帧的数据部分的长度上限——最大传送单元（Maximum Transfer Unit，MTU）。

“透明”是一个很重要的术语。它表示：某一个实际存在的事物看起来却好像不存在一样（例如，人们看不见在自己面前 100%透明的玻璃）。“在数据链路层透明传送数据”表示无论什么样的比特组合的数据都能够通过这个数据链路层。对所传送的数据来说，这些数据就“看不见”数据链路层。或者说，数据链路层对这些数据来说是透明的。

控制信息还使接收端能够检测到所收到的帧中有无差错。如发现有差错，数据链路层就简单地丢弃这个出了差错的帧，以免继续传送下去白白浪费网络资源。如果需要改正错误，就由传输层的 TCP 来完成。

（5）物理层

在物理层上所传数据的单位是比特。物理层的任务就是透明地传送比特流。也就是说，发送方发送 1（或 0）时，接收方应当收到 1（或 0）而不是 0（或 1）。因此物理层要考虑用多大的电压代表“1”或“0”，以及接收方如何识别出发送方所发送的比特。物理层还要确定连接电缆的插头应当有多少根引脚以及各条引脚应如何连接。

物理层的作用是要尽可能地屏蔽掉传输媒体（现有计算机网络中的硬件设备和传输媒体种类繁多）和通信手段（通信手段有许多不同方式）的差异，使物理层上面的数据链路层感觉不到这些差异，这样就可使数据链路层只需要考虑如何完成本层的协议和服务，而不必考虑网络具体的传输媒体是什么。用于物理层的协议也常称为物理层规程。其实物理层规程就是物理层协议。只是在“协议”这个名词出现之前人们就先使用了“规程”这一名词。

物理层的主要任务是确定与传输媒体接口有关的一些特性，如下。

① 机械特性：指明接口所用接线器的形状和尺寸、引脚数目和排列、固定和锁定装置等。平时常见的各种规格的接插件都有严格的标准化的规定。

② 电气特性：指明在接口电缆的各条线上出现的电压范围。

③ 功能特性：指明某条线上出现的某一电平的电压表示何种意义。

④ 过程特性：指明对于不同功能的各种可能事件的出现顺序。

传递信息所利用的一些物理媒体，如双绞线、同轴电缆、光缆、无线信道等，并不在物理层协议之内而是在物理层协议的下面。因此也有人把物理媒体当作第 0 层。

在因特网所使用的各种协议中，最重要的和最著名的就是 TCP 和 IP 两个协议。现在人们经常提到的 TCP/IP 并不一定是单指 TCP 和 IP 这两个具体的协议，而往往是表示因特网所使用的整个 TCP/IP 协议族。

图 2–3 说明的是应用进程的数据在各层之间的传递过程中所经历的变化。这里为简单起见，假定两个主机是直接相连的。

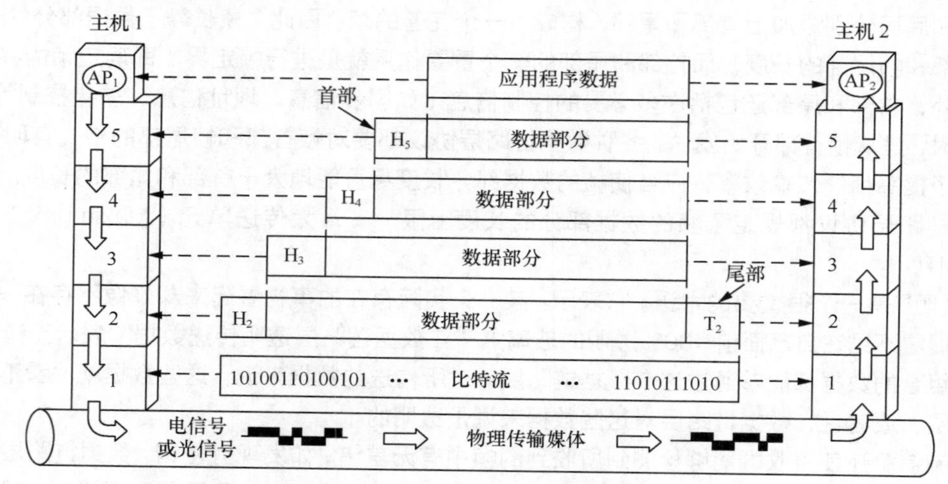

图2–3　数据在各层之间的传递过程

假定主机 1 的应用进程 AP_1 向主机 2 的应用进程 AP_2 传送数据。AP_1 先将数据交给本主机的第 5 层（应用层）。第 5 层加上必要的控制信息 H_5 就变成了下一层的数据单元。第 4 层（传输层）收到这个数据单元后，加上本层的控制信息 H_4，再交给第 3 层（网络层），成为第 3 层的数据单元。依此类推。不过到了第 2 层（数据链路层）后，控制信息分成两部分，分别加到本层数据单元的首部（H_2）和尾部（T_2）；而第 1 层（物理层）由于是比特流的传送，所以不再加上控制信息。注意：传送比特流时应从首部开始传送。

OSI 把对等层次之间传送的数据单位称为该层的协议数据单元（Protocol Data Unit，PDU）。这个名词现已被许多非 OSI 标准采用。

当这一串比特流离开主机 1 的物理层，经网络的物理媒体传送到目的站主机 2 时，就从主机 2 的第 1 层依次上升到第 5 层。每一层根据控制信息进行必要的操作，然后将控制信息剥去，将该层剩下的数据单元上交给更高的一层。最后，把应用进程 AP_1 发送的数据交给目的站的应用进程 AP_2。

可以用一个简单例子来比喻上述过程。有一封信从最高层向下传。每经过一层就包上一个新的信封，写上必要的地址信息。包有多个信封的信件传送到目的站后，从第 1 层起，每层拆开一个信封后就把信封中的信交给它的上一层。传到最高层后，取出发信人所发的信交给收信人。

虽然应用进程数据要经过图 2–3 所示的复杂过程才能送到终点的应用进程，但这些复杂过程对用户来说，都被屏蔽掉了，应用进程 AP_1 觉得好像是直接把数据交给了应用进程 AP_2。同理，任何两个同样的层次（如在两个系统的第 4 层）之间，也如图 2–3 中的水平虚线所示的那样，将数据（即数据单元加上控制信息）通过水平虚线直接传递给对方。这就是“对等层”之间的通信。

2.1.3 TCP/IP 的体系结构

TCP/IP 的体系结构比较简单，它只有四层。图 2-4 给出了用这种四层协议表示方法的例子。注意：图中的路由器在转发分组时最高只用到网络层，而没有使用传输层和应用层。

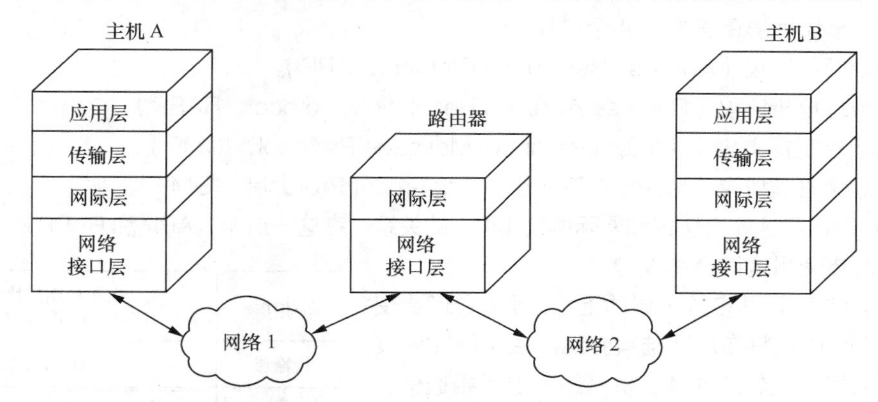

图2-4 TCP/IP四层协议的表示方法举例

还有一种方法，就是分层次画出具体的协议来表示 TCP/IP 协议族（见图 2-5），它的特点是上下两头大而中间小：应用层和网络接口层都有多种协议，而中间的 IP 层很小，上层的各种协议都向下汇聚到一个 IP 中。这种很像沙漏计时器形状的 TCP/IP 协议族表明：TCP/IP 可以为各式各样的应用提供服务，同时 TCP/IP 也允许 IP 在各式各样的网络构成的互联网上运行。正因为如此，因特网才会发展到今天的这种全球规模。从图 2-5 可以看出 IP 在因特网中的核心作用。

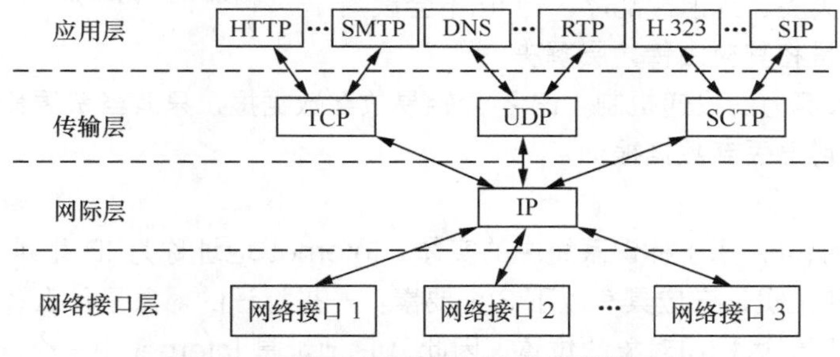

图2-5 沙漏计时器形状的TCP/IP协议族示意

2.2 网络层

网络层是网络体系中通信子网的最高层。向高层提供合理的路由机制，完成路由选择，并负责将数据通过合适的路径传输到目的地，同时对高层屏蔽低层的传输细节，具有一定的差错控制功能。

网络层向上只提供简单灵活的、无连接的、尽最大努力交付的数据报服务。网络在发送分组时不需要先建立连接。每一个分组（也就是 IP 数据报）独立发送，与其前后的分组无关。网络层不提供服务质量的承诺，也就是说，所传送的分组可能出错、丢失、重复和失序（即不按序到达终点），当然也不保证分组交付的时限。由于传输网络不提供端到端的可靠传输服务，这就使网络中的路由器可以做得比较简单，而且价格低廉（与电信网的交换机相比较）。如果主机中的进程之间的通信需要是可靠的，那么就由网络的主机中的传输层负责（包括差错处理、流量控制等）。

2.2.1 网际协议

网际协议（IP）是 TCP/IP 体系中两个最主要的协议之一，也是最重要的因特网标准协议之一。与 IP 配套使用的还有如下 4 个协议。

① 地址解析协议（Address Resolution Protocol，ARP）。

② 逆地址解析协议（Reverse Address Resolution Protocol，RARP）。

③ 网际控制报文协议（Internet Control Message Protocol，ICMP）。

④ 网际组管理协议（Internet Group Management Protocol，IGMP）。

图 2-6 画出了这 4 个协议和网际协议（IP）的关系。在这一层中，ARP 和 RARP 画在最下面，因为 IP 经常要使用这两个协议。

ICMP 和 IGMP 画在这一层的上部，因为它们要使用 IP。这 4 个协议将在后面陆续介绍。由于网际协议（IP）是用来使互连起来的计算机网络能够互相通信，因此 TCP/IP 体系中的网络层常常称为网际层或 IP 层。

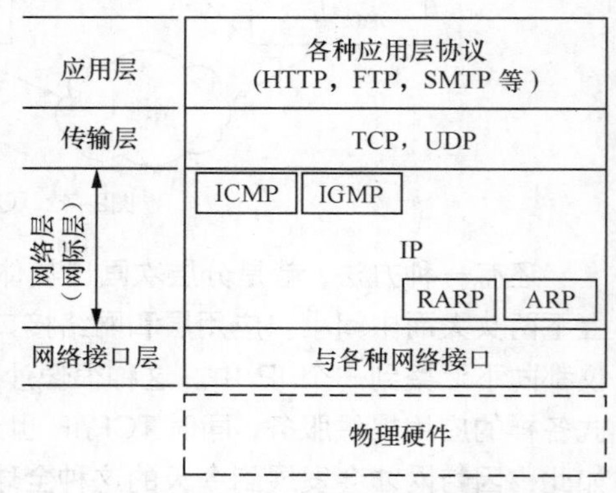

图2-6 网际协议（IP）及其配套协议

网际协议（IP）的特点包括以下 3 个方面。

① 提供无连接的数据传递机制。IP 独立地对待要传输的每个数据报，在传输前不建立连接，从源主机到目的主机的多个数据报可能经由不同的传输路径。

② 不保证数据报传输的可靠性。数据报在传输过程中可能会出错、丢失、延迟或乱序，但 IP 不会试图纠正这些错误，而是将其交由传输层解决。

③ 提供尽最大努力的投递机制。IP 不会轻易放弃数据报，只有当资源耗尽或底层网络出现故障时，才会迫不得已丢弃数据报。

1. IP 地址

地址是一种标识符，用于标识系统中的实体。Internet 地址称为 IP 地址，IP 地址用于标识 Internet 中的网络和主机，它应具有以下 3 个要素：一是标识的对象是什么；二是标识的对象在哪里；三是指示如何到达标识对象的位置。因此，IP 地址是 Internet 中一个非常重要的概念，IP 地址在 IP 层实现了对底层地址的统一，屏蔽了不同物理网络的差异，特别是不同的网络编址方式的差异，使得 Internet 的网络层地址具有全局唯一性和一致性。

（1）IP 地址及其表示方法

整个因特网就是一个单一、抽象的网络。IP 地址就是给因特网上的每一台主机（或路由器）的每一个接口分配一个在全世界范围内唯一的 32 位的标识符（这里讲的 IP 地址是指 IPv4 地址）。IP 地址的结构使我们可以在因特网上很方便地进行寻址。IP 地址由因特网名字与号码指派公司（Internet Corporation for Assigned Names and Numbers，ICANN）进行分配。

IP 地址的编址方法共经过了 3 个历史阶段。

① 分类的 IP 地址。这是最基本的编址方法，在 1981 年就通过了相应的标准协议。

② 子网的划分。这是对最基本的编址方法的改进，其标准 RFC 950 在 1985 年通过。

③ 构成超网。这是比较新的无分类编址方法。1993 年提出后很快就得到推广应用。

"分类的 IP 地址"就是将 IP 地址划分为若干个固定类，每一类地址都由两个固定长度的字段组成，其中第一个字段是网络号（Net-id），它标志主机（或路由器）所连接到的网络。一个网络号在整个因特网范围内必须是唯一的。第二个字段是主机号（Host-id），它标志该主机（或路由器）。一个主机号在它前面的网络号所指明的网络范围内必须是唯一的。由此可见，一个 IP 地址在整个因特网范围内是唯一的。

这种两级的 IP 地址可以记为：

IP 地址 :: ={<网络号>，<主机号>}　　　　（2-1）

式（2-1）中的符号":: ="表示"定义为"。图 2-7 给出了各种 IP 地址的网络号字段和主机号字段，这里 A 类、B 类和 C 类地址都是单播地址（一对一通信），是最常用的。

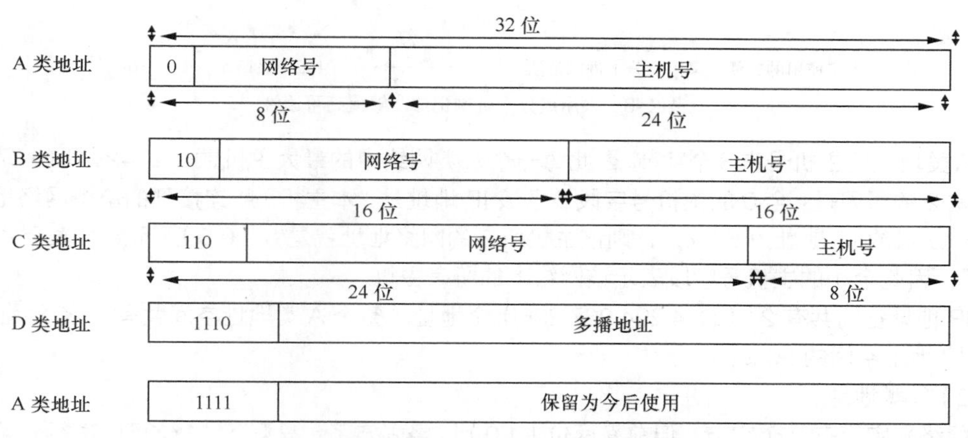

图2-7　IP地址中的网络号字段和主机号字段

从图 2-7 可以看出：

① A 类、B 类和 C 类地址的网络号字段（在图中这个字段是灰色的）分别为 1 个、2 个和 3 个字节长，而在网络号字段的最前面有 1~3 位的类别位，其数值分别规定为 0、10 和 110。

② A 类、B 类和 C 类地址的主机号字段分别为 3 个、2 个和 1 个字节长。

③ D 类地址（前 4 位是 1110）用于多播（一对多通信）。

④ E 类地址（前 4 位是 1111）保留为以后用。

这里要指出，由于近年来已经广泛使用无分类 IP 地址进行路由选择，A 类、B 类和 C 类地址的区分已成为历史，但由于很多文献和资料都还使用传统的分类 IP 地址，因此这里从分类 IP 地址讲起。

从 IP 地址的结构来看，IP 地址并不仅仅指明一个主机，还指明了主机所连接到的网络。

对主机或路由器来说，IP 地址都是 32 位的二进制代码。为了提高可读性，常常把 32 位的 IP 地址中的每 8 位用其等效的十进制数字表示，并且在这些数字之间加上一个点。这就叫作点分十进制记法。图 2-8 表示了这种方法，这是一个 C 类 IP 地址。显然，192.168.13.5 比 11000000 10101000 00001101 00000101 读起来要方便得多。

（2）IP 地址的分类

1）A 类地址

网络号字段占 1 个字节，只有 7 位可供使用（该字段的第一位已固定为 0），但可指派的网络号是 126 个（即 2^7-2）。减 2 的原因是：第一，IP 地址中的全 0 表示"这个（this）"，网络号字段为全 0 的 IP 地址是个保留地址，意思是“本网络”；第二，网络号为 127（即 01111111）保留作为本地软件环回测试本主机的进程之间的通信用。若主机发送一个目的地址为环回地址（如 127.0.0.1）的 IP 数据报，则本主机中的协议软件就处理数据报中的数据，而不会把数据报发送到任何网络。目的地址为环回地址的 IP 数据报永远不会出现在任何网络上，因为网络号为 127 的地址根本不是一个网络地址。

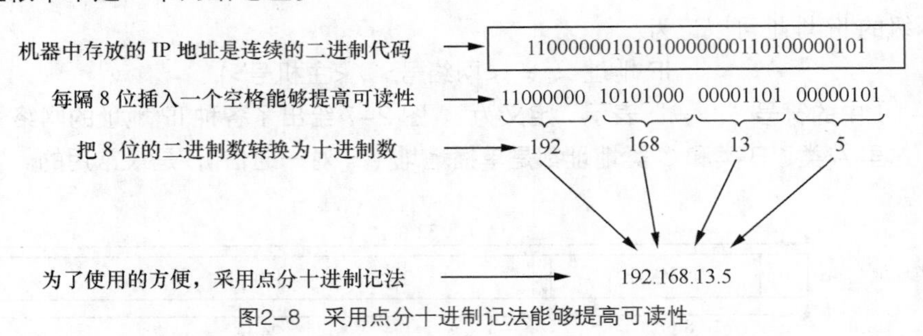

图2-8 采用点分十进制记法能够提高可读性

A 类地址的主机号占 3 个字节，因此每一个 A 类网络中的最大主机数是 $2^{24}-2$，即 16 777 214。这里减 2 的原因是：全 0 的主机号字段表示该 IP 地址是“本主机”所连接到的单个网络地址（例如，一主机的 IP 地址为 8.7.6.5，则该主机所在的网络地址就是 8.0.0.0），而全 1 表示“所有的（all）”，因此全 1 的主机号字段表示该网络上的所有主机。

IP 地址空间共有 2^{32}（即 4 294 967 296）个地址。整个 A 类地址空间共有 2^{31} 个地址，占有整个 IP 地址空间的 50%。

2）B 类地址

网络号字段有 2 个字节，但前面两位（10）已经固定了，只剩下 14 位可以进行分配。因为网络号字段后面的 14 位无论怎样取值也不可能出现使整个 2 字节的网络号字段成为全 0 或全 1，因此这里不存在网络总数减 2 的问题。但实际上 B 类网络地址 128.0.0.0 是不指派的，而可以指派的 B 类最小网络地址是 128.1.0.0。因此 B 类地址可指派的网络数为 $2^{14}-1$，即 16 383。B 类地址的每一个网络上的最大主机数是 $2^{16}-2$，即 65 534。这里需要减 2 是因为要扣除全 0 和全 1 的主机号。整个 B 类地址空间共约有 2^{30} 个地址，占整个 IP 地址空间的 25%。

3）C 类地址

有 3 个字节的网络号字段，最前面的 3 位是（1 1 0），还有 21 位可以进行分配。C 类网络地址 192.0.0.0 也是不指派的，可以指派的 C 类最小网络地址是 192.0.1.0，因此 C 类地址可指派的网络总数是 $2^{21}-1$，即 2 097 151。每一个 C 类地址的最大主机数是 $2^{8}-2$，即 254。整个 C 类地址空间共约有 2^{29} 个地址，占整个 IP 地址空间的 12.5%。

因此，可得出表 2-1 所示的 IP 地址的指派范围。

表 2-1 IP 地址的指派范围

网络类别	最大可指派的网路数	第一个可指派的网络号	最后一个可指派的网络号	每个网络中的最大主机数
A	126（$2^{7}-2$）	1	126	16777214
B	16383（$2^{14}-1$）	128.1	191.255	65534
C	2097151（$2^{21}-1$）	192.0.1	223.255.255	254

表 2-2 给出了一般不使用的 IP 地址，这些地址只能在特定的情况下使用。

表 2-2 特殊 IP 地址

网络号	主机号	源地址使用	目的地址使用	代表的意思
0	0	可以	不可	在本网络上的本主机
0	Host-id	可以	不可	在本网络上的某个主机 Host-id
全 1	全 1	不可	可以	只在本网络上进行广播（各路由器均不转发）
Net-id	全 1	不可	可以	对 Net-id 上所有主机进行广播
127	非全 0 或全 1 的任何数	可以	可以	用作本地软件环回测试之用

IP 地址具有以下一些重要特点。

① 每一个 IP 地址都由网络号和主机号两部分组成。从这个意义上说，IP 地址是一种分等级的地址结构。分两个等级的好处是：第一，IP 地址管理机构在分配 IP 地址时只分配网络号（第一级），而剩下的主机号（第二级）则由得到该网络号的单位自行分配。这样就方便了 IP 地址的管理。第二，路由器仅根据目的主机所连接的网络号来转发分组（而不考虑目的主机号），这样就可以使路由表中的项目数大幅度减少，从而减小了路由表所占的存储空间以及查找路由表的时间。

② 实际上 IP 地址是标志一个连接。当一个主机同时连接到两个网络上时，该主机就必须同时具有两个相应的 IP 地址，其网络号必须是不同的。这种主机称为多归属主机。由于一个路由器至少连接到两个网络，因此一个路由器至少有两个不同的 IP 地址。

③ 按照因特网的观点，一个网络是指具有相同网络号（Net-id）的主机的集合，因此，用转发器或网桥连接一起来的若干个局域网仍为一个网络，因为这些局域网都具有同样的网络号。具有不同网络号的局域网必须使用路由器进行互连。

④ 在 IP 地址中，所有分配到网络号的网络（不管是范围很小的局域网，还是可能覆盖很大地理范围的广域网）都是平等的。所谓平等，是指因特网同等对待每一个 IP 地址。

2. IP 数据报

IP 数据报是 IP 的基本处理单元，由首部和数据两部分组成，其格式如图 2-9 所示。IP 首部的前 20 个字节固定，是所有 IP 数据报共有的；IP 选项字段可选，其长度也可变，但不会超过 40 个字节。因此，IP 首部长度为 20 ~ 60 字节。

（1）IP 数据报首部的固定部分

① 版本。占 4 位，用于标识该数据报的 IP 的版本信息。通信双方使用的 IP 的版本必须一致。目前广泛使用的 IP 版本号为 IPv4，该字段值为 4。对于 IPv6，该字段值为 6。

② 首部长度。占 4 位，用于表示 IP 数据报首部的长度，其值以 32 位（4 字节）为单位，因此，IP 首部长度必须是 32 位的整数倍。当 IP 数据报首部长度不是 32 位的整数倍时，必须用填充字段加以填充来补齐 32 位。如果 IP 数据报长度为 20 个字节，该字段值为 5（即 $5 \times 4 = 20$ 字节）。而首部长度为 15 时（即二进制的 1111），首部长度就达到最大值 60 字节。

③ 区分服务。占 8 位，用来获得更好的服务。这个字段在旧标准中叫作服务类型，但实际上一直没有被使用过。1998 年 IETF 把这个字段改名为区分服务（Differentiated Services，DS）。只有在使用区分服务时，这个字段才起作用。在一般的情况下都不使用这个字段。

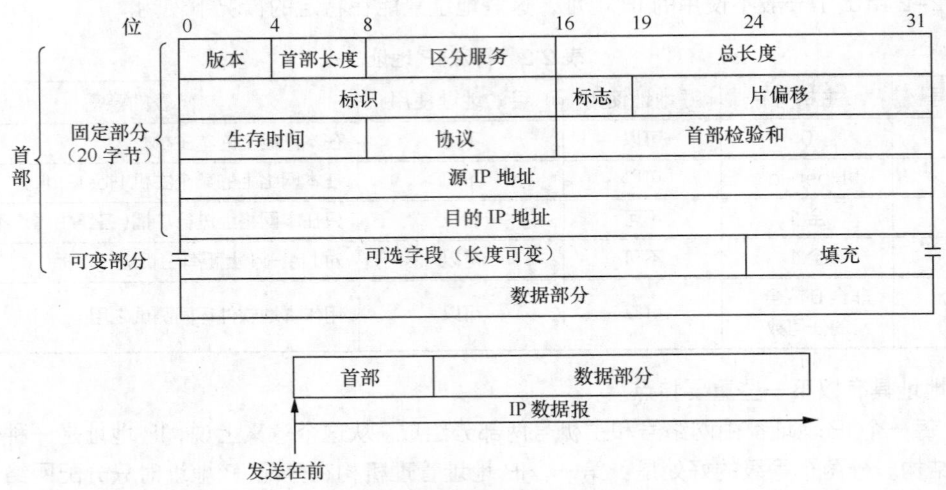

图2-9 IP数据报的格式

④ 总长度。占 16 位，总长度指 IP 首部和数据部分长度之和，单位为字节。IP 数据报的最大长度为 $2^{16}-1=65\,535$（字节）。然而在现实中是极少传送这样长的数据报的。

在 IP 层下面的每一种数据链路层协议都规定了一个数据字段的最大长度，这称为最大传送单元（Maximum Transfer Unit，MTU）。当一个 IP 数据报封装成链路层的帧时，此数据报的总长度（即首部加上数据部分）一定不能超过下面的数据链路层的 MTU 值。例如，最常用的以太网就规定其 MTU 值是 1500 字节。若所传送的数据报长度超过数据链路层的 MTU 值，就必须把过长的数据报进行分片处理。

虽然使用尽可能长的数据报会使传输效率提高（因为每一个 IP 数据报中首部长度占数据报总长度的比例就会小些），但数据报短些也有好处。每一个 IP 数据报越短，路由器转发的速度就越快。为此，IP 规定，在因特网中所有的主机和路由器必须能够处理的 IP 数据报长度不得小于 576 字节。这是假定上层交下来的数据长度有 512 字节（合理的长度），加上最长的 IP 首部 60 字节，再加上 4 字节的富裕量，就得到 576 字节。

⑤ 标识（Identification）。占 16 位，IP 软件在存储器中维持一个计数器，每产生一个数据报，计数器就加 1，并将此值赋给标识字段。但这个“标识”并不是序号，因为 IP 是无连接服务，数据报不存在按序接收的问题。当数据报由于长度超过网络的 MTU 而必须分片时，这个标识字段的值就被复制到所有的数据报片的标识字段中。相同的标识字段的值使分片后的各数据报片最后能正确地重装成为原来的数据报。

⑥ 标志（Flag）。占 3 位，但目前只有两位有意义。

标志字段中的最低位记为 MF（More Fragment）。MF=1 即表示后面“还有分片”的数据报。MF=0 表示这已是若干数据报片中的最后一个。

标志字段中间的一位记为 DF（Don’t Fragment），意思是“不能分片”。只有当 DF=0 时才允许分片。

⑦ 片偏移。占 13 位，片偏移指出：较长的分组在分片后，某片在原分组中的相对位置。也就是说，相对于用户数据字段的起点，该片从何处开始。片偏移以 8 个字节为偏移单位，也就是说，每个分片的长度一定是 8 字节（64 位）的整数倍。

【例 2-1】一数据报的总长度为 3980 字节，其数据部分为 3960 字节长（使用固定首部），需要分片为长度不超过 1500 字节的数据报片。因固定首部长度为 20 字节，因此每个数据报片的数据部分长度不能超过 1480 字节。于是分为 3 个数据报片，其数据部分的长度分别为 1480 字节、1480 字节和 1000 字节。原始数据报首部被复制为各数据报片的首部，但必须修改有关字段的值。图 2-10 给出分片后得出的结果（请注意片偏移的数值）。

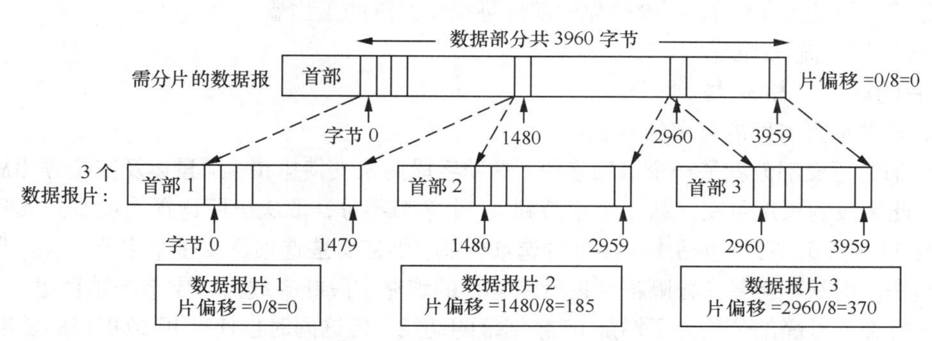

图2-10　数据报的分片举例

表 2-3 是本例中数据报首部与分片有关的字段中的数值，其中标识字段的值是任意给定的（12345）。具有相同标识的数据报片在目的站就可无误地重装成原来的数据报。

表 2-3　IP 数据报首部中与分片有关的字段中的数值

字段／数据报	总长度	标识	MF	DF	片偏移
原始数据报	3980	12345	0	0	0
数据报片 1	1500	12345	1	0	0
数据报片 2	1500	12345	1	0	185
数据报片 3	1020	12345	0	0	370

现在假定数据报片 2 经过某个网络时还需要再进行分片，即划分为数据报片 2-1（携带数据 800 字节）和数据报片 2-2（携带数据 680 字节）。那么这两个数据报片的总长度、标识、MF、DF 和片偏移分别为：820，12345，1，0，185；700，12345，1，0，285。

⑧ 生存时间。占 8 位，生存时间字段（Time To Live，TTL），表明数据报在网络中的寿命。由发出数据报的源点设置这个字段。其目的是防止无法交付的数据报无限制地在因特网中兜圈子（例如，从路由器 R_1 转发到 R_2，再转发到 R_3，然后又转发到 R_1），因而白白消耗网络资源。数据报每经过一个路由器时，就把 TTL 值减 1。当 TTL 值减为零时，就丢弃这个数据报。

TTL 的意义是指明数据报在因特网中至多可经过多少个路由器。数据报能在因特网中经过的路由器的最大数值是 255。若把 TTL 的初始值设置为 1，就表示这个数据报只能在本局域网中传送。因为这个数据报一传送到局域网上的某个路由器，在被转发之前 TTL 值就减小到零，因而就会被这个路由器丢弃。

⑨ 协议。占 8 位，协议字段指出此数据报携带的数据是使用何种协议，以便使目的主机的 IP 层知道应将数据部分上交给哪个处理。

常用的一些协议和相应的协议字段值如下。

协议名	ICMP	IGMP	TCP	EGP	IGP	UDP	IPv6	OSPF
协议字段值	1	2	6	8	9	17	41	89

⑩ 首部检验和。占 16 位，这个字段只检验数据报的首部，但不包括数据部分。这是因为数据报每经过一个路由器，路由器都要重新计算一下首部检验和（一些字段，如生存时间、标志、片偏移等都可能发生变化）。不检验数据部分可减少计算的工作量。

⑪ 源地址。占 32 位。

⑫ 目的地址。占 32 位。

（2）IP 数据报首部的可变部分

IP 首部的可变部分就是一个选项字段。选项字段用来支持排错、测量以及安全等措施，内容很丰富。此字段的长度可变，从 1 个字节到 40 个字节不等，取决于所选择的项目。某些选项项目只需要 1 个字节，它只包括 1 个字节的选项代码。但还有些选项需要多个字节，这些选项一个个拼接起来，中间不需要有分隔符，最后用全 0 的填充字段补齐成为 4 字节的整数倍。

增加首部的可变部分是为了增加 IP 数据报的功能，但这同时也使得 IP 数据报的首部长度成为可变的。这就增加了每一个路由器处理数据报的开销。实际上这些选项很少被使用。新的 IP 版本 IPv6 就把 IP 数据报的首部长度做成了固定的。

3. IP 层分组转发

下面先用一个简单例子来说明路由器是怎样转发分组的。图 2-11（a）是一个路由表的简单的例子。有 4 个 A 类网络通过 3 个路由器连接在一起。每一个网络上都可能有成千上万个主机。若按目的主机号来制作路由表，所得出的路由表则会过于庞大（如果每一个网络有 1 万台主机，4 个网络就有 4 万台主机，因而每一个路由表就有 4 万个项目，也就是 4 万行。每一行对应于一个主机）。但若按主机所在的网络地址来制作路由表，那么每一个路由器中的路由表就只包含 4 个项目（即只有 4 行，每一行对应于一个网络）。以路由器 R_2 的路由表为例。由于 R_2 同时连接在网络 2 和网络 3 上，因此只要目的站在这两个网络上，都可通过接口 0 或 1 由路由器 R_2 直接交付（当然还要利用 ARP 才能找到这些主机相应的硬件地址）。若目的主机在网络 1 中，则下一跳路由器应为 R_1，其 IP 地址为 25.0.0.5。路由器 R_2 和 R_1 由于同时连接在网络 2 上，因此从路由器 R_2 把分组转发到路由器 R_1 是很容易的。同理，若目的主机在网络 4 中，则路由器 R_2 应把分组转发给 IP 地址为 35.0.0.4 的路由器 R_3。

可以把整个网络拓扑简化为图 2-11（b）所示的那样。在简化图中，网络变成了一条链路，但每一个路由器旁边都注明其 IP 地址。使用这样的简化图，可以使我们不用关心某个网络内部的具体拓扑以及连接在该网络上有多少台计算机，因为这些对于研究分组转发问题并没有什么关系。这样的简化图强调了在互联网上转发分组时，是从一个路由器转发到下一个路由器。

总之，在路由表中，对每一条路由最主要的是以下两个信息：

（目的网络地址，下一跳地址）

于是，我们就根据目的网络地址来确定下一跳路由器，这样做的结果是：

① IP 数据报最终一定可以找到目的主机所在目的网络上的路由器（可能要通过多次的间接交付）。

② 只有到达最后一个路由器时，才试图向目的主机进行直接交付。

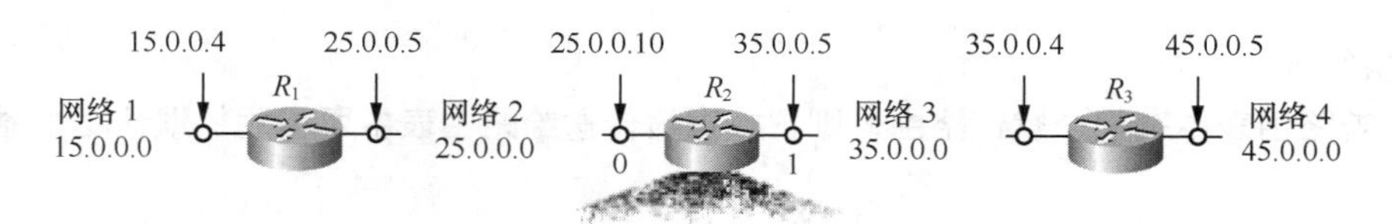

路由器 R_2 的路由表

目的主机所在的网络	下一跳地址
25.0.0.0	直接交付，接口 0
35.0.0.0	直接交付，接口 1
15.0.0.0	25.0.0.5
45.0.0.0	35.0.0.4

（a）路由器 R_2 的路由表

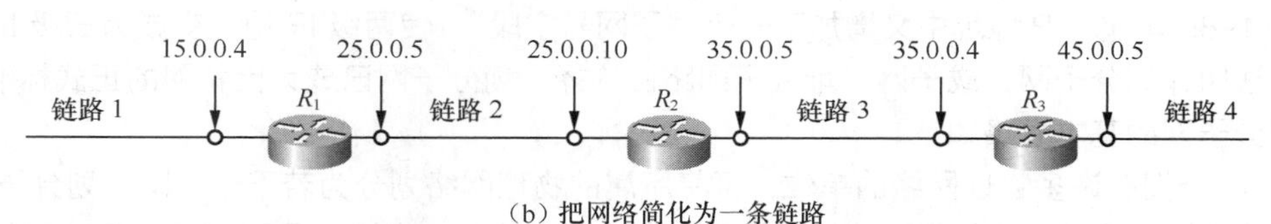

（b）把网络简化为一条链路

图2-11　路由表举例

虽然因特网所有的分组转发都是基于目的主机所在的网络，但在大多数情况下都允许有这样的特例，即对特定的目的主机指明一个路由。这种路由叫作特定主机路由。采用特定主机路由可使网络管理人员能更方便地控制网络和测试网络，同时也可在需要考虑某种安全问题时采用这种特定主机路由。在对网络的连接或路由表进行排错时，指明到某一个主机的特殊路由就十分有用。

路由器还可采用默认路由（Default Route）以减少路由表所占用的空间和搜索路由表所用的时间。这种转发方式在一个网络只有很少的对外连接时是很有用的。实际上，默认路由在主机发送 IP 数据报时往往更能显示出它的好处。

在 IP 数据报的首部中没有地方可以用来指明“下一跳路由器的 IP 地址”。在 IP 数据报的首部写上的 IP 地址是源 IP 地址和目的 IP 地址，而没有中间经过的路由器的 IP 地址。既然 IP 数据报中没有下一跳路由器的 IP 地址，那么待转发的数据报又怎样能够找到下一跳路由器呢?

当路由器收到一个待转发的数据报，在从路由表中得出下一跳路由器的 IP 地址后，不是把这个地址填入 IP 数据报，而是送交下层的网络接口软件。网络接口软件负责把下一跳路由器的 IP 地址转换成硬件地址（使用 ARP），并将此硬件地址放在链路层的 MAC 帧的首部，然后根据这个硬件地址找到下一跳路由器。当发送一连串的数据报时，上述的这种查找路由表、计算硬件地址、写入 MAC 帧的首部等过程，将不断地重复进行，造成了一定的开销。

根据以上所述，可归纳出分组转发算法如下。

① 从数据报的首部提取目的主机的 IP 地址 D，得出目的网络地址为 N。

② 若 N 就是与此路由器直接相连的某个网络地址，则进行直接交付，不需要再经过其他的路由器，直接把数据报交付给目的主机（这里包括把目的主机地址 D 转换为具体的硬件地址，把数据报封装为 MAC 帧，再发送此帧）；否则就是间接交付，执行③。

③ 若路由表中有目的地址为 D 的特定主机路由，则把数据报传送给路由表中所指明的下一跳路由器；否则，执行④。

④ 若路由表中有到达网络 N 的路由，则把数据报传送给路由表中所指明的下一跳路由器；

否则，执行⑤。

⑤ 若路由表中有一个默认路由，则把数据报传送给路由表中所指明的默认路由器；否则，执行⑥。

⑥ 报告转发分组出错。

4．子网规划

（1）子网划分

由于 IP 址址数量有限，因此，一个机构或组织往往只拥有一个网络地址，但拥有多个物理网络，于是需要一个网络地址跨越多个物理网络。另外，为了节省 IP 地址空间，也可能需要将一个网络地址中的地址块分配给不同的机构，同时又保持不同机构的主机之间的相互独立，尽管它们拥有相同的网络地址。这些问题可以采用子网划分技术来解决。

从 1985 年起，IP 地址中又增加了一个“子网号字段”，使两级 IP 地址变成为三级 IP 地址，这种做法叫作划分子网，或子网寻址或子网路由选择。划分子网已成为因特网的正式标准协议。

划分子网的基本思路如下。

① 一个拥有许多物理网络的单位，可将所属的物理网络划分为若干个子网。划分子网纯属一个单位内部的事情。本单位以外的网络看不见这个网络是由多少个子网组成，因为这个单位对外仍然表现为一个网络。

② 划分子网的方法是从网络的主机号借用若干位作为子网号 Subnet-id，当然主机号也就相应减少了同样的位数。于是两级 IP 地址在本单位内部就变为三级 IP 地址：网络号、子网号和主机号。也可以用以下记法来表示：

IP 地址 ::={<网络号>，<子网号>，<主机号>}　　　　（2-2）

③ 凡是从其他网络发送给本单位某个主机的 IP 数据报，仍然是根据 IP 数据报的目的网络号找到连接在本单位网络上的路由器。但此路由器在收到 IP 数据报后，再按目的网络号和子网号找到目的子网，把 IP 数据报交付给目的主机。

下面用例子说明划分子网的概念。图 2-12 表示某单位拥有一个 B 类 IP 地址，网络地址是 168.32.0.0（网络号是 168.32）。凡目的地址为 168.32.x.x 的数据报都被送到这个网络上的路由器 R_1。

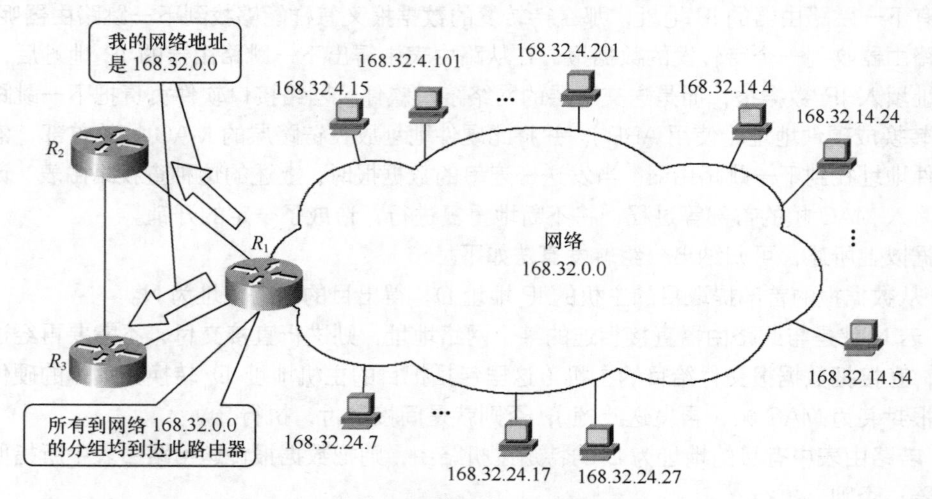

图2-12　B类网络168.32.0.0

现把图 2-12 的网络划分为 3 个子网（见图 2-13）。这里假定子网号占用 8 位，因此在增加了子网号后，主机号就只有 8 位。所划分的 3 个子网分别是：168.32.4.0，168.32.14.0 和 168.32.24.0。在划分子网后，整个网络对外部仍表现为一个网络，其网络地址仍为 168.32.0.0。但网络 168.32.0.0 上的路由器 R_1 在收到外来的数据报后，再根据数据报的目的地址把它转发到相应的子网。

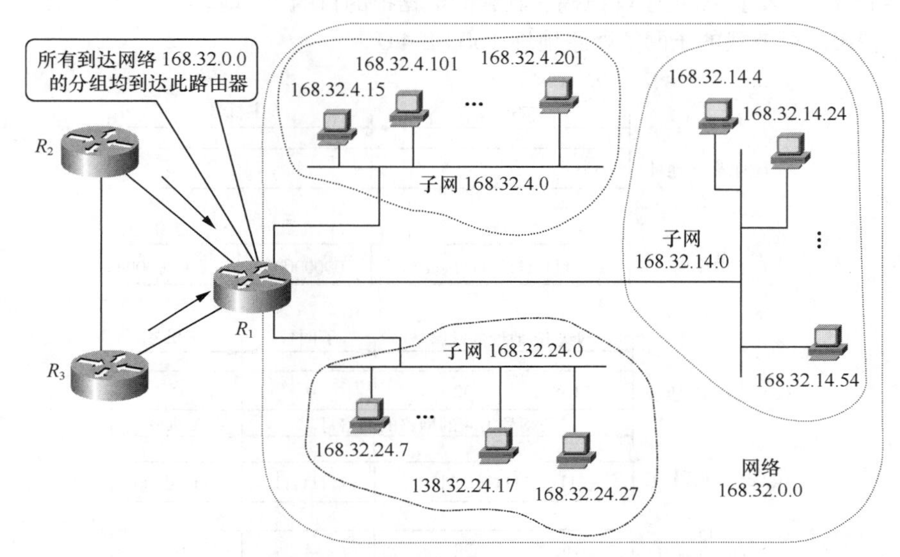

图2-13　把网络168.32.0.0划分为3个子网

总之，当没有划分子网时，IP 地址是两级结构。划分子网后 IP 地址变成了三级结构，如图 2-14 所示。划分子网只是把 IP 地址的主机号这部分进行再划分，而不改变 IP 地址原来的网络号。

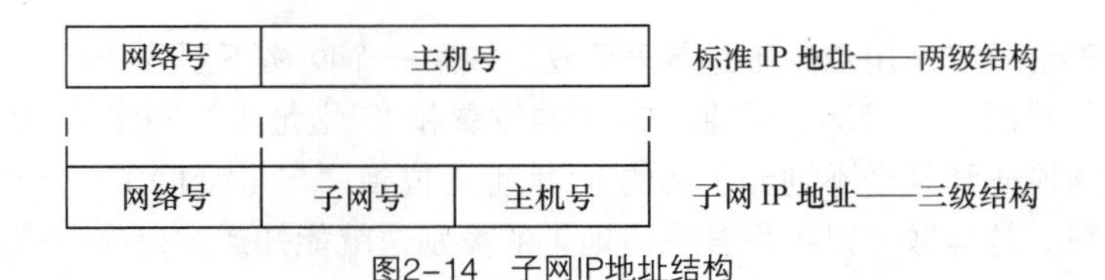

图2-14　子网IP地址结构

（2）子网掩码

为了充分利用有限的 IP 地址，可以根据应用的需要划分子网，但划分子网的结果必须以某种方式通知 IP 协议，才能使 IP 协议在传送数据报时找到正确的目的地，这就是 IP 协议定义的一种描述方法，称为子网掩码。

图 2-15（a）所示是 IP 地址为 168.32.4.15 的主机本来的两级 IP 地址结构。图 2-15（b）所示是这个两级 IP 地址的子网掩码。图 2-15（c）所示是同一地址的三级 IP 地址的结构，也就是说，现在从原来 16 位的主机号中拿出 8 位作为子网号，而主机号减少到 8 位。请注意，现在子网号为 4 的网络的网络地址是 168.32.4.0（既不是原来网级 IP 地址的网络地址 168.32.0.0，也不是子网号 4）。为了使路由器 R_1 能够很方便地从数据报中的目的 IP 地址中提取出所要找的子

网的网络地址，路由器 R_1 就要使用三级 IP 地址的子网掩码。图 2-15（d）所示是三级 IP 地址的子网掩码，它也是 32 位，由一串 1 和跟随的一串 0 组成。子网掩码中的 1 对应于 IP 地址中原来的二级地址中的 16 位网络号加上新增加的 8 位子网号，而子网掩码中的 0 对应于现在的 8 位主机号。RFC 文档中虽然没有规定子网掩码中的一串 1 必须是连续的，但极力推荐在子网掩码中选用连续的 1，以免出现可能发生的差错。

图 2-15（e）表示 R_1 把子网掩码和收到的数据报的目的 IP 地址 168.32.4.15 逐位相“与（AND）”，得出了所要找的子网的网络地址 168.32.4.0。

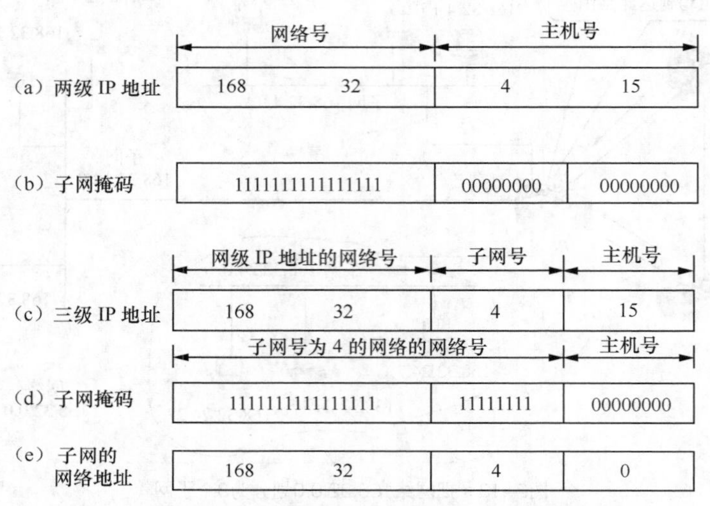

图2-15　IP地址的各字段和子网掩码（以168.32.4.15为例）

使用子网掩码的好处就是：不管网络有没有划分子网，只要把子网掩码和 IP 地址进行逐位的“与（AND）”运算，就立即得出网络地址来。这样在路由器处理到来的分组时就可采用同样的算法。

子网掩码的表示同样采用点分十进制表示法。如果一个网络不划分子网，那么该网络的子网掩码就使用默认子网掩码。默认子网掩码中 1 的位置和 IP 地址中的网络号字段正好相对应。因此，若用默认子网掩码和某个不划分子网的 IP 地址逐位相“与（AND）”，就应当能够得出该 IP 地址的网络地址来。这样做可以不用查找该地址的类别位就能知道这是哪一类的 IP 地址。

A 类地址的默认子网掩码是 255.0.0.0 或 0xFF000000。

B 类地址的默认子网掩码是 255.255.0.0 或 0xFFFF0000。

C 类地址的默认子网掩码是 255.255.255.0 或 0xFFFFFF00。

图 2-16 所示是这 3 类 IP 地址的网络地址和相应的默认子网掩码。

子网掩码是一个网络或一个子网的重要属性。在 RFC 950 成为因特网的正式标准后，路由器在和相邻路由器交换路由信息时，必须把自己所在网络（或子网）的子网掩码告诉相邻路由器。在路由器的路由表中的每一个项目，除了要给出目的网络地址外，还必须同时给出该网络的子网掩码。若一个路由器连接在两个子网上就拥有两个网络地址和两个子网掩码。

以一个 B 类地址为例，说明可以有多少种子网划分的方法。在采用固定长度子网时，所划分的所有子网的子网掩码都是相同的（见表 2-4）。

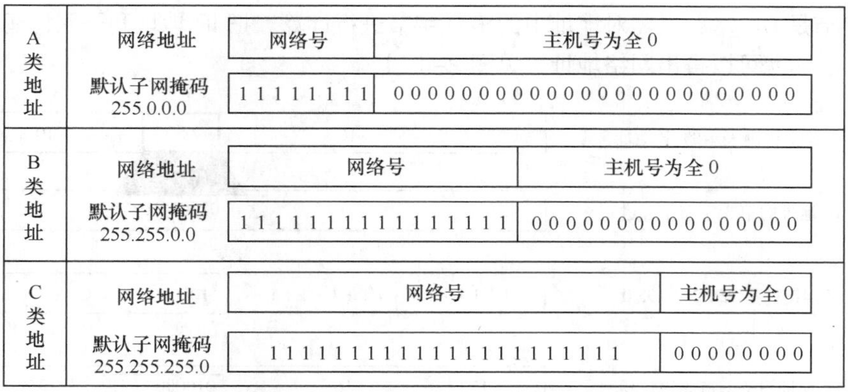

A类地址	网络地址	网络号	主机号为全0
	默认子网掩码 255.0.0.0	11111111	000000000000000000000000
B类地址	网络地址	网络号	主机号为全0
	默认子网掩码 255.255.0.0	1111111111111111	0000000000000000
C类地址	网络地址	网络号	主机号为全0
	默认子网掩码 255.255.255.0	111111111111111111111111	00000000

图2-16　A类、B类和C类IP地址的默认子网掩码

表 2-4　B 类地址的子网划分选择（使用固定长度子网）

子网号的位数	子 网 掩 码	子　网　数	每个子网的主机数
2	255.255.192.0	2	16382
3	255.255.224.0	6	8190
4	255.255.240.0	14	4094
5	255.255.248.0	30	2046
6	255.255.252.0	62	1022
7	255.255.254.0	126	510
8	255.255.255.0	254	254
9	255.255.255.128	510	126
10	255.255.255.192	1022	62
11	255.255.255.224	2046	30
12	255.255.255.240	4094	14
13	255.255.255.248	8190	6
14	255.255.255.252	16382	2

在表 2-4 中，子网数是根据子网号计算出来的。若子网号有 n 位，则共有 2^n 种可能的排列。除去全 0 和全 1 这两种情况，就得出表中的子网数。

表中的“子网号的位数”中没有 0、1、15 和 16 这 4 种情况，因为这没有意义。

请注意，子网号不能为全 1 或全 0，但随着无分类域间路由选择（Classless Inter-Domain Routing，CIDR）的广泛使用，现在全 1 和全 0 的子网号也可以使用了，但一定要谨慎使用，要弄清路由器所用的路由选择软件是否支持全 0 或全 1 的子网号这种较新的用法。

划分子网增加了灵活性，但减少了能够连接在网络上的主机总数。例如，本来一个 B 类地址最多可连接 65534 台主机，但表 2-4 中任意一行的最后两项的乘积一定小于 65534。

对 A 类和 C 类地址的子网划分也可得出类似的表格，读者可自行算出。

【例 2-2】已知 IP 地址是 172.16.78.10，子网掩码是 255.255.192.0。试求网络地址。

【解】子网掩码是 11111111 11111111 11000000 00000000。请注意，掩码的前两个字节都是全 1，因此网络地址的前两个字节可写为 172.16。子网掩码的第 4 字节是全 0，因此网络地址的第 4 字节是 0。本题只需对地址中的第 3 字节进行计算。把 IP 地址和子网掩码的第 3 字节用二进制表示，就可以得出网络地址（见图 2-17）。

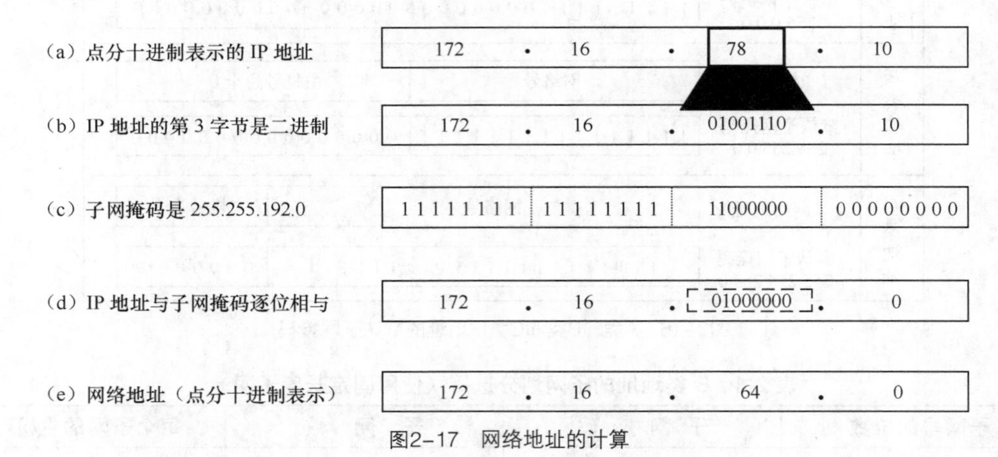

图2-17　网络地址的计算

【例 2-3】在上例中，若子网掩码改为 255.255.224.0。试求网络地址，并讨论所得结果。

【解】用同样的方法，可以得出网络地址是 172.16.64.0，和例 2-2 的结果完全一样的（见图 2-18）。

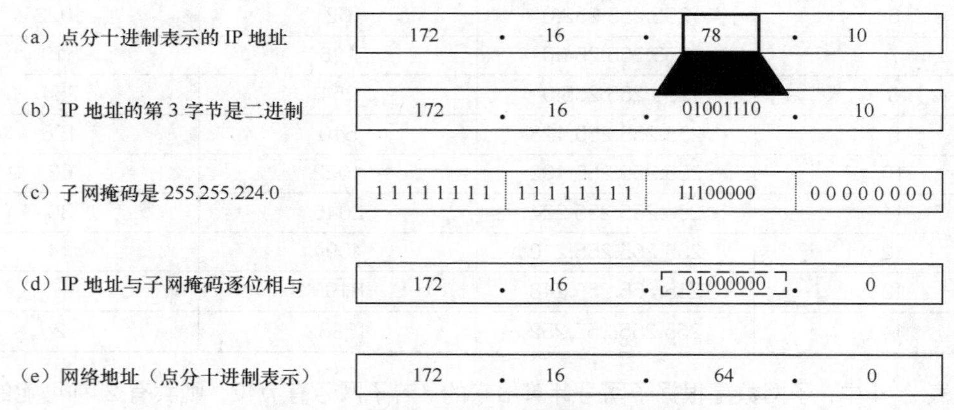

图2-18　不同的子网掩码得出相同的网络地址

这个例子说明，同样的 IP 地址和不同的子网掩码可以得出相同的网络地址。但是，不同的掩码的效果是不同的。在例 2-2 中，子网号是 2 位，主机号是 14 位。在例 2-3 中，子网号是 3 位，主机号是 13 位。因此这两个例子中可划分的子网数和每一个子网中的最大主机数都是不一样的。

5. 无分类编址（构造超网）

（1）网络前缀

划分子网在一定程度上缓解了因特网在发展中遇到的困难。然而在 1992 年因特网仍然面临如下 3 个必须尽早解决的问题。

① B 类地址在 1992 年已分配了近一半，而且即将全部分配完毕。

② 因特网主干网上的路由表中的项目数急剧增长（从几千个增长到几万个）。

③ 整个 IPv4 的地址空间最终将全部耗尽。

当时预计前两个问题将在 1994 年变得非常严重。因此 IETF 很快地就研究出采用无分类编址的方法来解决前两个问题。IETF 认为上面的第三个问题属于更加长远的问题，因此专门成立 IPv6 工作组负责研究解决新版本 IP 协议的问题。

其实早在 1987 年，RFC 1009 就指明了在一个划分子网的网络中可同时使用几个不同的子网掩码。使用变长子网掩码（Variable Length Subnet Mask，VLSM）可进一步提高 IP 地址资源的利用率。在 VLSM 的基础上又进一步研究出无分类编址方法，它的正式名字是无分类域间路由选择（Classless Inter-Domain Routing，CIDR，CIDR 的读音是“sider”）。现在 CIDR 已成为因特网建议标准协议。

CIDR 最主要的特点有如下两个。

① CIDR 消除了传统的 A 类、B 类和 C 类地址以及划分子网的概念，因而可以更加有效地分配 IPv4 的地址空间，并且可以在新的 IPv6 使用之前容许因特网的规模继续增长。CIDR 把 32 位的 IP 地址划分为两个部分。前面的部分是“网络前缀”（Network-prefix）（或简称为“前缀”），用来指明网络，后面的部分则用来指明主机。因此 CIDR 使 IP 地址从三级编址（使用子网掩码）又回到了两级编址，但这是无分类的两级编址。它的记法是：

IP 地址 ::={<网络前缀>，<主机号>}　　(2-3)

CIDR 还使用“斜线记法”，或称为 CIDR 记法，即在 IP 地址后面加上斜线“/”，然后写上网络前缀所占的位数。

② CIDR 把网络前缀都相同的连续 IP 地址组成一个“CIDR 地址块”。只要知道 CIDR 地址块中的任何一个地址，就可以知道这个地址块的起始地址（即最小地址）、最大地址以及地址块中的地址数。例如，已知 IP 地址 172.16.78.10/20 是某 CIDR 地址块中的一个地址，现在把它写成二进制表示，其中的前 20 位是网络前缀（用粗体和下划线表示出），而前缀后面的 12 位是主机号：

172.16.78.10/20=10101100 00010000 01001110 00001010

这个地址所在的地址块中的最小地址和最大地址可以很方便地得出。

最小地址：172.16.64.0=10101100 00010000 01000000 00000000

最大地址：172.16.79.255=10101100 00010000 01001111 11111111

当然，这两个主机号是全 0 和全 1 的地址一般不使用。一般只使用在这两个地址之间的地址。这个地址块共有 2^{12} 个地址。我们可以用地址块中的最小地址和网络前缀的位数指明这个地址块。例如，上面的地址块可记为 172.16.64.0/20。在不需要指出地址块的起始地址时，也可把这样的地址块简称为“/20 地址块”。

为了更方便地进行路由选择，CIDR 使用 32 位的地址掩码。地址掩码是一串 1 和一串 0 组成，而 1 的个数就是网络前缀的长度。虽然 CIDR 不使用子网了，但由于目前仍有一些网络还使用子网划分和子网掩码，因此 CIDR 使用的地址掩码也可继续称为子网掩码。例如，/20 地址块的地址掩码是：11111111 11111111 11110000 00000000（20 个连续的 1）。斜线记法中，斜线后面的数字就是子网掩码中 1 的个数。

请注意，“CIDR 不使用子网”是指 CIDR 并没有在 32 位地址中指明若干位作为子网字段。但分配到一个 CIDR 地址块的单位，仍然可以在本单位内根据需要划分出一些子网。这些子网也都只有一个网络前缀和一个主机号字段，但子网的网络前缀比整个单位的网络前缀要长些。例如，某单位分配到地址块/20，就可以再继续划分为 8 个子网（即需要从主机号中借用 3 位来划分子网）。这时每一个子网的网络前缀就变成 23 位（原来的 20 位加上从主机号借来的 3 位），比该组织的网络前缀长 3 位。

斜线记法还有一个好处就是，它除了表示一个 IP 地址外，还提供了一些其他的重要信息。

例如，地址 192.168.136.136/27 不仅表示 IP 地址是 192.168.136.136，而且还表示这个地址块的网络的前缀有 27 位（剩下的 5 位是主机号），因此这个地址块包含 32 个 IP 地址（2^5=32）。通过简单的计算还可得出，这个地址块的最小地址是 192.168.136.128，最大地址是 192.168.136.159。具体的计算方法是这样的：找出地址掩码中 1 和 0 的交界处发生在地址中的哪一个字节。现在是第 4 个字节。因此只要把这一个字节用二进制表示，写成 10001000，取其前 3 位（这 3 位加上前 3 个字节的 24 位等于前缀的 27 位），再把后面 5 位都写成 0，即 10000000，等于十进制的 128。这就找出了地址块的最小地址 192.168.136.128。再把地址的第 4 字节的最后 5 位都置 1，即 10011111，等于十进制的 159，这就找出了地址块中的最大地址 192.168.136.159。

由于一个 CIDR 地址块中有很多地址，所以在路由表中就利用 CIDR 地址块来查找目的网络。这种地址的聚合常称为路由聚合，它使得路由表中的一个项目可以表示原来传统分类地址的很多个（如上千个）路由。路由聚合也称为构成超网。如果没有采用 CIDR，如在 1994 年和 1995 年，因特网的一个路由表就会超过 7 万个项目，而使用了 CIDR 后，在 1996 年一个路由表的项目数才只有 3 万多个。路由聚合有利于减少路由器之间的路由选择信息的交换，从而提高了整个因特网的性能。

CIDR 记法有多种形式，例如，地址块 10.0.0.0/10，可简写为 10/10，也就是把点分十进制中低位连续的 0 省略。另一种简化表示方法是在网络前缀的后面加一个星号（*），如：

00001010 00*

意思是：在星号（*）之前是网络前缀，而星号（*）表示 IP 地址中的主机号，可以是任意值。

前缀位数不是 8 的整数倍时，需要进行简单的计算才能得到一些地址信息。

表 2-5 给出了最常用的 CIDR 地址块。表中的 K 表示 2^{10} 即 1024。网络前缀小于 13 或大于 27 都较少使用。在“包含的地址数”中没有把全 1 和全 0 的主机号除外。

表 2-5 常用的 CIDR 地址块

CIDR 前缀长度	点分十进制	包含的地址数	相当于包含分类的网络数
/13	255.248.0.0	512K	8 个 B 类或 2048 个 C 类
/14	255.252.0.0	256K	4 个 B 类或 1024 个 C 类
/15	255.254.0.0	128K	2 个 B 类或 512 个 C 类
/16	255.255.0.0	64K	1 个 B 类或 256 个 C 类
/17	255.255.128.0	32K	128 个 C 类
/18	255.255.192.0	16K	64 个 C 类
/19	255.255.224.0	8K	32 个 C 类
/20	255.255.240.0	4K	16 个 C 类
/21	255.255.248.0	2K	8 个 C 类
/22	255.255.252.0	1K	4 个 C 类

（续表）

CIDR 前缀长度	点分十进制	包含的地址数	相当于包含分类的网络数
/23	255.255.254.0	512	2 个 C 类
/24	255.255.255.0	256	1 个 C 类
/25	255.255.255.128	128	1/2 个 C 类
/26	255.255.255.192	64	1/4 个 C 类
/27	255.255.255.224	32	1/8 个 C 类

从表 2-5 可看出，每一个 CIDR 地址块中的地址数一定是 2 的整数次幂。除最后几行外，CIDR 地址块都包含了多个 C 类地址（是一个 C 类地址的 2^n 倍，n 是整数），这就是“构成超网”这一名词的来源。

使用 CIDR 的一个好处就是可以更加有效地分配 IPv4 的地址空间，可根据客户的需要分配适当大小的 CIDR 地址块。而在分类地址的环境中，向一个单位分配 IP 地址，就只能以/8、/16 或/24 为单位来分配，缺少灵活性。

图 2-19 给出的是 CIDR 地址块分配的例子。假定某 ISP 已拥有地址块 218.0.128.0/18（相当于有 64 个 C 类网络）。现在某大学需要 800 个 IP 地址。ISP 可以给该大学分配一个地址块 218.0.132.0/22，它包括 1024（即 2^{10}）个 IP 地址，相当于 4 个连续的 C 类/24 地址块，占该 ISP 拥有的地址空间的 1/16。这个大学之后可自由地对本校的各系分配地址块，而各系还可再划分本系的地址块。CIDR 的地址块分配有时不易看清，这是因为网络前缀和主机号的界限不是恰好出现在整数字节处。只要写出地址的二进制表示（从图中的地址块的二进制表示中可看出，实际上只需要将其中的一个关键字节转换为二进制的表示即可），弄清网络前缀的位数，就不会把地址块的范围弄错。

从图 2-19 可以清楚地看出地址聚合的概念。这个 ISP 共拥有 64 个 C 类网络。如果不采用 CIDR 技术，则在与该 ISP 的路由器交换路由信息的每一个路由器的路由表中，就需要有 64 个项目。但采用地址聚合后，就只需用路由聚合后的一个项目 218.0.128.0/18 就能找到该 ISP。同理，这个大学共有 4 个系。在 ISP 内的路由器的路由表中，也是需使用 218.0.132.0/22 这一个项目。

从图 2-19 下面表格中的二进制地址可看出，把 4 个系的路由聚合为大学的一个路由（即构成超网），是将网络前缀缩短。网络前缀越短，其地址块所包含的地址数就越多。而在三级结构的 IP 地址中，划分子网是使网络前缀变长。

（2）最长前缀匹配

在使用 CIDR 时，由于采用了网络前缀这种记法，IP 地址由网络前缀和主机号这两个部分组成，因此在路由表中的项目也要有相应的改变。这时，每个项目由“网络前缀”和“下一跳地址”组成。但是在查找路由表时可能会得到不止一个匹配结果。这样就带来一个问题：应当从这些匹配结果中选择哪一条路由呢?

正确的答案：应当从匹配结果中选择具有最长网络前缀的路由。这叫作最长前缀匹配，因为网络前缀越长，其地址块就越小，因而路由就越具体。最长前缀匹配又称为最长匹配或最佳匹配。

6. IP 地址转换

由于 IP 地址的紧缺，一个机构能够申请到的 IP 地址数往往远小于本机构所拥有的主机数。

考虑到因特网不是很安全，一个机构内也不需要把所有的主机接入到外部的因特网。在许多情况下，很多主机主要还是和本机构内的其他主机进行通信（例如，在大型商场或宾馆中，有很多用于营业和管理的计算机。这些计算机并不都需要和因特网相连）。假定在一个机构内部的计算机通信也是采用 TCP/IP，从原则上讲，对于这些仅在机构内部使用的计算机可以由本机构自行分配其 IP 地址。也就是说，让这些计算机使用仅在本机构有效的 IP 地址（这种地址称为本地地址），而不需要向因特网的管理机构申请全球唯一的 IP 地址（这种地址称为全球地址）。这样就可以大大节约宝贵的全球 IP 地址资源。

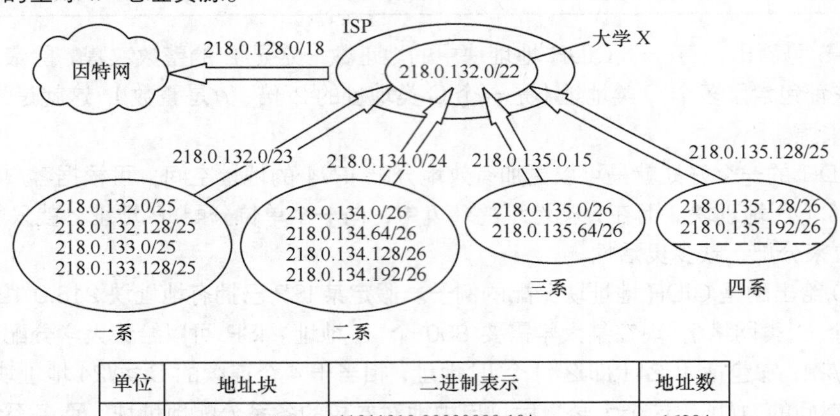

单位	地址块	二进制表示	地址数
ISP	218.0.128.0/18	11011010.00000000.10*	16384
大学	218.0.132.0/22	11011010.00000000.100001*	1024
一系	218.0.132.0/23	11011010.00000000.1000010*	512
二系	218.0.134.0/24	11011010.00000000.10000110*	256
三系	218.0.135.0/25	11011010.00000000.10000111.0*	128
四系	218.0.135.128/25	11011010.00000000.10000111.1*	128

图2-19 CIDR地址块划分举例

但是，如果任意选择一些 IP 地址作为本机构内部使用的本地地址，那么在某种情况下可能会引起一些麻烦。例如，有时机构内部的某个主机需要和因特网连接，那么这种仅在内部使用的本地地址就有可能和因特网中某个 IP 地址重合，这样就会出现地址的二义性问题。

为了解决这一问题，RFC 1918 指明了一些专用地址（Private Address）。这些地址只能用于一个机构的内部通信，而不能用于和因特网上的主机通信。换言之，专用地址只能用作本地地址而不能用作全球地址。在因特网中的所有路由器，对目的地址是专用地址的数据报一律不进行转发。专用地址如下。

① 10.0.0.0 ~ 10.255.255.255（或记为 10.0.0.0/8，它又称为 24 位块）。

② 172.16.0.0 ~ 172.31.255.255（或记为 172.16.0.0/12，它又称为 20 位块）。

③ 192.168.0.0 ~ 192.168.255.255（或记为 192.168.0.0/16，它又称为 16 位块）。

上面的 3 个地址块分别相当于一个 A 类网络、16 个连续的 B 类网络和 256 个连续的 C 类网络。采用这样的专用 IP 地址的互连网络称为专用互联网或本地互联网，或叫作专用网。全世界可能有很多的专用互连网络具有相同的专用 IP 地址，但这并不会引起麻烦，因为这些专用地址仅在本机构内部使用。专用 IP 地址也叫作可重用地址。

很多组织或机构都希望自己的内部网络地址结构不为外界知晓，从而确保内部网络的安全性。从网络内部和外部网络互相访问的特性来看，希望对内部主机主动访问外部网络实施比较宽松的限制，而外部网络（以下简称外网）主动对内部网络（以下简称内网）的访问实施较为严格地限制。这些需求采用网络地址转换（Network Address Translation，NAT）技术可以得到很好的解决。

网络地址转换方法是在 1994 年提出的。这种方法需要在专用网连接到因特网的路由器上安装 NAT 软件。装有 NAT 软件的路由器叫作 NAT 路由器，它至少有一个有效的外部全球 IP 地址。这样，所有使用本地地址的主机在和外界通信时，都要在 NAT 路由器上将其本地地址转换成全球 IP 地址，才能和因特网连接。

图 2-20 给出了 NAT 路由器的工作原理。在图中，专用网 192.168.0.0 内所有主机的 IP 地址都是本地 IP 地址 192.168.x.x。NAT 路由器至少要有一个全球 IP 地址，才能和因特网相连。图 2-20 表示出 NAT 路由器有一个全球 IP 地址 172.168.3.5（NAT 路由器可以有多个全球 IP 地址）。

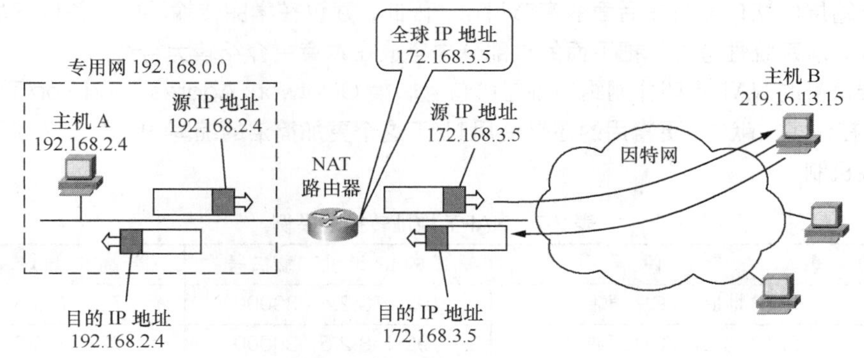

图2-20　NAT路由器的工作原理

NAT 路由器收到从专用网内部的主机 A 发往因特网上主机 B 的 IP 数据报：源 IP 地址是 192.168.2.4，而目的 IP 地址是 219.16.13.15。NAT 路由器把 IP 数据报的源 IP 地址 192.168.2.4，转换为新的源 IP 地址（即 NAT 路由器的全球 IP 地址）172.168.3.5，然后转发出去。因此，主机 B 收到这个 IP 数据报时，以为 A 的 IP 地址是 172.168.3.5。当 B 给 A 发送应答时，IP 数据报的目的 IP 地址是 NAT 路由器的 IP 地址 172.168.3.5。B 并不知道 A 的专用地址 192.168.2.4。实际上，即使知道了，也不能使用，因为因特网上的路由器都不转发目的地址是专用网本地 IP 地址的 IP 数据报。当 NAT 路由器收到因特网上的主机 B 发来的 IP 数据报时，还要进行一次 IP 地址的转换。通过 NAT 地址转换表，就可把 IP 数据报上的旧的目的 IP 地址 172.168.3.5 转换为新的目的 IP 地址 192.168.2.4（主机 A 真正的本地 IP 地址）。

表 2-6 给出了 NAT 地址转换表的举例。表中的前两行数据对应于图 2-20 中所举的例子。第一列"方向"中的"出"表示离开专用网，而"入"表示进入专用网。表中后两行数据（图 2-20 中没有画出对应的 IP 数据报）表示专用网内的另一主机 192.168.2.5 向因特网发送了 IP 数据报，而 NAT 路由器还有另外一个全球 IP 地址 172.168.3.6。

表 2-6　NAT 地址转换表举例

方　向	字　段	旧的 IP 地址	新的 IP 地址
出	源 IP 地址	192.168.2.4	172.168.3.5
入	目的 IP 地址	172.168.3.5	192.168.2.4
出	源 IP 地址	192.168.2.5	172.168.3.6
入	目的 IP 地址	172.168.3.6	192.168.2.5

当 NAT 路由器具有 n 个全球 IP 地址时，专用网内最多可以同时有 n 个主机接入到因特网。这样就可以使专用网内较多数量的主机，轮流使用 NAT 路由器有限数量的全球 IP 地址。

通过 NAT 路由器的通信必须由专用网内的主机发起。设想因特网上的主机要发起通信，当 IP 数据报到达 NAT 路由器时，NAT 路由器就不知道应当把目的 IP 地址转换成哪一个专用网内的本地 IP 地址。这就表明，专用网内部的主机不能充当服务器用，因为因特网上的客户无法请求专用网内的服务器提供服务。

为了更加有效地利用 NAT 路由器上的全球 IP 地址，现在常用的 NAT 转换表把传输层的端口号也利用上。这样，就可以使多个拥有本地地址的主机，共用一个 NAT 路由器上的全球 IP 地址，因而可以同时和因特网上的不同主机进行通信。

由于传输层的端口号将在后面的章节讨论，因此，建议在学完传输层的有关内容后，再学习下面的内容。从系统性考虑，把下面的这部分内容放在本章中介绍较为合适。

使用端口号的 NAT 也叫作网络地址与端口号转换 CNetwork Address and Port Translation，NAPT）。但在许多文献中，更常用的还是使用 NAT 这个更加简洁的缩写词。表 2-7 说明了 NAPT 的地址转换机制。

表 2-7 NAPT 地址转换表举例

方向	字 段	旧的 IP 地址和端口号	新的 IP 地址和端口号
出	源 IP 地址：TCP 源端口	192.168.2.4：30000	172.168.3.5：40001
出	源 IP 地址：TCP 源端口	192.168.2.5：30000	172.168.3.5：40002
入	目的 IP 地址：TCP 目的源端口	172.168.3.5：40001	192.168.2.4：30000
入	目的 IP 地址：TCP 目的源端口	172.168.3.5：40002	192.168.2.5：30000

从表 2-7 可以看出，在专用网内主机 192.168.2.4 向因特网发送 IP 数据报，其 TCP 端口号选择为 30000。NAPT 把源 IP 地址和 TCP 端口号都进行转换（如果是使用 UDP，则对 UDP 的端口号进行转换。原理是一样的）。另一台主机 192.168.2.5 也选择了同样的 TCP 端口号 30000。这纯属巧合（端口号仅在本主机中才有意义）。现在 NAPT 把专用网内不同的源 IP 地址，都转换为同样的全球 IP 地址。但对源主机所采用的 TCP 端口号（不管相同或不同），则转换为不同的新的端口号。因此，当 NAPT 路由器收到从因特网发来的应答时，就可以从 IP 数据报的数据部分找出传输层的端口号，然后根据不同的目的端口号，从 NAPT 转换表中找到正确的目的主机。

2.2.2 地址解析协议

1. IP 地址与硬件地址

图 2-21 说明了主机的 IP 地址与硬件地址的区别。从层次的角度看，物理地址是数据链路层和物理层使用的地址，而 IP 地址是网络层和以上各层使用的地址，是一种逻辑地址（称 IP 地址是逻辑，是因为 IP 地址是用软件实现的）。

在发送数据时，数据从高层下到低层，然后才到通信链路上传输。使用 IP 地址的 IP 数据报一旦交给了数据链路层，就被封装成 MAC 帧了。MAC 帧在传送时使用的源地址和目的地址都是硬件地址，这两个硬件地址都写在 MAC 帧的首部中。

连接在通信链路上的设备（主机或路由器）在接收 MAC 帧时，其根据是 MAC 帧首部中的硬件地址。在数据链路层看不见隐藏在 MAC 帧的数据中的 IP 地址。只有在剥去帧的首部和尾部后把 MAC 层的数据上交给网络层后，网络层才能在 IP 数据报的首部中找到源 IP 地址和目的 IP 地址。

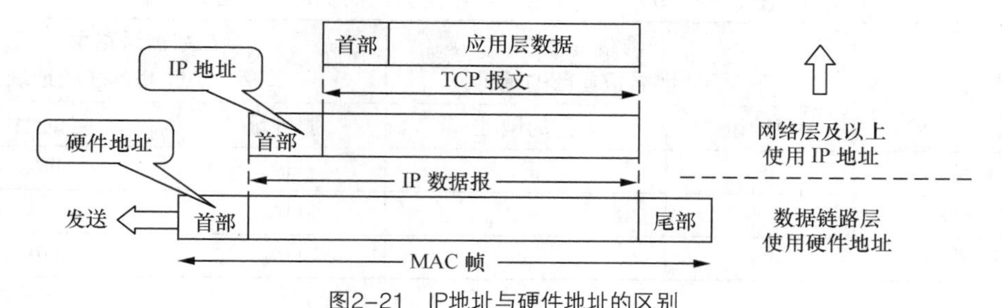

图2-21　IP地址与硬件地址的区别

总之，IP 地址放在 IP 数据报的首部，而硬件地址则放在 MAC 帧的首部。在网络层和网络层以上使用的是 IP 地址，而数据链路层及以下使用的是硬件地址。在图 2-21 中，当 IP 数据报放入数据链路层的 MAC 帧中以后，整个的 IP 数据报就成为 MAC 帧的数据，因而在数据链路层看不见数据报的 IP 地址。

图 2-22（a）画的是 3 个局域网用两个路由器 R_1 和 R_2 互连起来。现在主机 H_1 要和主机 H_2 通信。这两个主机的 IP 地址分别是 IP_1 和 IP_2，而它们硬件地址分别为 HA_1 和 HA_2（Hardware Address，HA）。通信的路径是：H_1→经过 R_1 转发→再经过 R_2 转发→H_2。路由器 R_1 因同时连接在两个局域网上，因此它有两个硬件地址，即 HA_3 和 HA_4。同理，路由器 R_2 也有两个硬件地址 HA_5 和 HA_6。

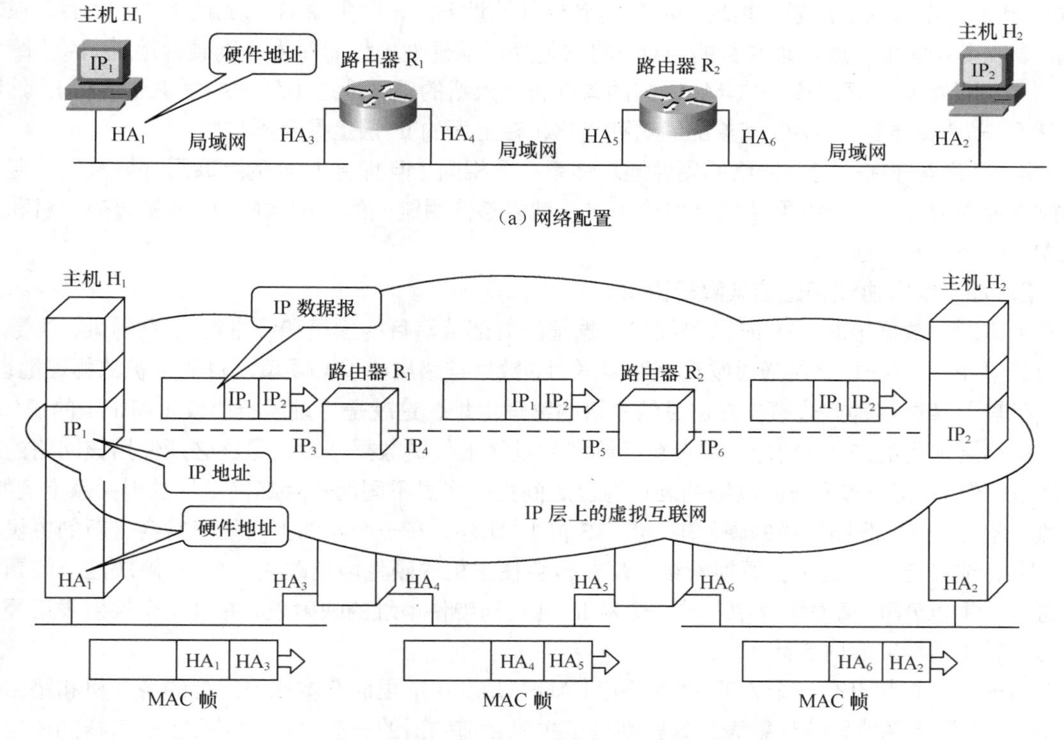

（a）网络配置

（b）不同层次、不同区间的源地址和目的地址

图2-22　从不同层次上看IP地址和硬件地址

图 2–22（b）特别强调了 IP 地址与硬件地址的区别。表 2–8 归纳了这种区别。

表 2-8　图 2-22（b）中不同层次、不同区间的源地址和目的地址

	在网络层 写入 IP 数据报首部的地址		在数据链路层 写入 MAC 帧首部的地址	
	源地址	目的地址	源地址	目的地址
从 H_1 到 R_1	IP_1	IP_2	HA_1	HA_3
从 R_1 到 R_2	IP_1	IP_2	HA_4	HA_5
从 R_2 到 H_2	IP_1	IP_2	HA_6	HA_2

应注意的是：

① 在 IP 层抽象的互联网上只能看到 IP 数据报。虽然 IP 数据报要经过路由器 R_1 和 R_2 的两次转发，但在它的首部中的源地址和目的地址始终分别是 IP_1 和 IP_2。图中的数据报上写的“从 IP_1 到 IP_2”就表示前者是源地址而后者是目的地址。数据报中间经过的两个路由器的 IP 地址并不出现在 IP 数据报的首部中。

② 虽然在 IP 数据报首部有源站 IP 地址，但路由器只根据目的站的 IP 地址的网络号进行路由选择。

③ 在局域网的链路层，只能看见 MAC 帧。IP 数据报被封装在 MAC 帧中。MAC 帧在不同网络上传送时，其 MAC 帧首部中的源地址和目的地址要发生变化。开始在 H_1 到 R_1 间传送时，MAC 帧首部中写的是从硬件地址 HA_1 发送到硬件地址 HA_3，路由器 R_1 收到此 MAC 帧后，在转发时要改变首部中的源地址和目的地址，将它们换成从硬件地址 HA_4 发送到硬件地址 HA_5。路由器 R_2 收到此帧后，再改变一次 MAC 帧的首部，写入新的硬件地址（从 HA_6 发送到 HA_2），然后在 R_2 到 H_2 之间传送。MAC 帧首部的这种变化，在上面的 IP 层上是看不见的。

④ 尽管互连在一起的网络的硬件地址体系各不相同，但 IP 层抽象的互联网却屏蔽了下层这些很复杂的细节。只要在网络层上讨论问题，就能够使用统一的、抽象的 IP 地址研究主机和主机或路由器之间的通信。

2．地址解析协议和逆地址解析协议

主机发送数据报时，在 IP 层需要在数据报的首部填写目的主机和源主机的 IP 地址，当数据报由 IP 层传到数据链路层通过物理网络发送时，数据链路层协议必须填写目的主机的物理地址。源主机需要通过某种方式事先知道目的主机的物理地址，这就是地址解析协议（ARP）的工作。

网络层使用的是 IP 地址，但在实际网络的链路上传送数据帧时，最终必须使用该网络的硬件地址。但 IP 地址和下面的网络的硬件地址之间由于格式不同而不存在简单的映射关系（例如，IP 地址有 32 位，而局域网的硬件地址是 48 位）。此外，在一个网络上可能经常会有新的主机加入进来，或撤走一些主机。更换网络适配器也会使主机的硬件地址改变。ARP 解决这个问题的方法是在主机 ARP 高速缓存中存放一个从 IP 地址到硬件地址的映射表，并且这个映射表还经常动态更新（新增或超时删除）。

每一个主机都设有一个 ARP 高速缓存（ARP Cache），里面有本局域网上的各主机和路由器的 IP 地址到硬件地址的映射表，这些都是该主机目前知道的一些地址。那么主机怎样知道这些地址呢？可以通过下面的例子来说明。

当主机 A 要向本局域网上的某个主机 B 发送 IP 数据报时，就先在其 ARP 高速缓存中查看有

无主机 B 的 IP 地址。如有，就在 ARP 高速缓存中查出其对应的硬件地址，再把这个硬件地址写入 MAC 帧，然后通过局域网把该 MAC 帧发往此硬件地址。

也有可能查不到主机 B 的 IP 地址的项目。这可能是主机 B 才入网，也可能是主机 A 刚刚加电，其高速缓存还是空的。在这种情况下，主机 A 就自动运行 ARP，然后按以下步骤找出主机 B 的硬件地址。

① ARP 进程在本局域网上广播发送一个 ARP 请求分组。图 2-23（a）是主机 A 广播发送 ARP 请求分组的示意图。ARP 请求分组的主要内容是表明："我的 IP 地址是 10.3.0.43，硬件地址是 50-A7-2B-BB-92-E8。我想知道 IP 地址为 10.3.0.35 的主机的硬件地址。"

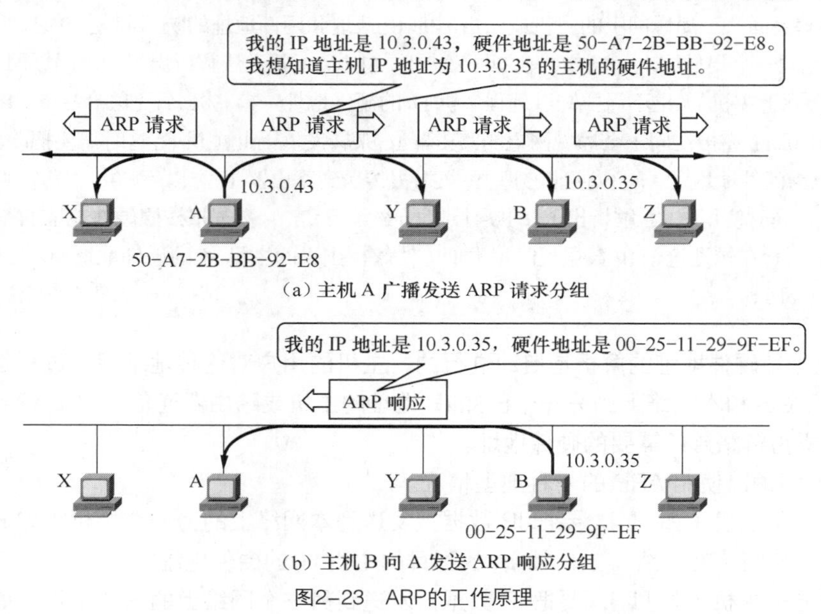

（a）主机 A 广播发送 ARP 请求分组

（b）主机 B 向 A 发送 ARP 响应分组

图2-23　ARP的工作原理

② 在本局域网上的所有主机上运行的 ARP 进程都收到此 ARP 请求分组。

③ 主机 B 的 IP 地址与 ARP 请求分组中要查询的 IP 地址一致，就收下这个 ARP 请求分组，并向主机 A 发送 ARP 响应分组，并在这个 ARP 响应分组中写入自己的硬件地址。其余的所有主机的 IP 地址都与 ARP 请求分组中要查询的 IP 地址不一致，都不用理睬这个 ARP 请求分组，如图 2-23（b）所示。ARP 响应分组的主要内容表明："我的 IP 地址是 10.3.0.35，我的硬件地址是 00-25-11-29-9F-EF。"注意：虽然 ARP 请求分组是广播发送的，但 ARP 响应分组是普通的单播，即从一个源地址发送到一个目的地址。

④ 主机 A 收到主机 B 的 ARP 响应分组后，就在其 ARP 高速缓存中写入主机 B 的 IP 地址到硬件地址的映射。

当主机 A 向 B 发送数据报时，很可能以后不久主机 B 还要向 A 发送数据报，因而主机 B 也可能要向 A 发送 ARP 请求分组。为了减少网络上的通信量，主机 A 在发送其 ARP 请求分组时，就把自己的 IP 地址到硬件地址的映射写入 ARP 请求分组。当主机 B 收到 A 的 ARP 请求分组时，就把主机 A 的这一地址映射写入主机 B 自己的 ARP 高速缓存中。

ARP 把保存在高速缓存中的每一个映射地址项目都设置生存时间（例如，10～20min）。凡超过生存时间的项目就从高速缓存中删除掉。设想一种情况：主机 A 和主机 B 通信。主机 A 的

ARP 高速缓存里保存有主机 B 的物理地址。但主机 B 的网络适配器突然坏了，主机 B 立即更换了一块，因此主机 B 的硬件地址就改变了。假定主机 A 还要和主机 B 继续通信。主机 A 在其 ARP 高速缓存中查找到主机 B 原先的硬件地址，并使用该硬件地址向主机 B 发送数据帧。但主机 B 原先的硬件地址已经失效了，因此主机 A 无法找到主机主机 B。但是过了一段不长的时间，主机 A 的 ARP 高速缓存中已经删除了主机 B 原先的硬件地址（因为它的生存时间到了），于是主机 A 重新广播发送 ARP 请求分组，又找到了主机 B。

ARP 是解决同一个局域网上的主机或路由器的 IP 地址和硬件地址的映射问题。如果所要找的主机和源主机不在同一个局域网上，例如，在图 2-22 中，主机 H_1 就无法解析出另一个局域网上主机 H_2 的硬件地址（实际上主机 H_1 也不需要知道远程主机 H_2 的硬件地址）。主机 H_1 发送给 H_2 的 IP 数据报首先需要通过与主机 H_1 连接在同一个局域网上的路由器 R_1 来转发。因此主机 H_1 这时需要把路由器 R_1 的 IP 地址 IP_3 解析为硬件地址 HA_3，以便能够把 IP 数据报传送到路由器 R_1。以后，R_1 从转发表找出了下一跳路由器 R_2，同时使用 ARP 解析出 R_2 的硬件地址 HA_5。于是 IP 数据报按照硬件地址 HA_5 转发到路由器 R_2。路由器 R_2 在转发这个 IP 数据报时用类似方法解析出目的主机 H_2 的硬件地址 HA_2，使 IP 数据报最终交付给主机 H_2。

从 IP 地址到硬件地址的解析是自动进行的，主机的用户对这种地址解析过程是不知道的。只要主机或路由器和本网络上的另一个已知 IP 地址的主机或路由器通信，ARP 就会自动地把这个 IP 地址解析为链路层所需要的硬件地址。

下面我们归纳出使用 ARP 的 4 种典型情况。

① 发送方是主机（如 H_1），要把 IP 数据报发送到本网络上的另一个主机（如 H_2）。这时 H_1 发送 ARP 请求分组（在网络 1 上广播），找到目的主机 H_2 的硬件地址。

② 发送方是主机（如 H_1），要把 IP 数据报发送到另一个网络上的一个主机（如 H_3 或 H_4）。这时 H_1 发送 ARP 请求分组（在网络 1 上广播），找到网络 1 上的一个路由器 R_1 的硬件地址。剩下的工作由这个路由器 R_1 来完成。

③ 发送方是路由器（如 R_1），要把 IP 数据报转发到与 R_1 连接在同一个（网络 2）上的主机（如 H_3）。这时 R_1 发送 ARP 请求分组（在网络 2 上广播），找到目的主机 H_3 的硬件地址。

④ 发送方是路由器（如 R_1），要把 IP 数据报转发到网络 3 上的一个主机（如 H_4），H_4 与 R_1 不是连接在同一个网络上。这时 R_1 发送 ARP 请求分组（在网络 2 上广播），找到连接在网络 2 上的一个路由器 R_2 的硬件地址。剩下的工作由这个路由器 R_2 来完成。

既然在网络链路上传送的帧最终是按照硬件地址找到目的主机，那么为什么不直接使用硬件地址进行通信，而是要使用抽象的 IP 地址并调用 ARP 来寻找出相应的硬件地址呢?

由于全世界存在着各式各样的网络，它们使用不同的硬件地址。要使这些异构网络能够互相通信就必须进行非常复杂的硬件地址转换工作，因此由用户或用户主机来完成这项工作几乎是不可能的事。但统一的 IP 地址把这个复杂问题解决了。连接到因特网的主机只需拥有统一的 IP 地址，它们之间的通信就像连接在同一个网络上那样简单方便，因为上述的调用 ARP 的复杂过程都是由计算机软件自动进行的，用户是看不见这种调用过程的。

还有一个旧的协议叫作逆地址解析（RARP），它的作用是使只知道自己硬件地址的主机能够通过 RARP 找出其 IP 地址。现在的 DHCP 已经包含了 RARP 的功能。因此本书不再介绍 RARP。

2.2.3　网际控制报文协议

为了更有效地转发 IP 数据报和提高交付成功的机会，在网际层使用了网际控制报文协议（Internet Control Message Protocol，ICMP）。ICMP 允许主机或路由器报告差错情况和提供有关异常情况的报告。ICMP 是因特网的标准协议，但不是高层协议，而是 IP 层的协议。ICMP 报文作为 IP 层数据报的数据，加上数据报的首部，组成 IP 数据报发送出去。ICMP 报文格式如图 2-24 所示。

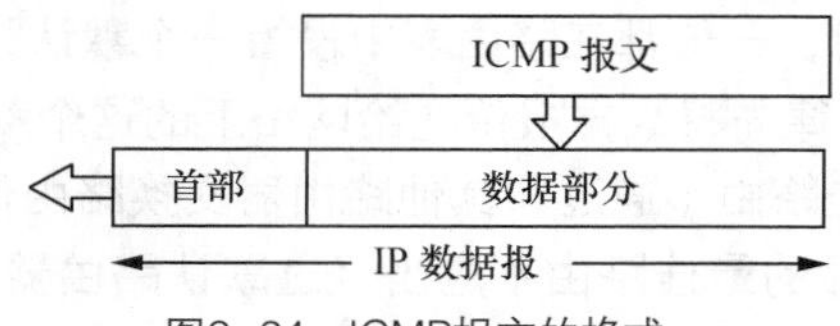

图2-24　ICMP报文的格式

1. ICMP 报文的种类

ICMP 报文的种类有两种，即 ICMP 差错报告报文和 ICMP 询问报文。

ICMP 报文的前 4 个字节是统一的格式，共有 3 个字段：即类型、代码和检验和；接着的 4 个字节的内容与 ICMP 的类型有关；最后面是数据字段，其长度取决于 ICMP 的类型。表 2-9 给出了几种常用的 ICMP 报文类型。

表 2-9　几种常用的 ICMP 报文类型

ICMP 报文种类	类型的值	ICMP 报文的类型
差错报告报文	3	终点不可达
	4	源点抑制（Source Quench）
	11	时间超过
	12	参数问题
	5	改变路由（Redirect）
询问报文	8 或 0	回送（Echo）请求或回答
	13 或 14	时间戳（Timestamp）请求或回答

现在已不再使用的 ICMP 报文有“信息、请求与回答报文”“地址掩码请求与回答报文”和“路由器请求与通告报文”，这些报文就没有出现在表 2-9 中。

ICMP 报文的代码字段是为了进一步区分某种类型中的几种不同的情况。检验和字段用来检验整个 ICMP 报文。注意：IP 数据报首部的检验和并不检验 IP 数据报的内容，因此不能保证经过传输的 ICMP 报文不产生差错。

ICMP 差错报告报文共有如下 5 种。

① 终点不可达。当路由器或主机不能交付数据报时就向源点发送终点不可达报文。

② 源点抑制。当路由器或主机由于拥塞而丢弃数据报时，就向源点发送源点抑制报文，使源点知道应当把数据报的发送速率放慢。

③ 时间超过。当路由器收到生存时间为零的数据报时，除丢弃该数据报外，还要向源点发送时间超过报文。当终点在预先规定的时间内不能收到一个数据报的全部数据报片时，就把已收到的数据报片都丢弃，并向源点发送时间超过报文。

④ 参数问题。当路由器或目的主机收到的数据报的首部中有字段值不正确时，就丢弃该数据报，并向源点发送参数问题报文。

⑤ 改变路由（重定向）。路由器把改变路由报文发送给主机，让主机知道下次应将数据报发送给另外的路由器（可通过的更好的路由）。

下面对改变路由报文进行简短的解释。在因特网的主机中也有一个路由表。当主机要发送数据报时，首先查找主机自己的路由表，确定从哪一个接口把数据报发送出去。在因特网中，主机的数量远大于路由器的数量，出于效率的考虑，这些主机不和连接在网络上的路由器定期交换路由信息。在主机刚开始工作时，一般都在路由表中设置一个默认路由器的 IP 地址。不管数据报要发送到哪个目的地址，都一律先将数据报传送给网络上的这个默认路由器，而这个默认路由器知道到每一个目的网络的最佳路由（通过和其他路由器交换路由信息）。如果默认路由器发现主机发往某个目的地址的数据报的最佳路由不应当经过默认路由器而是应当经过网络上的另一个路由器 R 时，就用改变路由报文把这个情况告诉主机。于是，该主机就在其路由表中增加一个项目：到某目的地址应经过路由器 R（而不是默认路由器）。

所有的 ICMP 差错报告报文中的数据字段都具有同样的格式（见图 2-25）。把收到的需要进行差错报告的 IP 数据报的首部和数据字段的前 8 个字节提取出来，作为 ICMP 报文的数据字段，再加上相应的 ICMP 差错报告报文的前 8 个字节，就构成了 ICMP 差错报告报文。提取收到的数据报的数据字段的前 8 个字节是为了得到传输层的端口号（对于 TCP 和 UDP）以及传输层报文的发送序号（对于 TCP）。这些信息对源点通知高层协议是有用的。整个 ICMP 报文作为 IP 数据报的数据字段发送给源点。

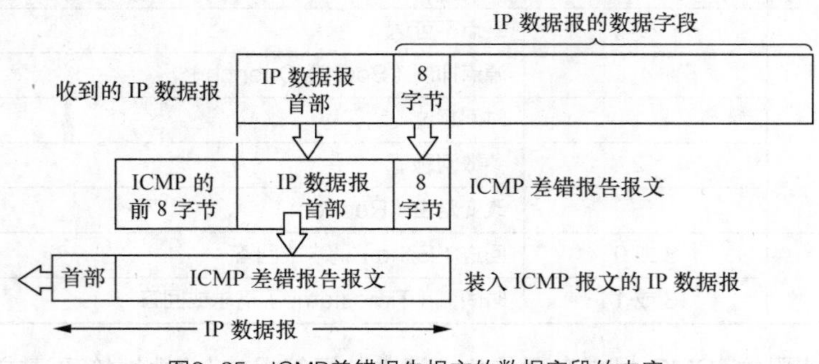

图2-25　ICMP差错报告报文的数据字段的内容

下面是不应发送 ICMP 差错报告报文的几种情况。

① 对 ICMP 差错报告报文不再发送 ICMP 差错报告报文。

② 对第一个分片的数据报片的所有后续数据报都不发送 ICMP 差错报告报文。

③ 对具有多播地址的数据报都不发送 ICMP 差错报告报文。

④ 对具有特殊地址（如 127.0.0.0 或 0.0.0.0）的数据报不发送 ICMP 差错报告报文。

常用的 ICMP 询问报文有如下两种。

① 回送请求和回答。ICMP 回送请求报文是由主机或路由器向一个特定的目的主机发出的询问。收到此报文的主机必须给源主机或路由器发送 ICMP 回送回答报文。这种询问报文用来测试目的站是否可达以及了解其有关状态。

② 时间戳请求和回答。ICMP 时间戳请求报文是请某个主机或路由器回答当前的日期和时间。在 ICMP 时间戳回答报文中有一个 32 位的字段，其中写入的整数代表从 1900 年 1 月 1 日起到当前时刻一共有多少秒。时间戳请求与回答可用来进行时钟同步和测量时间。

2. ICMP 的应用举例

ICMP 的一个重要应用就是分组网间探测（Packet InterNet Groper，PING），用来测试两个主机之间的连通性。PING 使用了 ICMP 回送请求与回送回答报文。PING 是应用层直接使用网络层 ICMP 的一个例子，它没有通过传输层的 TCP 或 UDP。

Windows 操作系统的用户可在接入因特网后转入 MS-DOS（单击“开始”，单击“运行”，再键入“cmd”）。看见屏幕上的提示符后，输入“ping hostname”（这里的 hostname 是要测试连通性的主机名或它的 IP 地址），按 Enter 键后就可看到结果。

图 2-26 给出了从一台 PC 到新浪网的邮件服务器 mail.sina.com.cn 的连通性的测试结果。PC 一连发出 4 个 ICMP 回送请求报文。如果邮件服务器 mail.sina.com.cn 正常工作而且响应这个 ICMP 回送请求报文（有的主机为了防止恶意攻击会阻止这种报文），那么它就发回 ICMP 回送回答报文。由于往返的 ICMP 报文上都有时间戳，因此很容易得出往返时间。最后显示出的是统计结果：发送到目标主机的 IP 地址，发送的、收到的和丢失的分组数（但不给出分组丢失的原因），往返时间的最小值、最大值和平均值。从得到的结果可以看出，无测试分组丢失。

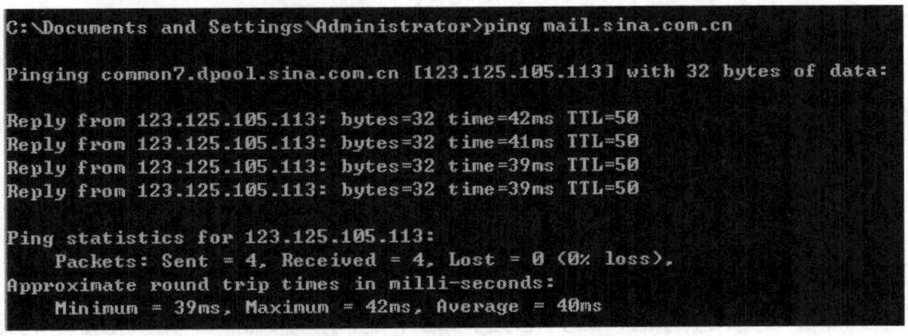

```
C:\Documents and Settings\Administrator>ping mail.sina.com.cn

Pinging common7.dpool.sina.com.cn [123.125.105.113] with 32 bytes of data:

Reply from 123.125.105.113: bytes=32 time=42ms TTL=50
Reply from 123.125.105.113: bytes=32 time=41ms TTL=50
Reply from 123.125.105.113: bytes=32 time=39ms TTL=50
Reply from 123.125.105.113: bytes=32 time=39ms TTL=50

Ping statistics for 123.125.105.113:
    Packets: Sent = 4, Received = 4, Lost = 0 (0% loss),
Approximate round trip times in milli-seconds:
    Minimum = 39ms, Maximum = 42ms, Average = 40ms
```

图2-26　用PING测试主机的连通性

另一个非常有用的应用是 traceroute（这是 UNIX 操作系统中的命令名称，在 Windows 操作系统中这个命令是 tracert），它用来跟踪一个分组从源点到终点的路径。下面简单介绍这个程序的工作原理。

traceroute 从源主机向目的主机发送一连串的 IP 数据报，数据报中封装的是无法交付的 UDP 用户数据报。第一个数据报 P_1 的生存时间 TTL 设置为 1。当 P_1 到达路径上的第一个路由器 R_1 时，路由器 R_1 先收下它，接着把 TTL 的值减 1。由于 TTL 等于零了，R_1 就把 P_1 丢弃了，并向源主机发送一个 ICMP 时间超过差错报告报文。

源主机接着发送第二个数据报 P_2，并把 TTL 设置为 2。P_2 先到达路由器 R_1，R_1 收下后把 TTL 减 1 再转发给路由器 R_2。R_2 收到 P_2 时 TTL 为 1，但减 1 后 TTL 变为零了。R_2 就丢弃 P_2，并向源主机发送一个 ICMP 时间超过差错报告报文。这样一直继续下去。当最后一个数据报刚刚到达目的主机时，数据报的 TTL 是 1。主机不转发数据报，也不把 TTL 值减 1。但因 IP 数据报中封装的是无法交付的传输层的 UDP 用户数据报，因此目的主机要向源主机发送 ICMP 终点不可达差错报告报文。

这样，源主机达到了自己的目的，因为这些路由器和最后目的主机发来的 ICMP 报文正好给出了源主机想知道的路由信息——到达目的主机所经过的路由器的 IP 地址，以及到达其中的每一个路由器的往返时间。图 2–27 所示是从一台 PC 向新浪网的邮件服务器 mail.sina.com.cn 发出的 tracert 命令后所获得的结果。图中每一行有 3 个时间出现，是因为对应于每一个 TTL 值，源主机要发送 3 次同样的 IP 数据报。

```
C:\Documents and Settings\Administrator>tracert mail.sina.com.cn

Tracing route to common7.dpool.sina.com.cn [123.125.105.113]
over a maximum of 30 hops:

  1    <1 ms    <1 ms    <1 ms  bogon [10.3.0.1]
  2    <1 ms    <1 ms    <1 ms  bogon [10.253.0.2]
  3     2 ms     2 ms     3 ms  220.168.52.217
  4     6 ms     7 ms     7 ms  61.187.27.197
  5    10 ms     7 ms     8 ms  bogon [192.168.193.249]
  6    12 ms     9 ms    14 ms  61.137.6.213
  7    39 ms    39 ms    40 ms  202.97.69.173
  8    76 ms    49 ms    37 ms  202.97.57.114
  9    37 ms     *       39 ms  219.158.44.121
 10    35 ms     *       42 ms  219.158.3.69
 11    36 ms    37 ms    38 ms  202.96.12.82
 12    38 ms    35 ms    37 ms  61.148.143.110
 13    33 ms    32 ms    32 ms  123.125.248.38
 14    39 ms    39 ms    39 ms  123.125.105.113

Trace complete.
```

图2–27　用tracert命令获得到目的主机的路由信息

从原则上讲，IP 数据报经过的路由器越多，所花费的时间也会越多。但从图 2–27 可看出，有时正好相反。这是因为因特网的拥塞程度随时都在变化，也很难预料到。因此，完全有这样的可能：经过更多的路由器反而花费更少的时间。

2.2.4　路由选择

1. 有关路由选择的几个基本概念

路由选择是个非常复杂的问题，因为它是网络中的所有节点共同协调工作的结果。路由选择的环境往往是不断变化的，而这种变化有时无法事先知道，例如，网络中出了某些故障。此外，当网络发生拥塞时，就特别需要有能缓解这种拥塞的路由选择策略，但恰好在这种条件下，很难从网络中的各节点获得所需的路由选择信息。

若从路由算法能否随网络的通信量或拓扑自适应地进行调整变化来划分，则只有两大类，即静态路由选择策略与动态路由选择策略。静态路由选择也叫作非自适应路由选择，其特点是简单、开销较小，但不能及时适应网络状态的变化。对于很简单的小网络，完全可以采用静态路由选择，用人工配置每一条路由。动态路由选择也叫作自适应路由选择，其特点是能较好地适应网络状态的变化，但实现起来较为复杂，开销也比较大。因此，动态路由选择适用于较复杂的大网络。

因特网采用的路由选择协议主要是自适应的（即动态的）、分布式路由选择协议。由于以下两个原因，因特网采用分层次的路由选择协议。

① 因特网的规模非常大，现在就已经有几百万个路由器互连在一起。如果让所有的路由器知道所有的网络应怎样到达，则这种路由表将非常大，处理起来也太花时间。而所有这些路由器之间交换路由信息所需的带宽就会使因特网的通信链路饱和。

② 许多单位不愿意外界了解自己单位网络的布局细节和本部门所采用的路由选择协议，但同时还希望连接到因特网上。

为此，因特网将整个互联网划分为许多较小的自治系统（Autonomous System），一般都记为 AS。

在目前的因特网中，一个大的 ISP 就是一个自治系统。这样，因特网就把路由选择协议划分为如下两大类。

①内部网关协议（Interior Gateway Protocol，IGP）。即在一个自治系统内部使用的路由选择协议，而这与在互联网中的其他自治系统选用什么路由选择协议无关。目前这类路由选择协议使用得最多，如 RIP 和 OSPF。

②外部网关协议（External Gateway Protocol，EGP）。若源主机和目的主机处在不同的自治系统中，当数据报传到一个自治系统的边界时，就需要使用一种协议将路由选择信息传递到另一个自治系统中。这样的协议就是外部网关协议（EGP）。目前使用最多的外部网关协议是 BGP 的版本 4（BGP-4）。

自治系统之间的路由选择也叫作域间路由选择（Interdomain Routing），而在自治系统内部的路由选择叫作域内路由选择（Intradomain Routing）。

图 2-28 所示是两个自治系统互连在一起的示意图。每个自治系统自己决定在本自治系统内部运行哪一个内部路由选择协议（例如，可以是 RIP，也可以是 OSPF），但每个自治系统都有一个或多个路由器（图中的路由器 R_1 和 R_2）除运行本系统的内部路由选择协议外，还要运行自治系统间的路由选择协议（BGP-4）。

图2-28　自治系统和内部网关协议、外部网关协议

对于比较大的自治系统，可将所有的网络再进行一次划分。例如，可以构筑一个链路速率较高的主干网和许多速率较低的区域网。每个区域网通过路由器连接到主干网。在一个区域内找不到目的站时，就通过路由器经过主干网到达另一个区域网，或者通过外部路由器到别的自治系统中去查找。

2. 内部网关协议

（1）工作原理

RIP（Routing Information Protocol）是内部网关协议（IGP）中最先得到广泛使用的协议，它的中文名称很少使用，叫作路由信息协议。RIP 是一种分布式的基于距离向量的路由选择协议，是因特网的标准协议，其最大优点就是简单。

RIP 要求网络中的每一个路由器都要维护从它自己到其他每一个目的网络的距离记录（因此，这是一组距离，即“距离向量”）。RIP 将“距离”定义如下：

从一路由器到直接连接的网络的距离定义为 1。从一路由器到非直接连接的网络的距离定义为所经过的路由器数加 1。“加 1”是因为到达目的网络后就进行直接交付，而到直接连接的网络的距离已经定义为 1。例如，在前面讲过的图 2-11 中，路由器 R_1 到网络 1 或网络 2 的距离都是 1（直接连接），而到网络 3 的距离是 2，到网络 4 的距离是 3。

RIP 的“距离”也称为“跳数（Hop Count）”，因为每经过一个路由器，跳数就加 1。RIP 认为好的路由就是它通过的路由器的数目少，即“距离短”。RIP 允许一条路径最多只能包含 15 个路由器。因此“距离”等于 16 时即相当于不可达。可见 RIP 只适用于小型互联网。

RIP 协议的特点如下。

① 仅和相邻路由器交换信息。如果两个路由器之间的通信不需要经过另一个路由器，那么这两个路由器就是相邻的。RIP 规定，不相邻的路由器不交换信息。

② 路由器交换的信息是当前本路由器所知道的全部信息，即自己的路由表。也就是说，交换的信息是：“我到本自治系统中所有网络的（最短）距离，以及到每个网络应经过的下一跳路由器。”

③ 按固定的时间间隔交换路由信息，例如，每隔 30s。然后路由器根据收到的路由信息更新路由表。当网络拓扑发生变化时，路由器也及时向相邻路由器通告拓扑变化后的路由信息。

路由器在刚刚开始工作时，只知道到直接连接的网络的距离（此距离定义为 1）。接着，每一个路由器也只和数目非常有限的相邻路由器交换并更新路由信息。但经过若干次的更新后，所有的路由器最终都会知道到达本自治系统中任何一个网络的最短距离和下一跳路由器的地址。

路由表中最主要的信息就是到某个网络的距离（即最短距离），以及应经过的下一跳地址。路由表更新的原则是找出到每个目的网络的最短距离。这种更新算法又称为距离向量算法。下面就是 RIP 使用的距离向量算法。

（2）距离向量算法

距离向量算法对每一个相邻路由器发送过来的 RIP 报文，进行以下步骤。

① 对地址为 *X* 的相邻路由器发来的 RIP 报文，先修改此报文中的所有项目：把“下一跳”字段中的地址都改为 *X*，并把所有的“距离”字段的值加 1。每一个项目都有 3 个关键数据，即：到目的网络 *N*，距离是 *d*，下一跳路由器是 *X*。

② 对修改后的 RIP 报文中的每一个项目，进行以下步骤。

若原来的路由表中没有目的网络 *N*，则把该项目添加到路由表中。

否则（即在路由表中有目的网络 *N*，这时就再查看下一跳路由器地址）：

a. 若下一跳路由器地址是 *X*，则把收到的项目替换原路由表中的项目。

b. 否则（即这个项目是：到目的网络 *N*，但下一跳路由器不是 *X*）：

- 若收到的项目中的距离 *d* 小于路由表中的距离，则进行更新。
- 否则什么也不做。

③ 若 3min 还没有收到相邻路由器的更新路由表，则把此相邻路由器记为不可达的路由器，即把距离置为 16（距离为 16 表示不可达）。

④ 返回。

上面给出的距离向量算法的基础就是 Bellman-Ford 算法（或 Ford-Fulkerson 算法）。这种算法的要点如下。

设 X 是节点 A 到 B 的最短路径上的一个节点。若把路径 A→B 拆成两段路径 A→X 和 X→B，则每一段路径 A→X 和 X→B 也都分别是节点 A 到 X 和节点 X 到 B 的最短路径。

下面是对上述距离向量算法的 5 点解释。

解释 1：这样做是为了便于进行本路由表的更新。假设从位于地址 X 的相邻路由器发来的 RIP 报文的某一个项目是："Net2, 3, Y"，意思是"我经过路由器 Y 到网络 Net2 的距离是 3"，那么本路由器就可推断出："我经过 X 到网络 Net2 的距离应为 3+1=4"。于是，本路由器就把收到的 RIP 报文的这一个项目修改为"Net2, 4, X"，作为下一步和路由表中原有项目进行比较时使用（只有比较后才能知道是否需要更新）。注意：收到的项目中的 Y 对本路由器是没有用的，因为 Y 不是本路由器的下一跳路由器地址。

解释 2：表明这是新的目的网络，应当加入到路由表中。例如，本路由表中没有到目的网络 Net2 的路由，那么在路由表中就要加入新的项目"Net2, 4, X"。

解释 3：为什么要替换呢？因为这是最新的消息，要以最新的消息为准。到目的网络的距离有可能增大或减小，但也可能没有改变。例如，不管原来路由表中的项目是"Net2, 3,X"还是"Net2, 5, X"，都要更新为现在的"Net2, 4, X"。

解释 4：例如，若路由表中已有项目"Net2, 5, P"，就要更新为"Net2, 4, X"。因为到网络 Net2 的距离原来是 5，现在减到 4，更短了。

解释 5：若距离更大了，显然不应更新。若距离不变，更新后得不到好处，因此也不更新。

【例 2-4】已知路由器 R_6 有表 2-10（a）所示的路由表。现在收到相邻路由器 R_4 发来的路由更新信息，如表 2-10（b）所示。试更新路由器 R_6 的路由表。

表 2-10　（a）路由器 R_6 的路由表

目的网络	距离	下一跳路由器
Net2	3	R_4
Net3	4	R_5
…	…	…

表 2-10　（b）R_4 发来的路由更新信息

目的网络	距离	下一跳路由器
Net1	3	R_1
Net2	4	R_2
Net3	1	直接交付

【解】如同路由器一样，不需要知道该网络的拓扑。

先把表 2-10（b）中的距离都加 1，并把下一跳路由器都改为 R_4。得出表 2-10（c）。

表 2-10　（c）修改后的表 2-10（b）

目的网络	距离	下一跳路由器
Net1	4	R_4
Net2	5	R_4
Net3	2	R_4

把这个表的每一行和表 2-10（a）进行比较。

第 1 行在表 2-10（a）中没有，因此要把这一行添加到表 2-10（a）中。

第 2 行的 Net2 在表 2-10（a）中有，且下一跳路由器也是 R_4。因此要更新（距离增大了）。

第 3 行的 Net3 在表 2-10（a）中有，但下一跳路由器不同。于是就要比较距离。新的路由信息的距离是 2，小于原来表中的 4，因此要更新。

得出更新后的 R_6 的路由表如表 2-10（d）所示。

表 2-10 （d）路由器 R_6 更新后的路由表

目的网络	距离	下一跳路由器
Net1	4	R_4
Net2	5	R_4
Net3	2	R_4
…	…	…

RIP 让一个自治系统中的所有路由器都和自己相邻路由器定期交换路由信息，并不断更新其路由表，使得从每一个路由器到每一个目的网络的路由都是最短的（即跳数最少）。注意：虽然所有的路由器最终都拥有了整个自治系统的全局路由信息，但由于每一个路由器的位置不同，它们的路由表也应当是不同的。

RIP 存在的一个问题是当网络出现故障时，要经过比较长的时间才能将此信息传送到所有的路由器。RIP 的这一特点叫作：好消息传播得快，而坏消息传播得慢。网络出故障的传播时间往往需要较长的时间。这是 RIP 的一个主要缺点。

但如果一个路由器发现了更短的路由，那么这种更新信息就传播得很快。为了使坏消息传播得更快些，可以采取多种措施。例如，让路由器记录收到某特定路由信息的接口，而不让同一路由信息再通过此接口向反方向传送。

总之，RIP 最大的优点就是实现简单，开销较小。但 RIP 的缺点也较多。首先，RIP 限制了网络的规模，它能使用的最大距离为 15（16 表示不可达）。其次，路由器之间交换的路由信息是路由器中的完整路由表，因而随着网络规模的扩大，开销也就增加。最后，“坏消息传播得慢”，使更新过程的收敛时间过长。因此，对于规模较大的网络就应当使用下面所述的 OSPF。

3. 内部网关协议

开放最短路径优先（Open Shortest Path First，OSPF）协议是为克服 RIP 的缺点在 1989 年开发出来的。OSPF 的原理很简单，但实现起来较复杂。“开放”表明 OSPF 不是受某一家厂商控制，而是公开发表的。“最短路径优先”使用了 Dijkstra 提出的最短路径算法（SPF）。

OSPF 只是一个协议的名字，它并不表示其他的路由选择协议不是“最短路径优先”。实际上，所有的在自治系统内部使用的路由选择协议（包括 RIP）都是要寻找一条最短的路径。

OSPF 最主要的特征是使用分布式的链路状态协议，而不是像 RIP 那样的距离向量协议。和 RIP 相比，OSPF 的 3 个要点和 RIP 的都不一样。

① 向本自治系统中所有路由器发送信息。这里使用的方法是洪泛法，路由器通过所有输出端口向所有相邻的路由器发送信息，而每一个相邻路由器又再将此信息发往其所有的相邻路由器（但不再发送给刚刚发来信息的那个路由器）。最终，整个区域中所有的路由器都得到了这个信息的一个副本。而 RIP 是仅仅向自己相邻的几个路由器发送信息。

② 发送的信息就是与本路由器相邻的所有路由器的链路状态，但这只是路由器所知道的部分信息。所谓“链路状态”就是说明本路由器都和哪些路由器相邻，以及该链路的“度量”。OSPF 将这个“度量”用来表示费用、距离、时延、带宽等。这些都由网络管理人员来决定，因此较为灵活。有时为了方便就称这个度量为“代价”。注意，对于 RIP，发送的信息是：“到所有网络的距离和下一跳路由器”。

③ 只有当链路状态发生变化时，路由器才用洪泛法向所有路由器发送此信息。而不像 RIP 那样，不管网络拓扑有无发生变化，路由器之间都要定期交换路由表的信息。

OSPF 的链路状态数据库能较快地进行更新，使各个路由器能及时更新其路由表。OSPF 的更新过程收敛得快是其重要优点。

为了使 OSPF 能够用于规模很大的网络，OSPF 将一个自治系统再划分为若干个更小的范围，叫作区域。图 2-29 就表示一个自治系统划分为 4 个区域。每一个区域都有一个 32 位的区域标识符（用点分十进制表示）。当然，一个区域也不能太大，在一个区域内的路由器最好不超过 200 个。

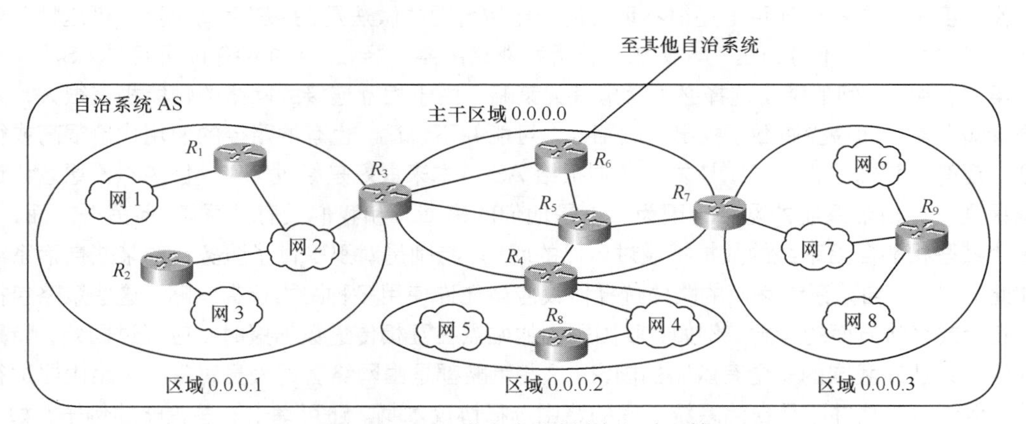

图2-29　OSPF将自治系统划分为4个区域

划分区域的好处就是把利用洪泛法交换链路状态信息的范围局限于每一个区域而不是整个的自治系统，这就减少了整个网络上的通信量。在一个区域内部的路由器只知道本区域的完整网络拓扑，而不知道其他区域的网络拓扑的情况。为了使每一个区域能够和本区域以外的区域进行通信，OSPF 使用层次结构的区域划分。在上层的区域叫作主干区域。主干区域的标识符规定为 0.0.0.0。主干区域的作用是用来连通其他在下层的区域。从其他区域来的信息都由区域边界路由器进行概括。在图 2-29 中，路由器 R_3、R_4 和 R_7 都是区域边界路由器，每一个区域至少应当有一个区域边界路由器。在主干区域内的路由器叫作主干路由器，如 R_3、R_4、R_5、R_6 和 R_7。一个主干路由器可以同时是区域边界路由器，如 R_3、R_4 和 R_7。在主干区域内还要有一个路由器专门和本自治系统外的其他自治系统交换路由信息，这样的路由器叫作自治系统边界路由器（如图 2-29 中的 R_6）。

采用分层次划分区域的方法虽然使交换信息的种类增多了，同时也使 OSPF 更加复杂了，但这样做能使每一个区域内部交换路由信息的通信量大大减小，因而 OSPF 能够用于规模很大的自治系统中。

4. 外部网关协议

1989 年公布了新的外部网关协议——边界网关协议（BGP）。BGP 是不同 AS 的路由器之间交换路由信息的协议。为简单起见，把 BGP-4 都简写为 BGP。

在不同 AS 之间的路由选择为什么不能使用前面讨论过的内部网关协议，如 RIP 或 OSPF？由于内部网关协议主要是设法使数据报在一个 AS 中尽可能有效地从源站传送到目的站，不需要考虑其他方面的策略。然而 BGP 使用的环境却不同。主要有以下的两个原因。

第一，因特网的规模太大，使得 AS 之间路由选择非常困难。连接在因特网主干网上的路由器必须对任何有效的 IP 地址都能在路由表中找到匹配的目的网络。目前在因特网的主干网路由器中，一个路由表的项目数早已超过了 5 万个网络前缀。如果使用链路状态协议，则每一个路由器必须维持一个很大的链路状态数据库。对于这样大的主干网用 Dijkstra 算法计算最短路径时花费的时间太长。另外，由于 AS 各自运行自己选定的内部路由选择协议，并使用本 AS 指明的路径度量，因此，当一条路径通过几个不同 AS 时，要想对这样的路径计算出有意义的代价是不太可能的。例如，对某 AS 来说，代价为 1000 可能表示是一条比较长的路由。但对另一 AS 来说，代价为 1000 可能表示是不可接受的坏路由。因此，对于自治系统 AS 之间的路由选择，要用“代价”作为度量来寻找最佳路由是很不现实的。比较合理的做法是在 AS 之间交换“可达性”信息（即“可到达”或“不可到达”）。例如，告诉相邻路由器：“到达目的网络 N 可经过 AS_x”。

第二，AS 之间的路由选择必须考虑有关策略。由于相互连接的网络的性能相差很大，如果根据最短距离（即最少跳数）找出来的路径，可能并不合适。也有的路径的使用代价很高或很不安全。还有一种情况，如 AS_1 要发送数据报给 AS_2，本来最好是经过 AS_3。但 AS_3 不愿意让这些数据报通过本自治系统的网络，因为“这是他们的事情，和我们没有关系。”但另一方面，AS_3 愿意让某些相邻自治系统的数据报通过自己的网络，特别是对那些付了服务费的某些自治系统更是如此。因此，自治系统之间的路由选择协议应当允许使用多种路由选择策略。这些策略包括政治、安全或经济方面的考虑。例如，我国国内的站点在互相传送数据报时不应经过国外，特别是不要经过某些对我国的安全有威胁的国家。这些策略都是由网络管理人员对每一个路由器进行设置的，但这些策略并不是自治系统之间的路由选择协议本身。还可举出一些策略的例子，如“仅在到达下列这些地址时才经过 AS_x”“AS_x 和 AS_y 相比时应优先通过 AS_x”等。使用这些策略是为了找出较好的路径而不是最佳路径。

由于上述情况，边界网关协议（BGP）只能是力求寻找一条能够到达目的网络且比较好的路由（不能兜圈子），而并非要寻找一条最佳路由。BGP 采用了路径向量路由选择协议，它与距离向量协议（如 RIP）和链路状态协议（如 OSPF）都有很大的区别。

在配置 BGP 时，每一个自治系统的管理员要选择至少一个路由器作为该自治系统的“BGP 发言人”。一般说来，两个 BGP 发言人都是通过一个共享网络连接在一起的，而 BGP 发言人往往就是 BGP 边界路由器，但也可以不是 BGP 边界路由器。

一个 BGP 发言人与其他 AS 的 BGP 发言人要交换路由信息，就要先建立 TCP 连接（端口号为 179），然后在此连接上交换 BGP 报文以建立 BGP 会话，利用 BGP 会话交换路由信息，如增加了新的路由，或撤销过时的路由，以及报告出差错的情况等等。使用 TCP 连接能提供可靠的服务，也简化了路由选择协议。使用TCP连接交换路由信息的两个BGP发言人，彼此成为对方的邻站或对等站。

图2-30表示BGP发言人和AS的关系的示意图。在图中画出了3个AS中的5个BGP发言人。每一个BGP发言人除了必须运行BGP外，还必须运行该AS所使用的内部网关协议，如OSPF或RIP。

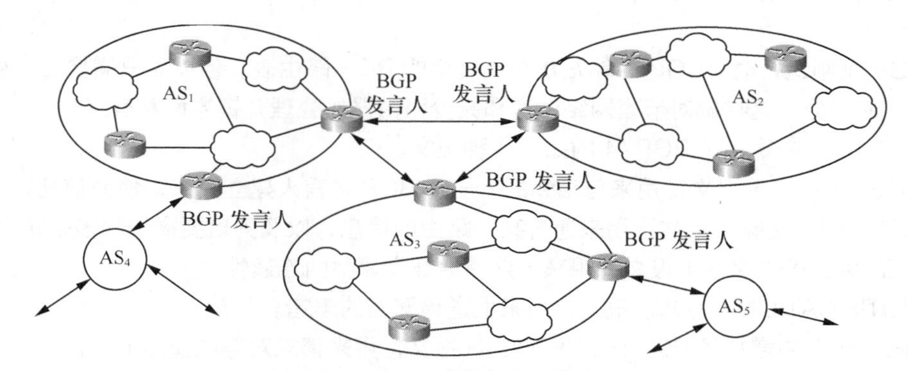

图2-30　BGP发言人和AS的关系

边界网关协议（BGP）所交换的网络可达性的信息就是要到达某个网络（用网络前缀表示）所要经过的一系列自治系统。当BGP发言人互相交换了网络可达性的信息后，各BGP发言人就根据所采用的策略从收到的路由信息中找出到达各自治系统的较好路由。图2-31表示从图2-30的AS_1上的一个BGP发言人构造出的自治系统连通图，它是树形结构，不存在回路。

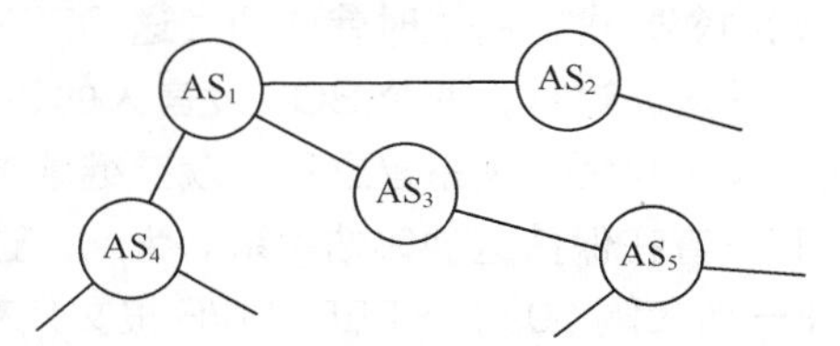

图2-31　AS的自治系统连通图

图2-32给出了一个BGP发言人交换路径向量的例子。自治系统AS_2的BGP发言人通知主干网的BGP发言人："要到达网络N_1，N_2，N_3和N_4可经过AS_2"。主干网在收到这个通知后，就发出通知："要到达网络N_1，N_2，N_3和N_4可沿路径（AS_1，AS_2）"。同理，主干网还可发出通知："要到达网络N_5，N_6和N_7可沿路径（AS_1，AS_3）"。

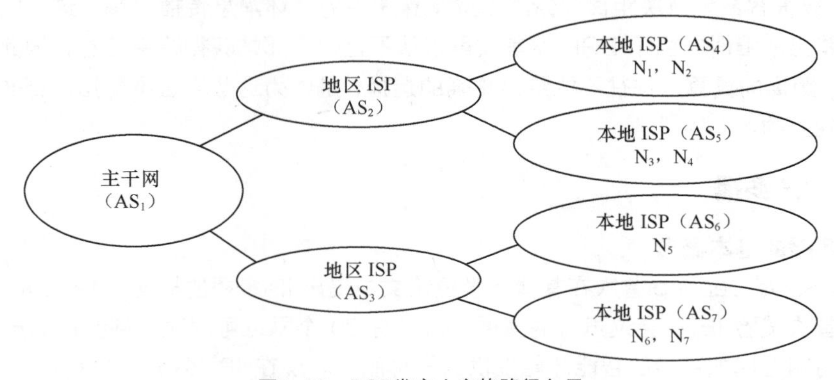

图2-32　BGP发言人交换路径向量

从上面的讨论可看出，BGP交换路由信息的节点数量级是自治系统个数的量级，这要比这些AS中的网络数少很多。要在许多自治系统之间寻找一条较好的路径，就是要寻找正确的BGP发言人（或边界路由器），而在每一个自治系统中BGP发言人（或边界路由器）的数目是很少的。

这样就使得自治系统之间的路由选择不致过分复杂。

BGP 支持无分类域间路由 CIDR，因此 BGP 的路由表也就应当包括目的网络前缀、下一跳路由器，以及到达该目的网络所要经过的自治系统序列。由于使用了路径向量的信息，就可以很容易地避免产生兜圈子的路由。如果一个 BGP 发言人收到了其他 BGP 发言人发来的路径通知，它就要检查一下本自治系统是否在此通知的路径中。如果在这条路径中，就不能采用这条路径（因为会兜圈子）。

在 BGP 刚刚运行时，BGP 的邻站是交换整个的 BGP 路由表。但以后只需要在发生变化时更新有变化的部分。这样做对节省网络带宽和减少路由器的处理开销方面都有好处。

在 RFC 4271 中规定了 BGP-4 的如下 4 种报文。

① OPEN（打开）报文，用来与相邻的另一个 BGP 发言人建立关系，使通信初始化。

② UPDATE（更新）报文，用来通告某一路由的信息，以及列出要撤销的多条路由。

③ KEEPALIVE（保活）报文，用来周期性地证实邻站的连通性。

④ NOTIFICATION（通知）报文，用来发送检测到的差错。

在 RFC 2918 中增加了 ROUTE-REFRESH 报文，用来请求对等端重新通告。

若两个邻站属于两个不同 AS，而其中一个邻站打算和另一个邻站定期地交换路由信息，这就应当有一个商谈的过程（很可能对方路由器的负荷已很重，不愿意再加重负担）。因此，一开始向邻站进行商谈时就必须发送 OPEN 报文。如果邻站接受这种邻站关系，就用 KEEPALIVE 报文响应。这样，两个 BGP 发言人的邻站关系就建立了。

一旦邻站关系建立了，就要继续维持这种关系。双方中的每一方都需要确信对方是存在的，且一直在保持这种邻站关系。为此，这两个 BGP 发言人彼此要周期性地交换 KEEPALIVE 报文（一般每隔 30s）。KEEPALIVE 报文只有 19 字节长（只用 BGP 报文的通用首部），因此不会造成网络上太大的开销。

UPDATE 报文是 BGP 的核心内容。BGP 发言人可以用 UPDATE 报文撤销它以前曾经通知过的路由，也可以宣布增加新的路由。撤销路由可以一次撤销许多条，但增加新路由时，每个更新报文只能增加一条。

BGP 可以很容易地解决距离向量路由选择算法中的“坏消息传播得慢”这一问题。当某个路由器或链路出故障时，由于 BGP 发言人可以从不止一个邻站获得路由信息，因此很容易选择出新的路由。距离向量算法往往不能给出正确的选择，是因为这些算法不能指出哪些邻站到目的站的路由是独立的。

2.2.5 IP 多播

1. IP 多播的基本概念

1988 年 Steve Deering 首次在其博士学位论文中提出 IP 多播的概念。1992 年 3 月 IETF 在因特网范围首次试验 IETF 会议声音的多播，当时有 20 个网点可同时听到会议的声音。IP 多播是需要在因特网上增加更多的智能才能提供的一种服务。现在 IP 多播（Multicast，以前曾译为组播）已成为因特网的一个热门课题，因为有许多的应用需要由一个源点发送到许多个终点，即一对多的通信，例如，实时信息的交付（如新闻、股市行情等）、软件更新、交互式会议等。随着因特网的用户数目的急剧增加以及多媒体通信的开展，有更多的业务需要多播来支持。

与单播相比，在一对多的通信中，多播可大大节约网络资源。图 2-33（a）所示是视频服务器用单播方式向 90 个主机传送同样的视频节目。为此，需要发送 90 个单播，即同一个视频分组要发送 90 个副本。图 2-33（b）所示是视频服务器用多播方式向属于同一个多播组的 90 个成员传送节目。这时，视频服务器只需把视频分组当作多播数据报来发送，并且只需发送一次。路由器 R_1 在转发分组时，需要把收到的分组复制成 3 个副本，分别向 R_2、R_3 和 R_4 各转发 1 个副本。当分组到达目的局域网时，由于局域网具有硬件多播功能，因此不需要复制分组，在局域网上的多播组成员都能收到这个视频分组。

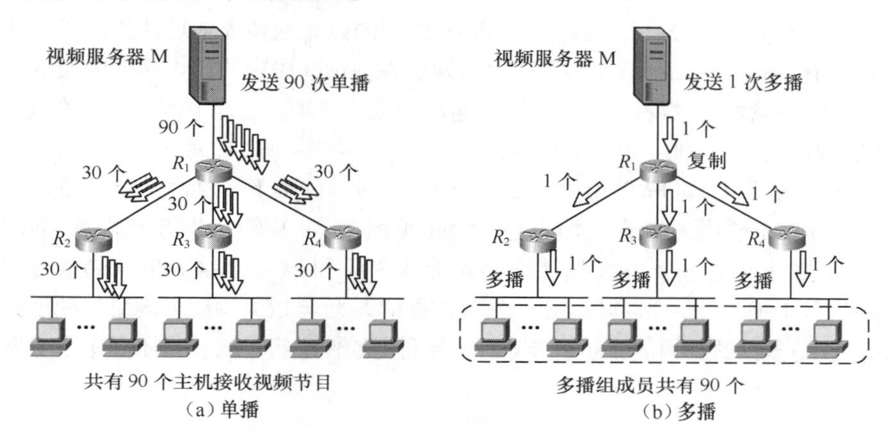

图2-33 单播与多播的比较

当多播组的主机数很大时（如成千上万个），采用多播方式可以明显地减轻网络中各种资源的消耗。在因特网范围的多播要靠路由器来实现，这些路由器必须增加一些能够识别多播数据报的软件。能够运行多播协议的路由器称为多播路由器。多播路由器当然也可以转发普通的单播 IP 数据报。

为了适应交互式音频和视频信息的多播，从 1992 年起，在因特网上开始试验虚拟的多播主干网（Multicast Backbone On the InterNEt，MBONE）。MBONE 可把分组传播地点分散但属于一个组的许多个主机。现在多播主干网已经有了相当大的规模。

在因特网上进行多播就叫作 IP 多播。IP 多播所传送的分组需要使用多播 IP 地址。多播数据报和一般的 IP 数据报的区别就是它使用 D 类 IP 地址作为目的地址，并且首部中的协议字段值是 2，表明使用网际组管理协议（IGMP）。

多播地址只能用于目的地址，而不能用于源地址。此外，对多播数据报不产生 ICMP 差错报文。因此，若在 PING 命令后面键入多播地址，将永远不会收到响应。

D 类地址中有一些是不能随意使用的，因为有的地址已经被 IANA 指派为永久组地址了。例如：

```
224.0.0.0    基地址（保留）
224.0.0.1    在本子网上的所有参加多播的主机和路由器
224.0.0.2    在本子网上的所有参加多播的路由器
224.0.0.3    未指派
224.0.0.4    DVMRP 路由器
……
224.0.1.0 至 238.255.255.255    全球范围都可使用的多播地址
239.0.0.0 至 239.255.255.255    限制在一个组织的范围
```

IP 多播可以分为两种。一种是只在本局域网上进行硬件多播，另一种则是在因特网上进行多播。前一种虽然比较简单，但很重要，因为现在大部分主机都是通过局域网接入到因特网的。在因特网上进行多播的最后阶段，还是要把多播数据报在局域网上用硬件多播交付给多播组的所有成员（见图 2-33（b））。

2. 在局域网上进行硬件多播

因特网号码指派管理局（the Internet Assigned Numbers Authority，IANA）拥有的以太网地址块的高 24 位为 00-00-5E，因此 TCP/IP 使用的以太网多播地址块的范围是从 00-00-5E-00-00-00 到 00-00-5E-FF-FF-FF。以太网硬件地址字段中的第 1 字节的最低位为 1 时即为多播地址，这种多播地址数占 IANA 分配到的地址数的一半。因此 IANA 拥有的以太网多播地址的范围是从 00-00-5E-00-00-00 到 01-00-5E-7F-FF-FF。在每一个地址中，只有 23 位可用作多播。这只能和 D 类 IP 地址中的 23 位一一对应。D 类 IP 地址可供分配的有 28 位，在这 28 位中的前 5 位不能用来构成以太网硬件地址（见图 2-34）。例如，IP 多播地址 224.128.64.32（即 E0-80-40-20）和另一个 IP 多播地址 224.0.64.32（即 E0-00-40-20）转换成以太网的硬件多播地址都是 01-00-5E-00-40-20。由于多播 IP 地址与以太网硬件地址的映射关系不是唯一的，因此，收到多播数据报的主机还要在 IP 层利用软件进行过滤，把不是本主机要接收的数据报丢弃。

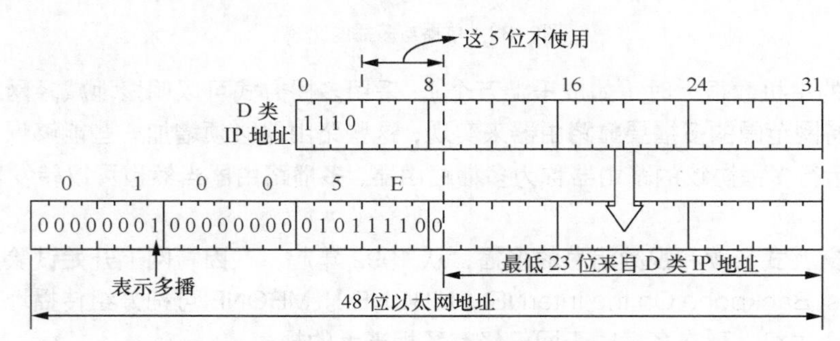

图2-34　D类IP地址与以太网多播地址的映射关系

3. 网际组管理协议

图 2-35 所示是在因特网上传送多播数据报的例子。图中标有 IP 地址的 4 个主机都参加了一个多播组，其组地址是 238.13.12.11。多播数据报应当传送到路由器 R_1，R_2 和 R_3，而不应当传送到路由器 R_4，因为与 R_4 连接的局域网上现在没有这个多播组的成员。但这些路由器又怎样知道多播组的成员信息呢？这就要利用一个协议，叫作网际组管理协议（Internet Group Management Protocol，IGMP）。

图 2-35 强调了 IGMP 的本地使用范围。注意：IGMP 并非在因特网范围内对所有多播组成员进行管理的协议。IGMP 不知道 IP 多播组包含的成员数，也不知道这些成员都分布在哪些网络上。IGMP 是让连接在本地局域网上的多播路由器知道本局域网上是否有主机（严格讲，是主机上的某个进程）参加或退出了某个多播组。

显然，仅有 IGMP 是不能完成多播任务的。连接在局域网上的多播路由器还必须和因特网上的其他多播路由器协同工作，以便把多播数据报用最小代价传送给所有的组成员。这就需要使用多播路由选择协议。

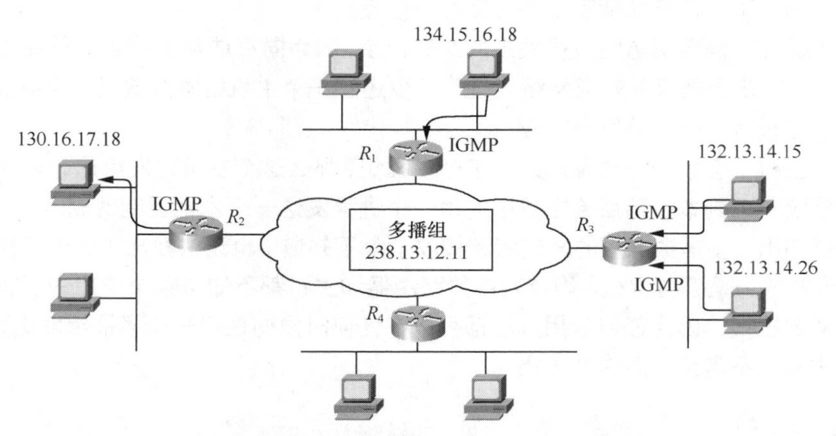

图2–35　IGMP使多播路由器知道多播组成员信息

和 ICMP 相似，IGMP 使用 IP 数据报传递其报文（即 IGMP 报文加上 IP 首部构成 IP 数据报），但它也向 IP 提供服务。因此，IGMP 不是一个单独的协议，而是属于整个网际协议（IP）的一个组成部分。

从概念上讲，IGMP 的工作可分为两个阶段。

第一阶段：当某个主机加入新的多播组时，该主机应向多播组的多播地址发送一个 IGMP 报文，声明自己要成为该组的成员。本地的多播路由器收到 IGMP 报文后，还要利用多播路由选择协议把这种组成员关系转发给因特网上的其他多播路由器。

第二阶段：组成员关系是动态的。本地多播路由器要周期性地探询本地局域网上的主机，以便知道这些主机是否还继续是组的成员。只要有一个主机对某个组响应，那么多播路由器就认为这个组是活跃的。如果一个组在经过几次的探询后仍然没有一个主机响应，多播路由器就认为本网络上的主机已经都离开了这个组，因此也就不再把这个组的成员关系转发给其他的多播路由器。

IGMP 设计得很仔细，采用了如下的一些具体措施，避免了多播控制信息给网络增加大量的开销。

① 在主机和多播路由器之间的所有通信都是使用 IP 多播。只要有可能，携带 IGMP 报文的数据报都用硬件多播来传送。因此在支持硬件多播的网络上，没有参加 IP 多播的主机不会收到 IGMP 报文。

② 多播路由器在探询组成员关系时，只需要对所有的组发送一个请求信息的询问报文，而不需要对每一个组发送一个询问报文（虽然也允许对一个特定组发送询问报文）。默认的询问速率是每 125s 发送一次（通信量并不太大）。

③ 当同一个网络上连接有几个多播路由器时，它们能够迅速和有效地选择其中的一个来探询主机的成员关系。因此，网络上多个多播路由器并不会引起 IGMP 通信量的增大。

④ 在 IGMP 的询问报文中有一个数值 N，它指明一个最长响应时间（默认值为 10s）。当收到询问时，主机在 $0 \sim N$ 之间随机选择发送响应所需经过的时延。因此，若一个主机同时参加了几个多播组，则主机对每一个多播组选择不同的随机数。对应于最小时延的响应最先发送。

⑤ 同一个组内的每一个主机都要监听响应，只要有本组的其他主机先发送了响应，自己就

可以不再发送响应了。这样就抑制了不必要的通信量。

多播路由器并不需要保留组成员关系的准确记录，因为向局域网上的组成员转发数据报是使用硬件多播。多播路由器只需知道网络上是否至少还有一个主机是本组成员即可。实际上，对询问报文每一个组只有一个主机发送响应。

如果一个主机上有多个进程都加入了某个多播组，那么这个主机对发给这个多播组的每个多播数据报只接收一个副本，然后给主机中的每一个进程发送一个本地复制的副本。

最后强调指出，多播数据报的发送者和接收者都不知道（也无法找出）一个多播组的成员有多少，以及这些成员是哪些主机。因特网中的路由器和主机都不知道哪个应用进程将要向哪个多播组发送多播数据报，因为任何应用进程都可以在任何时候向任何一个多播组发送多播数据报，而这个应用进程并不需要加入这个多播组。

2.3 传输层

传输层（Transport Layer）是 OSI 中最重要、最关键的一层，是唯一负责总体的数据传输和数据控制的一层，是低层通信子网与高层资源子网的接口与桥梁。传输层向高层用户屏蔽了低层通信子网的细节（如网络的拓扑、所采用的协议等），它使应用进程看见的就好像是两个传输层实体之间有一条端到端的通信信道。

2.3.1 传输层概述

1. 传输层提供的服务

从通信和信息处理的角度看，传输层向其上面的应用层提供通信服务，它属于面向通信部分的最高层，同时也是用户功能中的最低层。

当网络的边缘部分中的两个主机使用网络的核心部分的功能进行端到端的通信时，只有位于网络边缘部分的主机的协议栈才有传输层，而网络核心部分中的路由器在转发分组时都只用到下三层的功能。

从 IP 层来说，通信的两端是两个主机。IP 数据报的首部明确地标志了两个主机的 IP 地址。但真正通信的实体是在主机中的进程，是这个主机中的一个进程和另一个主机中的一个进程在交换数据（即通信）。从传输层的角度看，两个主机进行通信实际上就是两个主机中的应用进程互相通信。应用进程之间的通信又称为端到端的通信。在一个主机中经常有多个应用进程同时分别和另一个主机中的多个应用进程通信。

传输层的一个很重要的功能就是复用和分用。这里的"复用"是指在发送方不同的应用进程都可以使用同一个传输层协议传送数据，而"分用"是指接收方的传输层在剥去报文的首部后能够把这些数据正确交付目的应用进程。

应用层不同进程的报文通过不同的端口向下交到传输层，再往下就共用网络层提供的服务。

"传输层提供应用进程间的逻辑通信"。"逻辑通信"的意思是：传输层之间的通信好像是沿水平方向传送数据。但事实上这两个传输层之间并没有一条水平方向的物理连接。应用进程间的通信如图 2-36 所示。

传输层提供两类传输服务：无连接传输服务和面向连接传输服务。

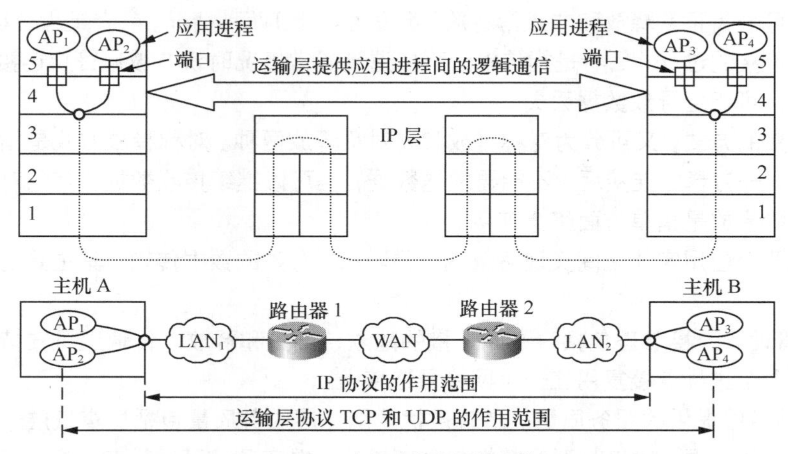

图2-36　应用进程之间的通信

（1）无连接传输服务

无连接传输服务比较简单，发送数据之前不需要事先建立连接。发送方只是简单地开始向目的地发送数据分组。这与手机短信非常相似：我们在发短信的时候，只需要输入对方手机号就可以了。系统不必为它们发送传输到其中和从其中接收传输的系统保留状态信息。无连接服务提供最小的服务，仅仅是连接。无连接服务的优点是通信迅速，使用灵活方便，连接开销小，但可靠性低，不能防止报文的丢失、重复或失序，　适合于传送少量的报文。

（2）面向连接传输服务

面向连接传输服务要求两个用户（或进程）相互通信之前，必须先建立连接。一次完整的数据传输包括建立连接、传输数据和释放连接 3 个阶段。

1）建立连接

在连接建立过程中，根据用户对服务质量的要求，相互协商服务的功能和参数，如选择合适的网络服务，协商传输协议数据单元的大小，确定是否使用多路复用和流量控制等。

连接建立可以分为二次握手和三次握手机制。“二次握手”机制是指一个传输实体（源主机）向目的主机发送一个连接请求报文后，接收到对方发回的连接建立肯定应答时则表示连接已建立的过程。但是当网络传输出现重复分组、丢失分组等情况时，“二次握手”机制很不可靠。因此，提出了“三次握手”的传输连接建立机制。“三次握手”的过程是：首先，发送方发送一个连接请求报文到接收方；然后，接收方回送一个接收请求报文到发送方；最后，发送方再回送一下确认报文到接收方的过程。

2）传输数据

一旦双方建立了连接，两个传输层对等实体就可以开始交换数据。传输层实体交换的数据称为报文，报文的大小有一定的限制，如果用户数据超过了最大报文尺寸，则发送方传输实体需要将数据分成大小合适的报文段，每一个报文段都有一个序列号，这样，接收方就能按照正确的顺序还原数据。

3）释放连接

当双方传送数据结束后，应妥善释放传输连接。释放连接过程可以使用“三次握手”或“四次握手”机制。

释放连接可分为正常释放和非正常释放（突发性终止）两种情况。前者是指数据传输结束时，双方自愿释放连接的过程；后者是指传输过程中遇到异常情况时双方被迫终止连接的过程，这种情况非常突然，可能会导致数据丢失。

按释放连接的方式，又可分为对称释放和非对称释放两种。对称释放方式是指在两个方向上分别释放连接，一方释放连接后，不能再发送数据，但可以继续接收数据，直到对方发送完毕释放连接。非对称释放是指单方面终止连接。

传输层在两个应用实体之间实现可靠的、透明的、有效的数据传输，其主要功能包括以下几个方面。

① 连接管理。连接管理包括端到端连接的建立、维持和释放。传输层可支持多个进程同时连接，即可将多个进程连接复用在一个网络层连接上。

② 优化网络层提供的服务质量。传输层优化网络层服务质量包括检查低层未发现的错误，纠正低层检测出的错误，对接收到的数据包重新排序，提高通信可用带宽，防止无访问权的第三者对传输的数据进行读取或修改等。

③ 提供端到端的透明数据传输。传输层可以弥补低层网络所提供服务的差异，屏蔽低层网络的操作细节，对数据传输进行控制，包括数据报文分段和重组、端到端差错检测和恢复、顺序控制和流量控制等。

④ 多路复用和分流。当传输层用户进程的信息量较少时，可以将多个传输连接映射到一个网络连接上，以便充分利用网络连接的传输速率，减少网络连接数。

⑤ 状态报告。状态报告可以使用户获得一些有关传输层实体或传输连接的状态或属性等信息，如吞吐量、平均延迟、地址、使用的协议类别、当前计时器值、所请求的服务质量等。

⑥ 安全性。传输层实体可以提供多种安全服务。以发送方的本地证实和接收的远程证实形式提供对接入的控制，必要时也可提供加密和解密、选择经过安全的链路传输及结点的服务等。

⑦ 加速交付。在接收方，传输层实体可以主动中断用户当前工作，通知它接收了紧急数据，不需要等待后续数据到达而立即提交。

2. 传输层寻址与端口

（1）传输层寻址

传输层应在用户之间提供可靠、有效的端到端传输服务，它必须具有将一个主机中某一个用户进程和其他用户进程相互区分的能力。在一个主机中可能有多个应用进程同时分别与另一个主机中的多个应用进程通信。因此，为了减少网络连接数，提高网络传输效率，传输层的一个很重要的功能就是对连接的复用和分离。传输层通过传输地址来实现该功能，这里的传输地址是指传输层服务访问点，它是传输层与应用层之间交换信息的抽象接口。传输层与应用层、网络层的关系如图 2-37 所示。传输层寻址就是利用传输层地址区分应用进程的过程。

（2）端口

端口就是传输层服务访问点（TSAP），即传输层地址。应用层不同进程的报文通过不同的端口向下递交到传输层，由传输层复用并传递给网络层。当这些报文到达目的主机后，目的主机传输层使用分离功能，通过不同的端口把这些报文分别向上提交给相应的应用进程处理。因此，端口的作用就是让应用层的各种应用进程都能把各自数据通过端口向下递交给传输层，同时也让目的主机的传输层知道将收到的数据通过哪个端口向上提交给应用层的相应进程。因此，可以说端口是用来标识应用层进程的，端口就是传输层的应用程序接口。应用层的各个进程是通过相应的端口才能与运输实体进行交互。端口用来标识一个服务或应用，一台主机可以同时提供多个服务和建立多个连接。

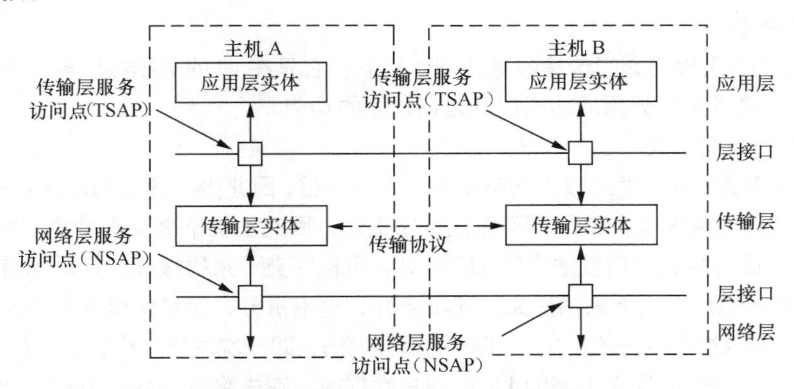

图2-37　传输层与应用层、网络层的关系

TCP/IP 的传输层用一个 16 位端口号来标志一个端口。但端口号只具有本地意义，即端口号只是为了标志本计算机应用层中的各进程。不同主机上相同服务进程的端口号是相同的。在因特网中不同计算机的相同端口号是没有联系的。两个计算机中的进程要互相通信，不仅必须知道对方的 IP 地址（为了找到对方的计算机），而且还要知道对方的端口号（为了找到对方计算机中的应用进程）。这和我们寄信的过程类似。当我们要给某人写信时，就必须知道他的通信地址。在信封上还要写明自己的地址。当收信人回信时，很容易在信封上找到发信人的地址。因特网上的计算机通信是采用客户/服务器方式。客户在发出通信请求时，必须先知道对方服务器的 IP 地址和端口号。因此传输层的端口号共分为下面两大类。

① 服务器端使用的端口号。这里又分为两类，最重要的一类叫作熟知端口号或系统端口号，数值为 0～1023。IANA（负责对 IP 地址分配规划以及对 TCP/UDP 公共服务的端口定义）把这些端口号指派给了 TCP/IP 最重要的一些应用程序，让所有的用户都知道。表 2-11 给出一些常用的熟知端口。

表 2-11　常用的熟知端口

应用程序	FTP	TELNET	SMTP	DNS	TFTP	HTTP	SNMP	SNMP（trap）
熟知端口号	21	23	25	53	69	80	161	162

另一类叫作登记端口号，数值为 1024～49151。这类端口号为没有熟知端口号的应用程序使用的。使用这个范围的端口号必须在 IANA 登记，以防止重复。

② 客户端使用的端口号。数值为 49152～65535，由于这类端口号仅在客户进程运行时才动态选择，因此又叫短暂端口号。这类端口号是留给客户进程选择暂时使用。当服务器进程收到客户进程的报文时，就知道了客户进程所使用的动态端口号。通信结束后，这个端口号可供其他客户进程以后使用。

2.3.2　用户数据报协议

用户数据报协议（User Datagram Protocol，UDP）是一个无连接的不可靠的传输层协议。UDP 在传送数据之前不需要先建立连接，远程主机的传输层收到 UDP 报文后，也不需要给出任何确认。它在 IP 之上仅提供两个附加服务：多路复用和对数据的错误检查。UDP 可以（可选）检查 UDP 数据报的完整性。由于 UDP 比较简单，其执行速度就比较快，实时性好。

1. UDP 概述

UDP 提供了应用程序之间传输数据的基本机制，它只在 IP 的数据报服务之上增加了很少一点的功能，这就是复用和分用的功能以及差错检测的功能。

（1）UDP 的主要特点

① UDP 是无连接的。发送数据之前不需要建立连接，因此少了开销和发送数据之前的时延。

② UDP 使用尽最大努力交付。不保证可靠交付，因此主机不需要维持复杂的连接状态表。

③ UDP 是面向报文的。发送方的 UDP 对应用程序交下来的报文，在添加首部后就向下交付 IP 层。UDP 对应用层交下来的报文，既不合并，也不拆分，而是保留这些报文的边界。这就是说，应用层交给 UDP 多长的报文，UDP 就照样发送，即一次发送一个报文，如图 2-38 所示。在接收方的 UDP，对 IP 层交上来的 UDP 用户数据报，在去除首部后就原封不动地交付上层的应用进程。也就是说，UDP 一次交付一个完整的报文。因此，应用程序必须选择合适大小的报文。若报文太长，UDP 把它交给 IP 层后，IP 层在传送时可能要进行分片，这会降低 IP 层的效率。反之，若报文太短，UDP 把它交给 IP 层后，会使 IP 数据报的首部的相对长度太大，这也降低了 IP 层的效率。

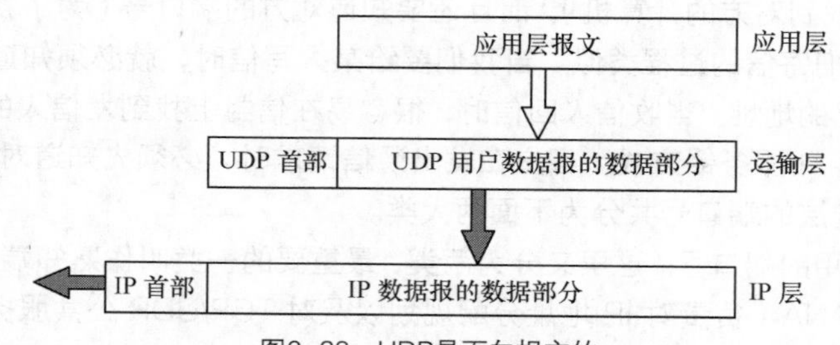

图2-38 UDP是面向报文的

④ UDP 没有拥塞控制。因此网络出现的拥塞不会使源主机的发送速率降低，这对某些实时应用是很重要的。很多的实时应用（如 IP 电话、实时视频会议等）要求源主机以恒定的速率发送数据，并用允许在网络发生拥塞时丢失一些数据，但不允许数据有太大的时延。UDP 正好适合这种要求。

⑤ UDP 支持一对一、一对多、多对一和多对多的交互通信。

⑥ UDP 的首部开销小，只有 8 个字节，比 TCP 的 20 个字节的首部要短。

（2）UDP 常用端口

UDP 通过使用端口号来区分应用层进程，不同的端口号代表着应用层不同的协议和进程。UDP 常用的端口号和服务主要有以下几种。

① 53：DNS（域名服务）。

② 69：TFTP（简单文件传输协议）。

③ 123：NTP（网络时间协议）。

④ 161：SNMP（简单网络管理协议）。

⑤ 162：SNMP（简单网络管理协议）。

⑥ 520：RIP（路由信息协议）。

⑦ 2049：NFS（ 网络文件系统，最新版的 NFS 只使用 TCP）。

（3）UDP 的主要应用场合

虽然 UDP 是无连接传输协议，但由于 UDP 有其自身的独特的特点，如简单、快速等，因此，仍有很多应用适合采用 UDP 传输数据，主要有以下几种。

① 不太关心数据丢失，如传输视频或多媒体流数据。

② 每次发送数据量很少的应用。

③ 有自己的全套差错控制机制程序。

④ 实时性要求较高，但差错控制要求不高的场合。

2. UDP 的首部格式

UDP 工作简单，因此，UDP 的报文格式也比较简单。UDP 报文由 UDP 首部和数据两部分组成。其中 UDP 首部只有固定的 8 字节，由源端口、目的端口、长度、检验和组成。UDP 报文格式如图 2-39 所示。

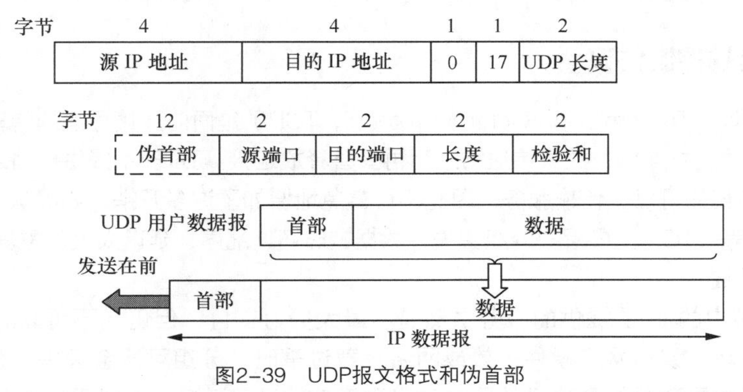

图2-39　UDP报文格式和伪首部

UDP 首部各字段意义说明如下。

① 源端口。源端口字段为 16 位（2 字节），它是 UDP 的端口号，源端口是可选的（在需要对方回信时选用，不需要时可用全 0）。

② 目的端口。目的端口字段为 16 位（2 字节），它是 UDP 的端口号。目的端口必须填写，在终点交付报文时要使用到。

③ 长度。长度字段为 16 位（2 字节），它是指 UDP 报文的总长度，包括 UDP 首部和用户数据两部分，长度以字节为单位，其最小值是 8（仅有首部）。

④ 检验和。检验和字段为 16 位（2 字节），UDP 的检验和字段是保证 UDP 数据正确的唯一手段。计算 UDP 检验和时必须包括 UDP 伪首部、UDP 首部和用户数据 3 个部分。检验和是检测 UDP 用户数据报在传输中是否有错，有就丢弃。

当传输层从 IP 层收到 UDP 数据时，就根据首部中的目的端口，把 UDP 数据报通过相应的端口，上交最后的终点——应用进程。图 2-40 所示是 UDP 基于端口分用的示意图。

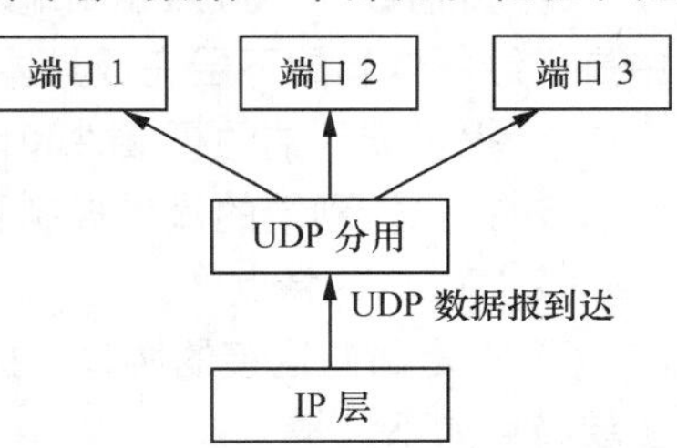

图2-40　UDP基于端口的分用

UDP 伪首部说明如下。

UDP 检验和覆盖的内容超出了 UDP 数据报本身的范围。

除了 UDP 报文本身外，UDP 还引入一个长度为 12 字节的 UDP 伪首部，UDP 伪首部的结构如图 2–39 所示。

UDP 报文只含有端口号，不含源 IP 地址和目的 IP 地址。如果没有 UDP 伪首部，就无法检验出 UDP 报文是否到达了正确的目的地，因为 UDP 伪首部的作用只是用于检验 UDP 数据报是否已经到达正确的目的地，即正确的主机。尽管 IP 数据报首部已经包含了必要的检验和，但是它并不能保证检验出所有的首部错误，因此，UDP 为了确保数据传输的正确性，在 UDP 的报文验证时，通过增加伪首部信息校验，再次对 IP 数据报中的源 IP 地址、目的 IP 地址、协议类型和数据长度等信息进行校验。

UDP 伪首部在报文传输时是不需要传送的，它只用于发送报文时计算检验和以及接收报文时验证检验和。当用户将 UDP 数据报交付 IP 时，应把伪首部和填充去掉。

2.3.3 传输控制协议

传输控制协议（Transmission Control Protocol，TCP）是面向连接可靠的传输层协议，要求在传送数据之前必须建立连接，数据传送结束后再妥善释放连接。TCP 不提供广播或组播服务。由于 TCP 提供面向连接的可靠的传输服务，因此不可避免地增加了许多开销，如确认、流量控制、计时器以及连接管理等。TCP 主要解决分组丢失、数据被破坏、乱序、延迟太大、重复交付等问题。

1. TCP 概述

TCP/IP 模型中的 IP 层提供的服务虽然是尽最大努力交付，但仍是不可靠的分组交付服务。当传输过程中出现错误、网络硬件失效或网络负载过重时，分组可能会丢失，数据可能被破坏。动态路由策略可能导致分组到达目的网络时出现顺序混乱、延迟太大或重复交付等问题。为了解决上述问题，为上层的应用程序提供一个可靠的端到端传输服务，在 TCP/IP 模型的传输层引入了可靠的端到端协议——TCP（传输控制协议）。

（1）TCP 的功能

TCP 的主要功能如下。

① 寻址和复用。对来自不同应用进程的数据进行复用，同时利用端口进行寻址，标识出不同的应用进程。

② 负责创建、管理和终止端到端的连接。

③ 处理并打包数据。将应用层用户进程的数据进行分解和封装，打包成适当的报文。

④ 传输数据。按照端到端对等层协议的要求，形式上将数据传输给对方对等层，实际操作中是交给所依赖的下层完成具体的传输操作。

⑤ 提供端到端的可靠性和传输质量的保证。

⑥ 提供端到端的流量控制和拥塞控制。

（2）TCP 的特点

TCP 是面向连接的协议，提供可靠的、全双工的、面向字节流的、端到端的服务。TCP 的主要特点如下。

① TCP 是面向连接。应用程序在使用 TCP 之前，必须先建立 TCP 连接。在传送数据完毕

后，必须释放已经建立的 TCP 连接。也就是说，接收和发送应用程序在进行数据传输前，首先需要建立一个逻辑连接，以确保双方均已做好数据传输的准备，并在数据传输过程中，使发送方和接收方之间所有的数据传输均在这个逻辑连接上按序传输。数据传输结束后，需要释放这种逻辑连接关系。这一过程从用户的角度来看就像“打电话”：通话前要先拨号建立连接，通话结束后要挂机释放连接。

② TCP 提供可靠交付的服务。通过 TCP 连接传送的数据，无差错、不丢失、不重复并且按序到达。

③ TCP 提供全双工通信。TCP 允许通信双方的应用进程在任何时候都能发送数据。TCP 连接的两端都设有发送缓存和接收缓存，用来临时存放双向通信的数据。在发送时，应用程序在把数据传送给 TCP 的缓存后，就可以做自己的事，而 TCP 在合适的时候把数据发送出去。在接收时，TCP 把收到的数据放入缓存，上层的应用进程在合适的时候读取缓存中的数据。

④ 面向字节流。TCP 中的“流”指的是流入到进程或从进程流出的字节序列。“面向字节流”的含义是：虽然应用程序和 TCP 的交互是一次一个数据块（大小不等），但 TCP 把应用程序交下来的数据看成一连串的无结构的字节流。TCP 并不知道所传送的字节流的含义。TCP 不保证接收方应用程序所收到的数据块和发送方应用程序所发出的数据块具有对应大小的关系（例如，发送方应用程序交给发送方的 TCP 共有 10 个数据块，但接收方的 TCP 可能只用了 4 个数据块就把收到的字节流交付上层的应用程序）。但接收方应用程序收到的字节流必须和发送方应用程序发出的字节流完全一样。当然，接收方的应用程序必须有能力识别收到的字节流，把它还原成有意义的应用层数据。图 2-41 所示是上述概念的示意图。

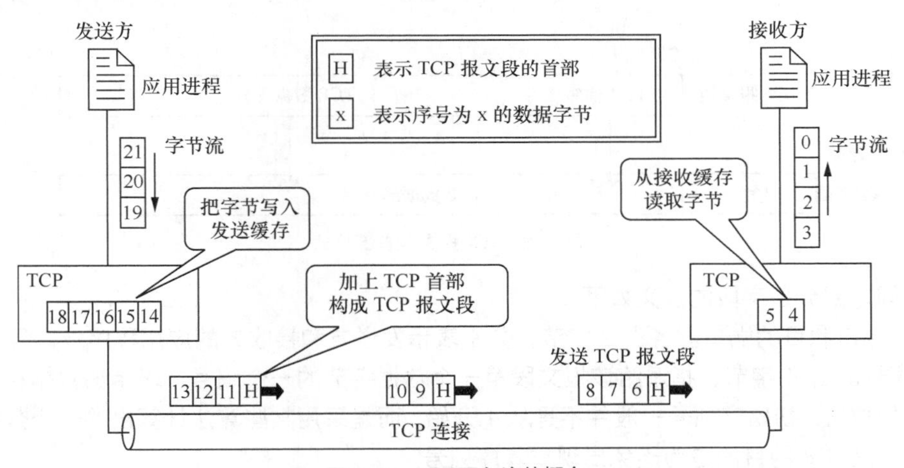

图2-41 TCP面向流的概念

⑤ 每一条 TCP 连接只能有两个端点，每一条 TCP 连接只能是点对点的（一对一）。

（3）TCP 常用的端口号

TCP 和 UDP 一样，也是使用端口号提供进程到进程的通信，TCP 常用的熟知端口号主要有以下几种。

① 20：FTP 数据连接（文件传输协议：数据连接）。

② 21：FTP 控制连接（文件传输协议：控制连接）。

③ 23：Telnet（远程登录）。

④ 25：SMTP（简单邮件传输协议）。
⑤ 53：DNS（域名服务）。
⑥ 80：HTTP（超文本传输协议）。
⑦ 110：POP3（邮件协议）。

2. TCP 报文格式

TCP 虽然是面向字节流的，但 TCP 传送的数据单元却是报文段。一个 TCP 报文段分为首部和数据两部分，而 TCP 的全部功能都体现在它的首部中各字段的作用。TCP 报文段首部的前 20 个字节是固定的，可以根据需要添加选项扩展成最多 60 字节，TCP 报文段首部格式如图 2-42 所示。

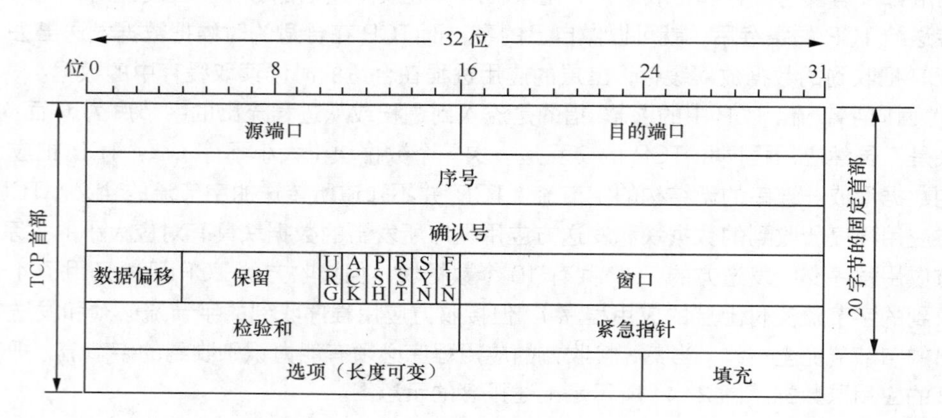

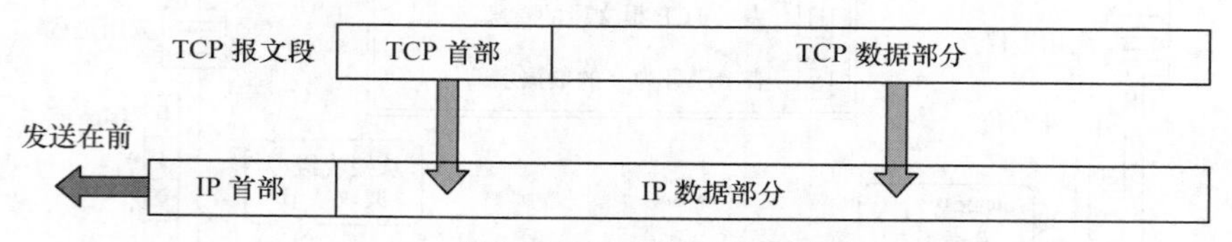

图2-42 TCP报文段首部格式

首部固定部分各字段的意义如下。

① 源端口和目的端口。各占 2 字节，分别表示发送方和接收方的应用程序端口号。

② 序号。占 4 字节，指派给该报文段第一个数据字节的一个编号，表示该数据在发送方的数据流中的位置。初始序列号一般并不是从 1 开始，而是采用某些算法计算出的一个数值作为初始序列号。这样做的目的是为避免出现重复序列号。

③ 确认号字段。占 4 字节，是接收方期望收到对方的下一个报文段的数据的第一个字节的序号，也就是期望收到对方的下一个 TCP 报文段首部序列号字段的值。如果接收方成功接收了对方发送的序列号为 x 的报文，则它会将确认号设置为 x+1，然后和数据一起捎带送回发送方。

④ 首部长度（即数据偏移）。占 4 位，表示 TCP 报文首部信息的长度。由于首部可能含有选项内容，因此 TCP 首部的长度是不确定。首部长度的单位不是字节而是 32 位（以 4 字节为计算单位），其范围是 5 ~ 15，对应首部的长度是 20 ~ 60 字节。首部长度（即数据偏移）指出 TCP 报文段的数据起始处距离 TCP 报文段的起始处有多远。

⑤ 保留。占 6 位，保留为今后使用，目前置为 0。

⑥ 紧急标志 URG（U）。占 1 位，当 URG = 1 时，表明紧急指针字段有效。它告诉系统此报文段中有紧急数据，应尽快传送（相当于高优先级的数据），这时发送方不会等到缓冲区满再发送，而是直接优先将该报文段发送出去。

⑦ 确认标志 ACK（A）。占 1 位，只有当 ACK = 1 时确认号字段才有效。当 ACK = 0 时，确认号无效。

⑧ 推送 PSH（P）。占 1 位，接收 TCP 收到 PSH = 1 的报文段，就尽快地交付接收应用进程，而不再等到整个缓存都填满了后再向上交付。

⑨ 复位 RST（R）。占 1 位，当 RST = 1 时，表明 TCP 连接中出现严重差错（如主机崩溃或其他原因），必须释放连接，然后再重新建立传输连接。

⑩ 同步标志 SYN（S）。占 1 位，SYN = 1 表示这是一个连接请求或连接接收报文，用于建立传输连接。当 SYN=1 而 ACK=0 时，表明这是一个连接请求报文段。对方若同意建立连接，则应在响应的报文段中使 SYN = 1 和 ACK = 1。

⑪ 终止标志 FIN（F）。占 1 位，FIN = 1 表明此报文段的发送端的数据已发送完毕，并要求释放传输连接。

⑫ 窗口大小。占 2 字节，它是窗口通告值，单位为字节。该值由接收方设置，发送方根据接收到的窗口通告值来调整发送窗口的大小。通过窗口机制，可以控制发送方发送的数据量，实现流量控制。

⑬ 检验和。占 2 字节。TCP 的检验和是必选项，它的计算方法与 UDP 检验和的计算访求相同，同样需要在 TCP 报文段的前面加上 12 字节的伪首部。TCP 伪首部中的协议类型值为 6（UDP 伪首部中的协议类型值为 17）。

⑭ 紧急指针。占 2 字节，与紧急标志 URG 配合使用，只有 URG = 1 时才有意义，它指出在本报文段中的紧急数据共有多少个字节（紧急数据放在本报文段数据的最前面）。因此，紧急指针指出了紧急数据的末尾在报文段中的位置。当所有紧急数据都处理完时，TCP 就告诉应用程序恢复到正常操作。值得注意的是，即使窗口为零时也可发送紧急数据。

⑮ 选项。长度可变，可以是 1 个或多个字节，规定相应的功能。每个选项由类型、长度、数据 3 部分组成。表 2-12 列出了 TCP 定义的选项。

选项字段说明如下。

- MSS：用于 TCP 连接双方在建立连接时相互告知对方期望的最大报文段长度值。

TCP 报文的长度是包括首部和数据部分的总长度（不包括伪首部），以字节为单位，数据部分的最大长度 MSS 值为 65535 字节（64KB）。但事实上，TCP 报文一般没有这么大，TCP 报文的典型长度（MSS 的默认值）是 556 字节，其中数据部分的长度为 556-20=536 字节（标准长度）。将 TCP 报文封装进 IP 后，IP 的典型长度是 556+20=576 字节，这也是 IPv6 的包长度。

- 窗口扩大因子：当 TCP 希望发送更多数据时，可以使用扩大因子来扩大窗口。使用扩大因子可以使发送方连续发送更多的数据。

- 选择确认数据块：当接收方收到的数据块序列号不连续，中间有缺失时，为节省网络开销，不必全部重传，可以通过该字段告知发送方哪些数据块不需要重传。

- 时间戳值：目的是为了防止序列号回绕，即用于处理 TCP 序列号超过 4GB 的情况。

例如，在传输速率为 1Gbit/s 的网络中，序列号回绕时间约为 4s 左右，为了使接收方能够把新的报文段和迟到很久的同序列号的报文段区分开，可以在报文段中加上时间戳。

表 2-12 TCP 定义的选项

类型	长度（字节）	数据	解释
0	1	—	标志所有选项结果
1	1	—	无操作，用于后续选项对齐 32 位边界
2	4	MSS	告诉对方希望接收的最大报文段长度
3	3	窗口扩大因子	表示窗口字段值乘以 $2n$，n 为扩大因子
4	2	—	允许使用选择性确认
5	可变	选择确认数据块	指出无须重传的数据块
8	10	时间戳值	用于估算往返时间 RTT

⑯ 填充。这是为了使整个首部长度是 4 字节的整数倍，可以采用若干 0 作为填充数据。

3. TCP 连接管理

TCP 是面向连接的协议。传输连接是用来传送 TCP 报文的。TCP 传输连接的建立和释放是每一次面向连接的通信中必不可少的过程。在 TCP 连接建立过程中要解决以下 3 个问题。

① 要使每一方能够确知对方的存在。

② 要允许双方协商一些参数（如最大窗口值、是否使用窗口扩大选项和时间戳选项以及服务质量等）。

③ 能够对传输实体资源（如缓存大小、连接表中的项目等）进行分配。

TCP 连接的建立采用客户服务器方式。主动发起连接建立的应用进程叫作客户（Client），而被动等待连接建立的应用进程叫作服务器（Server）。TCP 连接对应的是一个虚电路连接，属于一个应用报文的所有报文段都沿着这条虚电路传输。每个连接都是由源主机 IP 地址和端口号及目的主机 IP 地址和端口号（两对套接字）4 个要素组成。

（1）TCP 连接建立机制

1）三次握手机制

TCP 使用三次握手机制来建立连接。其具体过程如图 2-43 所示，客户的应用程序希望与另一端的服务器的应用程序建立 TCP 连接，建立过程一般由客户发出连接请求，称为主动打开；而服务器通常是已经准备好被连接，当它接到连接请求时，会通知它的 TCP 完成连接，称为被动打开。

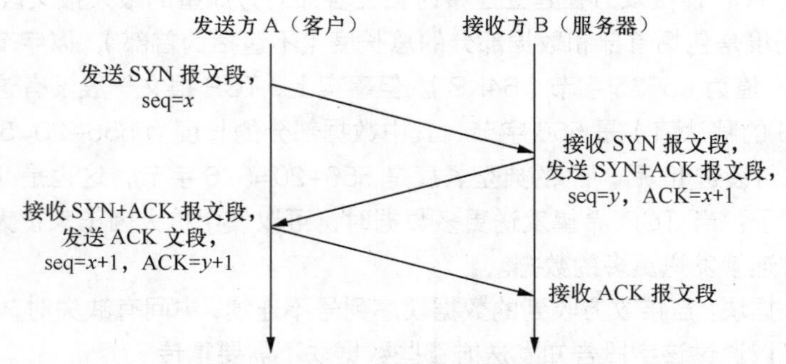

图2-43 TCP三次握手机制连接建立过程

① A（客户）希望与 B（服务器）建立 TCP 连接，首先向 B 发送一个 TCP 报文，其中 SYN=1，序列号 seq=x（x 为 A 的初始序列号，随机数），然后启动计时器，等待接收 B 的应答。该报文

段称为 SYN 报文段，它不携带任何数据，但消耗一个序列号。

② B 收到 A 的 TCP 连接请求后向 A 发送应答报文，其中 SYN、ACK 都为 1，序列号为 y（y 为 B 的初始序列号，随机数），确认号为 x+1。B 也启动计时器，等待接收 A 的应答。这里 B 发送给 A 的报文段称为 SYN+ACK 报文段，它也不携带任何数据，但消耗一个序列号。

③ 若 A 在计时器超时之前收到 B 的应答报文，判断其中的确认号是否为 x+1，若是，表明是 B 的正确应答，则向 B 发送一个确认报文，其中 ACK=1，确认号为 y+1。至此，A 认为连接已经建立。本阶段 A 发给 B 的报文段称为 ACK 报文段，它若不携带数据，就不消耗序列号。

④ 若 B 在计时器超时之前收到 A 的应答报文，判断其中的确认号是否为 y+1，若是，表明是 A 的正确应答。至此，B 也认为连接已经建立。

在上述连接建立过程中一共交换了 3 个报文，如果其中某些报文丢失或出错，则连接失败。

如果第一个报文（SYN）丢失，则 B 不会应答，A 在超时前收不到应答，最终超时失败。

如果第二个报文（SYN+ACK 报文段）丢失，则 A 收不到应答，导致 B 也收不到应答，双方都会超时失败。

如果第三个报文（ACK 报文段）丢失，则 B 收不到应答，超时失败。但此时 A 认为已经建立了连接（即分配了资源），B 却认为没有建立连接，这种情况称为半连接。解决半连接问题的一种可能的方案是：若 A 在设定的一段时间内没有通过所建立的半连接成功发送或接收数据，则释放该连接。

2）初始序列号的确定

建立连接的发起方在发送建立连接的报文时，要选择一个初始序列号（ISN）填入序列号字段，该序列号是要发送的数据块的第一个字节的编号。从概念上来说，ISN 可以选择 1（或者 0）。但事实证明，这种选择在某些情况下，容易导致混淆。例如，现在建立了一个 TCP 连接，发送了一个包含 1～30 字节的报文，但该报文在传输过程中因故被延迟了，TCP 连接也被终止了。然后重新建立连接，恰在此时，原来的那个报文到达了目的地。因为序列号相同，所以目的主机就会把该报文当成新连接发送的数据而加以使用，而新连接发送的第一个报文未必就是以前的那个报文，导致目的主机使用了错误的数据。

TCP 确定 ISN 的一种方法是：设定一个计数器，初始值为 0，每 4μs 加 1，直到记满 32 位后归 0，这一过程需要 4 个多小时。TCP 建立连接时，选择当前 ISN 计时器值作为初始序列号值。这种方式可以避免前面所说的问题，但这种方式选择 ISN 仍具有一定的规律性，也存在着安全隐患。所以，现在有些 TCP 连接使用随机数作为 ISN。

3）三次握手机制的安全隐患

三次握手机制仍存在着一定隐患，主要有 SYN 洪泛攻击和冒充窃取数据。

① SYN 洪泛攻击。SYN 洪泛攻击是指恶意攻击者向一台服务器发送大量的 SYN 报文段，而每一个报文段来自于不同的客户，并在 IP 数据报中使用虚假的源 IP 地址，即大量主机冒充合法主机与服务器建立连接，而服务器误以为这些客户在发出主动打开请求，于是分配必要的资源，如创建 TCB（传输控制块）和设置一系列计时器。同时，TCP 服务器向这些虚假的客户发送 SYN+ACK 报文段，由于 IP 地址都是虚假的，因此服务器发出的这些报文段全部丢失，即建立的都是半连接。在这段时间内，服务器中大量的资源被占用却没有被使用，如果恶意攻击者发送

的 SYN 报文段数量足够大，则会使服务器最终因资源耗尽而瘫痪，不能提供正常的服务。这种 SYN 洪泛攻击属于拒绝服务攻击的安全攻击，即攻击者用大量的服务请求垄断了一个系统，使该系统瘫痪，并且拒绝其他每一个正常的服务请求。

目前，TCP 的某些实现采取一些策略来减轻 SYN 攻击的影响，如给出在特定的时间内限制连接请求的次数；过滤掉非法源地址发来的数据报；使用 Cookie，在整个连接没有建立好之前，先不分配资源（即不建立半连接）等。

② 冒充窃取数据。TCP 中的冒充窃取数据是指这样的一种情况：一台恶意的主机 C 冒充主机 A（客户）与主机 B（服务器）建立连接，并向 B 发送数据，导致 B 进行了不应当进行的操作。这就是 TCP 中的冒充。这一过程中的关键是 C 要设法知道 B 应答时的序列号。

冒充窃取数据过程如下。

首先，C 向 B 发送一个建立连接的请求（C 用自己的地址），并从 B 收到一个包含 ISN（初始序号）的应答，获得了 B 的 ISN。C 可以据此推测 B 下次再建立连接时可能使用的 ISN，C 此时并不对 B 的应答进行回应，C 只是为了获得 B 此时建立连接的初始序号。

其次，C 用 A 的地址作为源地址向 B 发送建立连接的请求，此时 B 会向 A 发送应答（同意建立连接），该应答会正常送到 A，但 A 未向 B 发送连接请求，因此 A 不会对 B 做出任何响应，只是简单地丢弃该报文。虽然 C 收不到 B 发送给 A 的应答报文，但 C 因为先前的测试（用自己的地址向 B 发送过一个建立连接的请求），猜测出 B 可能的应答序列号，这时，C 会再次冒充 A（用 A 的地址做源地址）向 B 发送应答。

最后，B 收到了来自 A（C 冒充的）的应答，B 认为连接已经建立（假如猜测的序号正确），可以进行正常传输了。

此时，C 可以进行以下两种操作：一是向 B 发送数据（如恶意网页、命令），破坏 B 的正常运行或让 B 用收到的数据更新自己数据库（如银行账号）里的数据；二是 C（冒充 A）可以让 B 发送某些数据给 A，C 利用监听方式截获 B 发给 A 的数据（A 会全部丢弃），而这可能是绝密信息。

（2）TCP 连接释放机制

参加交换数据的双方中的任何一方（客户或服务器）都可以关闭连接，当一个方向的连接被终止时，另一个方向仍可继续传输数据。TCP 连接释放分为正常释放和非正常终止。

1）TCP 连接正常释放

TCP 连接正常释放主要有以下 3 种方式。

① 四次握手方式。TCP 的释放分为半关闭和全关闭两个阶段。半关闭阶段是当 A 没有数据向 B 发送时，A 向 B 发出释放连接请求，B 收到后向 A 发回确认。这时 A 向 B 的 TCP 连接就关闭了。但 B 仍可以继续向 A 发送数据。当 B 也没有数据向 A 发送时，这时 B 就向 A 发出释放连接的请求，同样，A 收到后向 B 发回确认。至此 B 向 A 的 TCP 连接也关闭了。当 B 收到来自 A 的确认后，就进入了全关闭状态。这种释放连接是一个四次握手的过程，其流程如图 2-44 所示。

② 三次握手方式。三次握手释放是指当 A 向 B 发出释放连接请求后，B 确认并向 A 发出释放连接的请求，A 再向 B 发回确认。其流程如图 2-45 所示。

③ 双方同时释放连接。同时释放是指双方在没有收到对方的释放连接请求时向对方发送释放连接的请求。同时释放连接的结果是全关闭。其流程如图 2-46 所示。

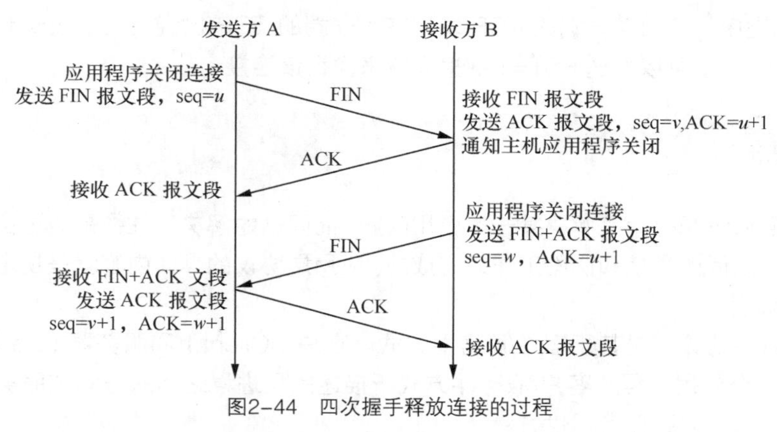

图2-44 四次握手释放连接的过程

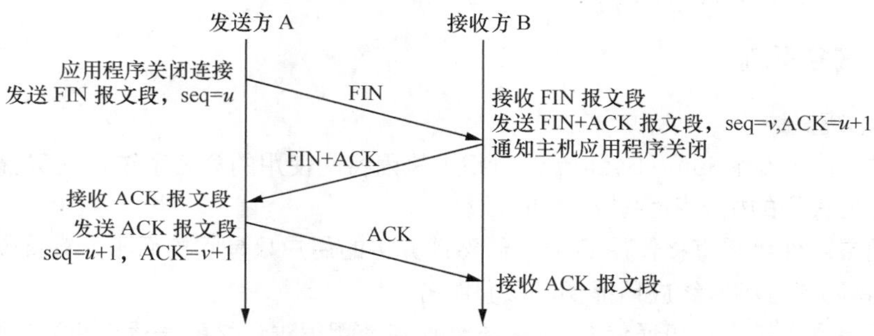

图2-45 三次握手释放连接的过程

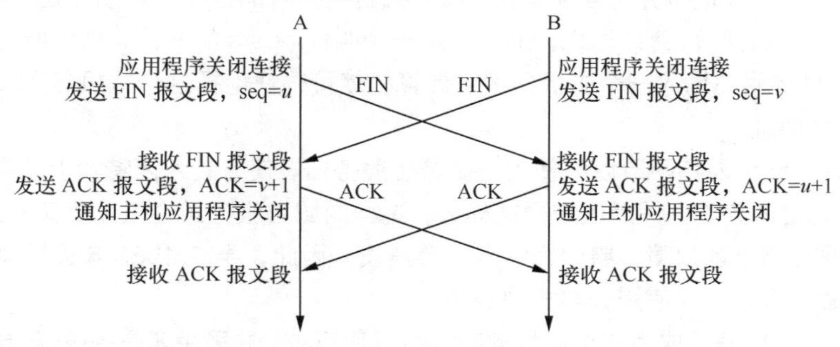

图2-46 双方同时释放连接的过程

2）TCP 连接非正常终止

在正常情况下，应用程序传输数据完成之后才使用关闭操作来结束一个连接，因此关闭操作可以看成正常使用的一部分。但有时会出现异常情况使得应用程序或网络软件被迫中断这个连接，这种关闭称为异常关闭，即 TCP 连接被非正常终止了。TCP 连接异常终止操作需要通过 RST（复位）标志来完成，即 TCP 发送 RST 位为 1 的报文段来执行异常关闭，连接双方立即停止传输，关闭连接，并释放所用的缓冲区等有关资源。

① 拒绝连接请求。假定在某一端的 TCP 请求希望与另一端并不存在的某端口进行连接，则另一端的 TCP 可以发送 RST=1 的报文段来取消该连接请求。

② 异常终止连接。如果连接过程中某些异常情况，则某一端的 TCP 可能愿意把该连接异常终止，可以发送 RST=1 的报文段来关闭该连接。

③ 长时间空闲。如果某一端的 TCP 发现在另一端的 TCP 已经空闲了很长时间（未发送数据，如掉电等），它就可以发送 RST=1 的报文段来撤销该连接。

2.4 应用层

每个应用层协议都是为了解决某一类应用问题，而问题的解决又往往是通过位于不同主机中的多个应用进程之间的通信和协同工作来完成的。应用层协议的具体内容就是规定应用进程在通信时所遵循的协议。

应用层的许多协议都是基于客户/服务器方式。客户（Client）和服务器（Server）都是指通信中所涉及的两个应用进程。客户/服务器方式所描述的是进程之间服务和被服务的关系。客户是服务请求方，服务器是服务提供方。

2.4.1 域名系统

1. 域名系统概述

域名系统（Domain Name System，DNS）是因特网使用的命名系统，其实就是名字系统，用来把便于人们使用的机器名字转换为 IP 地址。

许多应用层软件经常直接使用 DNS。虽然计算机的用户只是间接而不是直接使用域名系统，但 DNS 为因特网的各种网络应用提供了核心服务。

用户与因特网上某个主机通信时，一般不会愿意使用很难记忆的长达 32 位二进制主机地址，即使是点分十进制 IP 地址也并不容易记忆，而主机名字相对而言比较容易记忆。早在 ARPANET 时代，整个网络上只有数百台计算机，那时使用一个叫作 hosts 的文件，列出所有主机名字和相应的 IP 地址。只要用户输入一个主机名字，计算机就可很快地把这个主机名字转换成机器能够识别的二进制 IP 地址。

从理论上讲，整个因特网可以只使用一个域名服务器，使它装入因特网上所有的主机名，并回答所有对 IP 地址的查询。然而因特网规模大，这样的域名服务器会因过负荷而无法正常工作，而且一旦域名服务器出现故障，整个因特网就会瘫痪。因此，早在 1983 年因特网就开始采用层次树状结构的命名方法，并使用分布式的 DNS。

因特网的 DNS 被设计成为一个联机分布式数据库系统，并采用客户/服务器方式。DNS 使大多数名字都在本地进行解析，仅少量解析需要在因特网上通信，因此 DNS 的效率很高。由于 DNS 是分布式系统，即使单个计算机出了故障，也不会妨碍整个 DNS 的正常运行。

域名到 IP 地址的解析是由分布在因特网上的许多域名服务器程序（可简称为域名服务器）共同完成的。域名服务器程序在专设的结点上运行，而人们也常把运行域名服务器程序的机器也称为域名服务器。

域名到 IP 地址的解析过程的要点如下：当某一个应用进程需要把主机名解析为 IP 地址时，该应用进程就调用解析程序，并成为 DNS 的一个客户，把待解析的域名放在 DNS 请求报文中，以 UDP 用户数据报方式发给本地域名服务器（使用 UDP 是为了减少开销）。本地域名服务器在查找域名后，把对应的 IP 地址放在回答报文中返回。应用进程获得目的主机的 IP 地址后即可进行通信。

若本地域名服务器不能回答该请求，则此域名服务器就暂时成为 DNS 中的另一个客户，并向其他域名服务器发出查询请求。这种过程直至找到能够回答该请求的域名服务器为止。

2. 因特网的域名结构

早期的因特网使用了非等级的名字空间，其优点是名字简短。但当因特网上的用户数急剧增加时，用非等级的名字空间来管理一个很大的而且是经常变化的名字集合是非常困难的。因此，因特网后来就采用了层次树状结构的命名方法，就像全球邮政系统和电话系统那样。采用这种命名方法，任何一台连接在因特网上的主机或路由器，都有一个唯一的层次结构的名字，即域名（Domain Name）。这里，“域（Domain）”是名字空间中一个可被管理的划分。域还可以划分为子域，而子域还可继续划分为子域的子域，这样就形成了顶级域、二级域、三级域等。

从语法上讲，每一个域名都是由标号序列组成，而各标号之间用点隔开（注意：是小数点“.”，不是中文的句号“。”），如图 2-47 所示。

图2-47　域名示意图

这是中央电视台用于收发电子邮件的计算机（即邮件服务器）的域名，它由 3 个标号组成，其中标号 com 是顶级域名，标号 cctv 是二级域名，标号 mail 是三级域名。

DNS 规定，域名中的标号都由英文字母和数字组成，每一个标号不超过 63 个字符（但为了记忆方便，最好不要超过 12 个字符），也不区分大小写字母（例如，CCTV 或 CCtV 在域名中是等效的）。标号中除连字符（-）外不能使用其他的标点符号。级别最低的域名写在最左边，级别最高的顶级域名则写在最右边。由多个标号组成的完整域名总共不超过 255 个字符。DNS 既不规定一个域名需要包含多少个下级域名，也不规定每一级的域名代表什么意思。各级域名由其上一级的域名管理机构管理，最高的顶级域名则由互联网名称与数字地址分配机构（ICANN）进行管理。用这种方法可使每一个域名在整个因特网范围内是唯一的，并且也容易设计出一种查找域名的机制。

需要注意的是，域名只是个逻辑概念，并不代表计算机所在的物理地点。变长的域名和使用有助记忆的字符串，是为了便于人们来使用。而 IP 地址是定长的 32 位二进制数字，非常便于机器进行处理。这里需要注意的是，域名中的“点”和点分十进制 IP 地址中的“点”无一一对应的关系。点分十进制 IP 地址中一定包含 3 个“点”，但每一个域名中“点”的数目则不一定正好是 3 个。

据 2012 年 5 月的统计，现在顶级域名（Top Level Domain，TLD）已有 326 个。原先的顶级域名分为如下三大类。

（1）国家顶级域名（nTLD）

国家顶级域名采用 ISO 3166 的规定。例如，cn 表示中国，us 表示美国，uk 表示英国，等等。国家顶级域名又常记为 ccTLD（cc 表示国家代码 country-code）。到 2012 年 5 月为止，国家顶级域名总共有 296 个。

（2）通用顶级域名（gTLD）

到 2006 年 12 月为止，通用顶级域名的总数已经达到 20 个。最常见的通用顶级域名有 7 个，即：com（公司企业）、net（网络服务机构）、org（非营利性的组织）、int（国际组织）、edu（美国专用的教育机构）、gov（美国的政府部门）、mil 表示（美国的军事部门）。

后来又陆续增加了 13 个通用顶级域名：aero（航空运输企业）、asia（亚太地区）、biz（公司和企业）、cat（使用加泰隆人的语言和文化团体）、coop（合作团体）、info（各种情况）、jobs（人力资源管理者）、mobi（移动产品与服务的用户和提供者）、museum（博物馆）、name（个人）、pro（有证书的专业人员）、travel（旅游业）、tel（Telnic 股份有限公司）。

（3）基础结构域名（Infrastructure Domain）

这种顶级域名只有一个，即 arpa，用于反向域名解析，因此又称为反向域名。

在国家顶级域名下注册的二级域名均由该国家自行确定。例如，顶级域名为 jP 的日本，将其教育和企业机构的二级域名定为 ac 和 co，而不用 edu 和 com。

我国把二级域名划分为“类别域名”和“行政区域名”两大类。

“类别域名”共 7 个，分别为：ac（科研机构）、com（工、商、金融等企业）、edu（中国的教育机构）、gov（中国的政府机构）、mil（中国的国防机构）、net（提供互联网络服务的机构）、org（非营利性的组织）。

“行政区域名”共 34 个，适用于我国的各省、自治区、直辖市。例如，bj（北京市）、js（江苏省），等等。

注意

我国修订的域名体系允许直接在 cn 的顶级域名下注册二级域名。这给我国的因特网用户提供了很大的方便。例如，abc 公司以前要注册为 abc.com.cn，是个三级域名。但现在可以注册为 abc.cn，变成了二级域名。据统计，到 2011 年 12 月底为止，直接在 cn 的顶级域名下注册二级域名已经超过 95 万个。

用域名树来表示因特网的域名系统是最清楚的。图 2-48 所示是因特网域名空间的结构，它实际上是一个倒过来的树，在最上面的是根，但没有对应的名字。根下面一级的节点就是最高一级的顶级域名（由于根没有名字，所以在根下面一级的域名就叫作顶级域名）。顶级域名可往下划分子域，即二级域名。再往下划分就是三级域名、四级域名，等等。图 2-48 中列举了一些域名作为例子。凡是在顶级域名 com 下注册的单位都获得了一个二级域名。图中给出的例子有中央电视台（CCTV）以及 IBM、惠普（HP）等公司。在顶级域名 cn（中国）下面举出了几个二级域名，如 bj、edu 以及 com。在某个二级域名下注册的单位就可以获得一个三级域名。图中给出的在 edu 下面的三级域名有 tsinghua（清华大学）和 pku（北京大学）。一旦某个单位拥有了一个域名，它就可以自己决定是否要进一步划分其下属的子域，并且不必由其上级机构批准。图中的 cctv（中央电视台）和 tsinghua（清华大学）都分别划分了自己的下一级的域名 mail 和 WWW（分别是三级域名和四级域名）。域名树的树叶就是单台计算机的名字，它不能再继续往下划分子域了。

注意

虽然中央电视台和清华大学都各有一台计算机取名为 mail，但它们的域名并不一样，因为前者是 mail.cctv.com，而后者是 mail.tsinghua.edu.cn。因此，即使在世界上还有很多单位的计算机取名为 mail，但是它们在因特网中的域名都必须是唯一的。

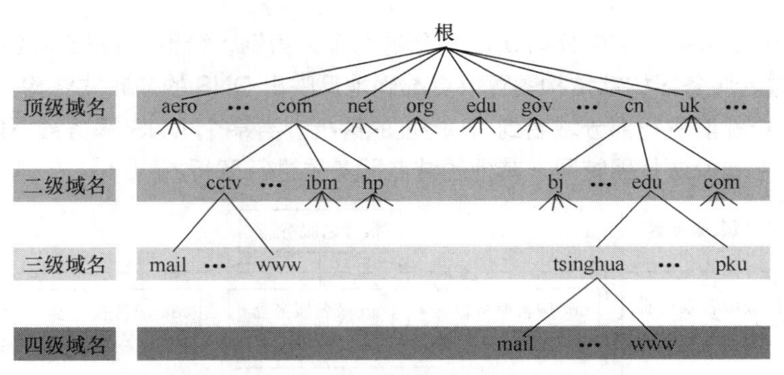

图2-48 因特网的域名空间

这里还要强调指出，因特网的名字空间是按照机构的组织来划分的，与物理的网络无关，与 IP 地址中的“子网”也没有关系。

3. 域名服务器

域名体系是抽象的，但具体实现域名系统则是使用分布在各地的域名服务器。从理论上讲，可以让每一级的域名都有一个相对应的域名服务器，使所有的域名服务器构成和图 2-48 相对应的“域名服务器树”的结构。但这样做会使域名服务器的数量太多，使域名系统的运行效率降低。因此 DNS 就采用划分区的办法来解决这个问题。

一个服务器所负责管辖的（或有权限的）范围叫作区。各单位根据具体情况来划分自己管辖范围的区。但在一个区中的所有节点必须是能够连通的。每一个区设置相应的权限域名服务器，用来保存该区中的所有主机的域名到 IP 地址的映射。总之，DNS 服务器的管辖范围不是以“域”为单位，而是以“区”为单位。区是 DNS 服务器实际管辖的范围。区可能等于或小于域，但一定不可能大于域。

图 2-49 所示是区的不同划分方法的举例。假定 abc 公司有下属部门 x 和 y，部门 x 下面又分三个分部门 u、v 和 w，而 y 下面还有其下属部门 t。图 2-49（a）表示 abc 公司只设一个区 abc.com。这时，区 abc.com 和域 abc.com 指的是同一件事。图 2-49（b）表示 abc 公司划分了两个区（大的公司可能要划分多个区）：abc.com 和 y.abc.com。这两个区都隶属于域 abc.com，都各设置了相应的权限域名服务器。不难看出，区是“域”的子集。

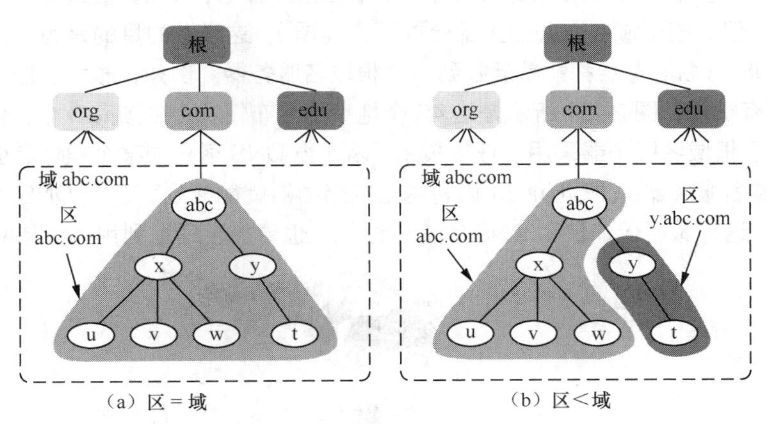

图2-49 区的不同划分方法举例

图 2–50 以图 2–49（b）中公司 abc 划分的两个区为例，给出了 DNS 域名服务器树状结构图。这种 DNS 域名服务器树状结构图可以更准确地反映出 DNS 的分布式结构。在图 2–50 中的每一个域名服务器都能进行部分域名到 IP 地址的解析。当某个 DNS 服务器不能进行域名到 IP 地址的转换时，它就设法找因特网上其他的域名服务器进行解析。

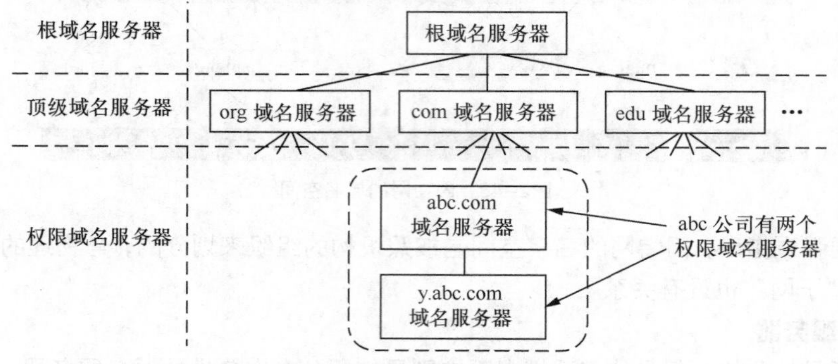

图2–50 树状结构的DNS域名服务器

从图 2–50 可看出，因特网上的 DNS 域名服务器也是按照层次安排的。每一个域名服务器都只对域名体系中的一部分进行管辖。根据域名服务器所起的作用，可以把域名服务器划分为以下 4 种不同的类型。

（1）根域名服务器（Root Name Server）

根域名服务器是最高层次的域名服务器，也是最重要的域名服务器。所有的根域名服务器都知道所有的顶级域名服务器的域名和 IP 地址。根域名服务器是最重要的域名服务器，因为无论是哪一个本地域名服务器，若要对因特网上任何一个域名进行解析（即转换为 IP 地址），只要自己无法解析，就首先要求助于根域名服务器。假定所有的根域名服务器都瘫痪了，那么整个的 DNS 系统就无法工作。在因特网上共有 13 个不同 IP 地址的根域名服务器，它们的名字是用一个英文字母命名，从 a 一直到 m（前 13 个字母）。这些根域名服务器相应的域名分别是 a.rootservers.net…，m.rootservers.net。但请注意，根域名服务器的数目并不是 13 台机器，而是 13 套装置（13 installations），每一个装置使用一个域名。实际上，到 2012 年 5 月，全世界已经在 312 个地点安装了根域名服务器机器，分布在世界各地（虽然负责运营根域名服务器的组织大多在美国，但这些根域名服务器大部分并不在美国）。这样做的目的是为了方便用户，使世界上大部分 DNS 域名服务器都能就近找到一个根域名服务器。例如，根域名服务器 f 现在就在 49 个地点安装有机器，图 2–51 所示是这 49 个地点的分布情况（中国有 3 个，位置在北京、香港和台北）。由于根域名服务器采用了任播技术，因此当 DNS 客户向某个根域名服务器进行查询时（用这个根域名服务器的 IP 地址），因特网上的路由器就能找到离这个 DNS 客户最近的一个根域名服务器。这样做不仅加快了 DNS 的查询过程，也更加合理地利用了因特网的资源。

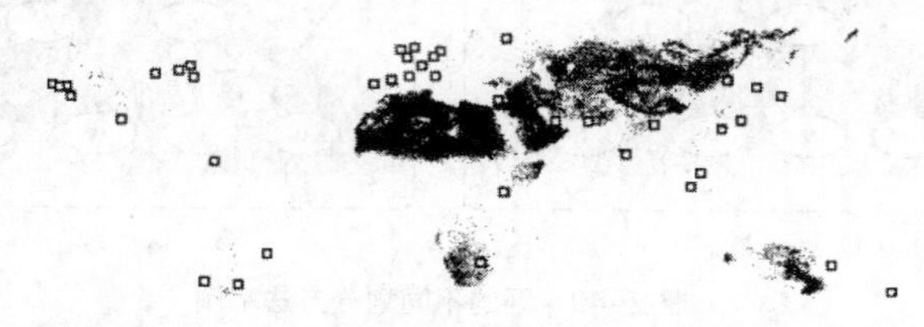

图2–51 根域名服务器f分布在49个地点（2012年）

（2）顶级域名服务器（即 TLD 服务器）

这些域名服务器负责管理在该顶级域名服务器注册的所有二级域名。当收到 DNS 查询请求时，就给出相应的回答（可能是最后的结果，也可能是下一步应当找的域名服务器的 IP 地址）。

（3）权限域名服务器

权限域名服务器是负责一个区的域名服务器。当一个权限域名服务器不能给出最后的查询回答时，就会告诉发出查询请求的 DNS 客户，下一步应当找哪一个权限域名服务器。例如，在图 2-49（b）中，区 abc.com 和区 y.abc.com 各设有一个权限域名服务器。

（4）本地域名服务器（Local Name Server）

本地域名服务器并不属于图 2-50 所示的域名服务器层次结构，但它对域名系统非常重要。当一个主机发出 DNS 查询请求时，这个查询请求报文就会发送给本地域名服务器。每一个因特网服务提供者 ISP，或一个大学，甚至一个大学里的系，都可以拥有一个本地域名服务器，这种域名服务器有时也称为默认域名服务器。当 PC 使用 Windows7 操作系统时，单击“开始”按钮，打开“控制面板”，选择“网络和 Internet”，再选择“网络和共享中心”选项，单击需要配置网络连接，选择“属性”“网络”，然后选择“Internet 协议版本 4（TCP/IPv4）”，再选择“属性”，就可看见有关 DNS 地址的选项（自动获取或使用下面指定地址）。这里的 DNS 服务器指的就是本地域名服务器。本地域名服务器离用户较近，一般不超过几个路由器的距离。当所要查询的主机也属于同一个本地 ISP 时，该本地域名服务器立即就能将所查询的主机名转换为它的 IP 地址，而不需要再去询问其他的域名服务器。

为了提高域名服务器的可靠性，DNS 域名服务器都把数据复制到几个域名服务器来保存，其中的一个是主域名服务器，其他的是辅助域名服务器。当主域名服务器出故障时，辅助域名服务器可以保证 DNS 的查询工作不会中断。主域名服务器定期把数据复制到辅助域名服务器中，而更改数据只能在主域名服务器中进行。这样就保证了数据的一致性。

下面介绍域名的解析过程。注意两点。

第一，主机向本地域名服务器的查询一般都是采用递归查询（Recursive Query）。所谓递归查询就是：如果主机所询问的本地域名服务器不知道被查询域名的 IP 地址，那么本地域名服务器就以 DNS 客户的身份，向其他根域名服务器继续发出查询请求报文（即替该主机继续查询），而不是让该主机自己进行下一步的查询。因此，递归查询返回的查询结果或者是所要查询的 IP 地址，或者是报错，表示无法查询到所需的 IP 地址。

第二，本地域名服务器向根域名服务器的查询通常是采用迭代查询（Iterative Query）。迭代查询的特点是，当根域名服务器收到本地域名服务器发出的迭代查询请求报文时，要么给出所要查询的 IP 地址，要么告诉本地域名服务器：“你下一步应当向哪一个域名服务器进行查询”。然后让本地域名服务器进行后续的查询（而不是替本地域名服务器进行后续的查询）。根域名服务器通常是把自己知道的顶级域名服务器的 IP 地址告诉本地域名服务器，让本地域名服务器再向顶级域名服务器查询。顶级域名服务器在收到本地域名服务器的查询请求后，要么给出所要查询的 IP 地址，要么告诉本地域名服务器下一步应当向哪一个权限域名服务器进行查询，本地域名服务器就这样进行迭代查询。最后，知道了所要解析的域名的 IP 地址，然后把这个结果返回给发起查询的主机。当然，本地域名服务器也可以采用递归查询。这取决于最初的查询请求报文的设置是要求使用哪一种查询方式。

图 2-52 用例子说明了这两种查询的区别。

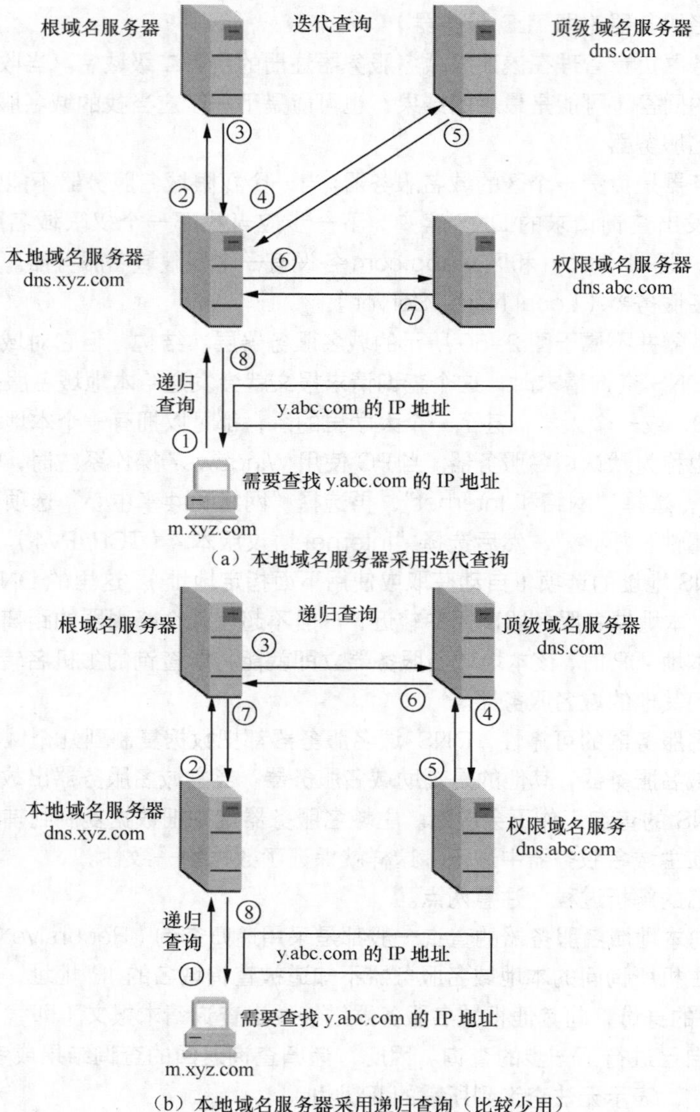

（a）本地域名服务器采用迭代查询

（b）本地域名服务器采用递归查询（比较少用）

图2-52　本地域名服务器采用迭代查询、递归查询

2.4.2 万维网

1. 万维网概述

万维网（World Wide Web，WWW）是一个大规模的、联机式的信息储藏所，英文简称为 Web。万维网用链接的方法能从因特网上的一个站点访问另一个站点，主动地按需获取丰富的信息。图 2-53 说明了万维网提供分布式服务的特点。

图 2-53 画出了 5 个万维网上的站点，它们可以相隔数千千米，但都必须连接在因特网上。每一个万维网站点都存放了许多文档。在这些文档中有一些地方的文字是用特殊方式显示的（例如，用不同的颜色，或添加了下划线）。当我们将鼠标移动到这些地方时，鼠标的箭头就变成了

一只手的形状，这就表明这些地方有一个链接（这种链接有时也称之为超链）。如果我们在这些地方单击鼠标，就可以从这个文档链接到可能相隔很远的另一个文档。经过一定的时延（几秒钟、几分钟甚至更长，取决于所链接的文档的大小和网络的拥塞情况），在我们的屏幕上就能将远方传送过来的文档显示出来。

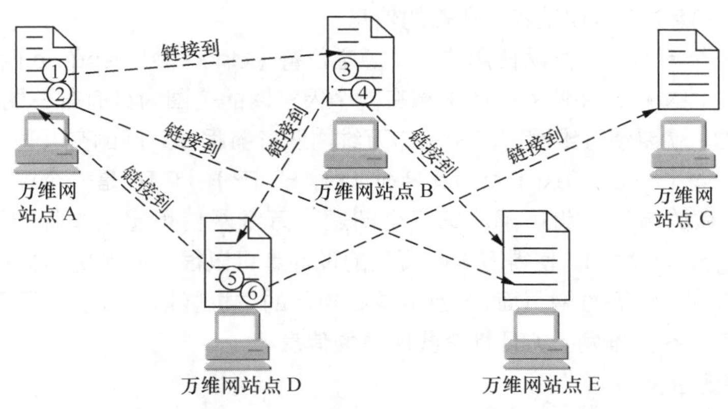

图2-53　万维网提供分布式服务

由于万维网的出现，网站数按指数规律增长，因特网也从仅由少数计算机专家使用变为普通百姓也能利用的信息资源。可以说，万维网的出现是因特网发展过程中的一个非常重要的里程碑。

万维网是欧洲粒子物理实验室的 Tim Berners-Lee 最初于 1989 年 3 月提出的。1993 年 2 月，第一个图形界面的浏览器（Browser）开发成功，名字叫作 Mosaic。1995 年著名的 Netscape Navigator 浏览器上市。目前流行的浏览器有 IE 浏览器、360 浏览器、搜狐浏览器、腾讯浏览器、火狐浏览器等。

万维网是一个分布式的超媒体（Hypermedia）系统，它是超文本（Hypertext）系统的扩充。所谓超文本是包含指向其他文档的链接的文本，利用一个链接可使用户找到另一个文档，而这又可连接到其他的文档（依此类推）。这些文档可以位于世界上任何一个接在因特网上的超文本系统中。超文本是万维网的基础。

超媒体与超文本的区别是文档内容不同。超文本文档仅包含文本信息，而超媒体文档还包含其他表示方式的信息，如图形、图像、声音、动画，甚至活动视频图像。

万维网把大量信息分布在整个因特网上，每台主机上的文档都独立进行管理。对这些文档的增加、修改、删除或重新命名（实际上也不可能）都不需要通知到因特网上成千上万的节点。这样，万维网文档之间的链接就经常会不一致。例如，主机 A 上的文档 X 本来包含了一个指向主机 B 上的文档 Y 的链接。若主机 B 的管理员在某日删除了文档 Y，那么主机 A 的上述链接显然就失效了。

万维网以客户/服务器方式工作。浏览器是在用户主机上的万维网客户程序。万维网文档所驻留的主机则运行服务器程序，因此这个主机也称为万维网服务器。客户程序向服务器程序发出请求，服务器程序向客户程序送回客户所要的万维网文档。在一个客户程序主窗口上显示出的万维网文档称为页面（Page）。

因此，万维网必须解决以下几个问题。

① 怎样标志分布在整个因特网上的万维网文档？

② 用什么样的协议来实现万维网上各种链接？

③ 怎样使不同作者创作的不同风格的万维网文档都能在因特网上的各种主机上显示出来，同时使用户清楚地知道在什么地方存在着链接？

④ 怎样使用户能够很方便地找到所需的信息？

为了解决第一个问题，万维网使用统一资源定位符（Uniform Resource Locator，URL）来标志万维网上的各种文档，并使每一个文档在整个因特网的范围内具有唯一的标识符 URL。为了解决第二个问题，就要使万维网客户程序与万维网服务器程序之间的交互遵守严格的协议，这就是超文本传送协议（HyperText Transfer Protocol，HTTP）。HTTP 是一个应用层协议，它使用 TCP 连接进行可靠的传送。为了解决第三个问题，万维网使用超文本标记语言（HyperText Markup Language，HTML），使得万维网页面的设计者可以很方便地用链接从本页面的某处链接到因特网上的任何一个万维网页面，并且能够在自己的主机屏幕上将这些页面显示出来。最后，用户可使用搜索工具在万维网上方便地查找所需的信息。

2. 统一资源定位符

统一资源定位符（URL）是用来表示从因特网上得到的资源位置和访问这些资源的方法。URL 给资源的位置提供一种抽象的识别方法，并用这种方法给资源定位。只要能够对资源定位，系统就可以对资源进行各种操作，如存取、更新、替换和查找其属性。

这里所说的“资源”是指在因特网上可以被访问的任何对象，包括文件目录、文件、文档、图像、声音，以及与因特网相连的任何形式的数据。“资源”还包括电子邮件的地址和 USENET 新闻组或 USENET 新闻组中的报文。

URL 相当于一个文件名在网络范围的扩展。因此，URL 是与因特网相连的机器上的任何可访问对象的一个指针。由于访问不同对象所使用的协议不同，所以 URL 还指出读取某个对象时所使用的协议。URL 的一般形式由以下 4 个部分组成：

```
<协议>://<主机>:<端口>/<路径>
```

URL 的第一部分是最左边的<协议>。这里的<协议>是指使用什么协议来获取该万维网文档。现在最常用的协议就是 HTTP（超文本传送协议），其次是 FTP（文件传送协议）。

在<协议>后面是规定必须写上的格式“://”，不能省略。它的右边是第二部分<主机>，它指出这个万维网文档是在哪一个主机上。这里的<主机>是指该主机在因特网上的域名或者 IP 地址。再后面是第三和第四部分<端口>和<路径>，有时可省略。

例如，使用 HTTP。URL 的一般形式是：

```
http://<主机>:<端口>/<路径>
```

HTTP 的默认端口号是 80，通常可省略。若再省略文件的<路径>项，则 URL 就指到因特网的某个主页上（Home Page）。主页可以是以下几种情况之一。

① 一个 WWW 服务器的最高级别的页面。

② 某一个组织或部门的一个定制的页面或目录。从这样的页面可链接到因特网上的与本组织或部门有关的其他站点。

③ 由某个人自己设计的描述他本人情况的 WWW 页面。

例如，要查有关清华大学的信息，可先进入到清华大学的主页，其 URL 为：

```
http：//www.tsinghua.edu.cn
```

这里省略了默认的端口号 80。从清华大学的主页入手，就可以通过许多不同的链接找到所要查找的各种有关清华大学各个部门的信息。

URL 里面的字母不分大小写。用户使用 URL 不但能够访问万维网的页面，还能够通过 URL 使用其他的因特网应用程序，如 FTP 或 USENET 新闻组等。用户在使用这些应用程序时，只使用一个程序即浏览器。

3. 超文本传送协议

HTTP 协议定义了浏览器（即万维网客户进程）怎样向万维网服务器请求万维网文档，以及服务器怎样把文档传送给浏览器。从层次的角度看，HTTP 是面向事务的应用层协议，它是万维网上能够可靠地交换文件（包括文本、声音、图像等各种多媒体文件）的重要基础。

HTTP 使用了面向连接的 TCP 作为传输层协议，保证了数据传输的可靠性。HTTP 不必考虑数据在传输过程中被丢弃后又怎样被重传。但是，HTTP 本身是无连接的。这就是说，虽然 HTTP 使用了 TCP 连接，但通信的双方在交换 HTTP 报文之前不需要先建立 HTTP 连接。

HTTP 是无状态的。也就是说，同一个客户第二次访问同一个服务器上的页面时，服务器的响应与第一次被访问时相同（假定现在服务器还没有把该页面更新），因为服务器并不记得曾经访问过的这个客户，也不记得为该客户服务过多少次。HTTP 的无状态特性简化了服务器的设计，使服务器更容易支持大量并发的 HTTP 请求。

代理服务器（Proxy Server）是一种网络实体，又称为万维网高速缓存（Web Cache）。代理服务器把最近的一些请求和响应暂存在本地磁盘中。当新请求到达时，若代理服务器发现这个请求与暂时存放的请求相同，就返回暂存的响应，而不需要按 URL 的地址再次去因特网访问该资源。代理服务器可在客户端或服务器端工作，也可在中间系统上工作。下面用校园网说明使用代理服务器的作用。

校园网不使用代理服务器时，校园网中所有的 PC 都通过专线链路与因特网上的源点服务器建立 TCP 连接。因而校园网各 PC 访问因特网的通信量往往会使这条链路过载，使得时延大大增加。

校园网使用代理服务器时，访问因特网的过程就是这样的。

① 校园网 PC 中的浏览器向因特网的服务器请求服务时，就先和校园网的代理服务器建立 TCP 连接，并向代理服务器发出 HTTP 请求报文。

② 若代理服务器已经存放了所请求的对象，代理服务器就把这个对象放入 HTTP 响应报文中返回给 PC 的浏览器。

③ 否则，代理服务器就代表发出请求的用户浏览器，与因特网上的源点服务器建立 TCP 连接，并发送 HTTP 请求报文。

④ 源点服务器把所请求的对象放在 HTTP 响应报文中返回给校园网的代理服务器。

⑤ 代理服务器收到这个对象后，先复制在自己的本地存储器中（留待以后用），然后再把这个对象放在 HTTP 响应报文中，通过已建立的 TCP 连接返回给请求该对象的浏览器。

代理服务器有时是作为服务器（当接收浏览器的 HTTP 请求时），但有时作为客户（当向因特网上的源点服务器发送 HTTP 请求时）。

使用代理服务器，由于有相当大一部分通信量局限在校园网的内部，在专线链路上的通信量大大减少，因而减小了访问因特网的时延。

HTTP 有如下两类报文。

① 请求报文。从客户向服务器发送请求报文。

② 响应报文。从服务器到客户的回答。

由于 HTTP 是面向文本的，因此在报文中的每一个字段都是一些 ASCII 码串，因而各个字段的长度都是不确定的。

HTTP 请求报文和响应报文都是由 3 个部分组成。这两种报文格式的区别就是开始行不同。

① 开始行。用于区分是请求报文还是响应报文。在请求报文中的开始行叫作请求行，而在响应报文中的开始行叫作状态行。在开始行的 3 个字段之间都以空格分隔开，最后的“CR”和“LF”分别代表“回车”和“换行”。

② 首部行。用来说明浏览器、服务器或报文主体的一些信息。首部可以有好几行，但也可以不使用。在每一个首部行中都有首部字段名和它的值，每一行在结束的地方都要有“回车”和“换行”。整个首部行结束时，还有一空行将首部行和后面的实体主体分开。

③ 实体主体。在请求报文中一般都不用这个字段，而在响应报文中也可能没有这个字段。

4. 万维网的文档

（1）超文本标记语言

要使任何一台计算机都能显示出任何一个万维网服务器上的页面，就必须解决页面制作的标准化问题。超文本标记语言（HyperText Markup Language，HTML）就是一种制作万维网页面的标准语言，它消除了不同计算机之间信息交流的障碍。由于 HTML 非常易于掌握且实施简单，因此它很快就成为万维网的重要基础。

HTML 定义了许多用于排版的命令，即“标签（Tag）”。例如，<I>表示后面开始用斜体字排版，而</I>则表示斜体字排版到此结束。HTML 就把各种标签嵌入到万维网的页面中，这样就构成了 HTML 文档。HTML 文档是一种可以用任何文本编辑器创建的 ASCII 码文件。但应注意，仅当 HTML 文档是以.html 或.htm 为后缀时，浏览器才对这样的 HTML 文档的各种标签进行解释。如果 HTML 文档改换以.txt 为其后缀，则 HTML 解释程序就不对标签进行解释，而浏览器只能看见原来的文本文件。

并非所有的浏览器都支持所有的 HTML 标签。若某一个浏览器不支持某一个 HTML 标签，则浏览器将忽略此标签，但在一对不能识别的标签之间的文本仍然会被显示出来。

下面是一个简单例子，用来说明 HTML 文档中标签的用法。在每一个语句后面的花括号中的字是给读者看的注释，在实际的 HTML 文档中并没有这种注释。

```
<HTML>                                {HTML 文档开始}
    <HEAD>                            {首部开始}
      <TITLE>一个 HTML 的例子</TITLE>  {“一个 HTML 的例子”是文档的标题}
    </HEAD>                           {首部结束}
    <BODY>                            {主体开始}
       <H1>HTML 很容易掌握</H1>        {“HTML 很容易掌握”是主体的 1 级题头}
       <P>这是第一个段落。</P>          {<P>和</P>之间的文字是一个段落}
       <P>这是第二个段落。</P>          {<P>和</P>之间的文字是一个段落}
    </BODY>                           {主体结束}
</HTML>                               {HTML 文档结束}
```

把上面的 HTML 文档存入 D 盘的文件夹 HTML，文件名是 HTML-example.html（注意：没有文档中的注释部分)。当浏览器读取了该文档后，就按照 HTML 文档中的各种标签，根据浏览器所使用的显示器的尺寸和分辨率大小，重新排版并显示出来。

目前已开发出了很好的制作万维网页面的软件工具，使我们能够像使用 Word 字处理器那样很方便地制作各种页面。即使我们用 Word 字处理器编辑了一个文件，但只要在“另存为”时选取文件后缀为.htm 或.html，就可以很方便地把 Word 的.doc 格式文件转换为浏览器可以显示的 HTML 格式的文档。

(2) 动态万维网文档

上面所讨论的万维网文档只是万维网文档中最基本的一种，即所谓的静态文档(Static Document)。静态文档是指在创作完毕后就存放在万维网服务器中，在被用户浏览的过程中，内容不会改变的文档。由于这种文档的内容不会改变，因此用户对静态文档的每次读取所得到的返回结果都是相同的。

静态文档的最大优点是简单。由于 HTML 是一种排版语言，因此静态文档可以由不懂程序设计的人员来创建。但静态文档的缺点是不够灵活。当信息变化时就要由文档的作者手工对文档进行修改。可见，变化频繁的文档不适于做成静态文档。

动态文档(Dynamic Document)是指文档的内容是在浏览器访问万维网服务器时才由应用程序动态创建。当浏览器请求到达时，万维网服务器要运行另一个应用程序，并把控制转移到此应用程序。接着，该应用程序对浏览器发来的数据进行处理，并输出 HTTP 格式的文档，万维网服务器把应用程序的输出作为对浏览器的响应。由于对浏览器每次请求的响应都是临时生成的，因此用户通过动态文档所看到的内容是不断变化的。动态文档的主要优点是具有报告当前最新信息的能力。例如，动态文档可用来报告股市行情、天气预报或民航售票情况等内容。但动态文档的创建难度比静态文档要高，因为动态文档的开发不是直接编写文档本身，而是编写用于生成文档的应用程序，这就要求动态文档的开发人员必须会编程，且所编写的程序还要通过大范围的测试，以保证输入的有效性。

动态文档和静态文档之间的主要差别体现在服务器一端。这主要是文档内容的生成方法不同。动态文档和静态文档的内容都遵循 HTML 所规定的格式，浏览器仅根据在屏幕上看到的内容并无法判定服务器送来的是哪一种文档，只有文档的开发者才知道。

从以上所述可以看出，要实现动态文档就必须在以下两个方面对万维网服务器的功能进行扩充。

① 应增加另一个应用程序，用来处理浏览器发来的数据，并创建动态文档。

② 应增加一个机制，用来使万维网服务器将浏览器发来的数据传送给这个应用程序，然后万维网服务器能够解释这个应用程序的输出，并向浏览器返回 HTML 文档。

(3) 活动万维网文档

随着 HTTP 和万维网浏览器的发展，动态文档已明显地不能满足发展的需要。这是因为，动态文档一旦建立，它所包含的信息内容也就固定下来而无法及时刷新屏幕。另外，像动画之类的显示效果，动态文档也无法提供。

有两种技术可用于浏览器屏幕显示的连续更新。一种技术称为**服务器推送**(Server Push)。这种技术是将所有的工作都交给服务器。服务器不断地运行与动态文档相关联的应用程序，定期更新信息，并发送更新过的文档。

尽管从用户的角度看，这样做可达到连续更新的目的，但这也有很大的缺点。首先，为了满足很多客户的请求，服务器要不断运行推送程序。这将造成过多的服务器开销。其次，服务器推送技术要求服务器为每一个浏览器客户维持一个不释放的 TCP 连接。随着 TCP 连接的数目增加，每一个连接所能分配到的网络带宽就会下降，这就导致网络传输时延的增大。

另一种提供屏幕连续更新的技术是**活动文档**（Active Document）技术。这种技术是把所有的工作都转移给浏览器端。每当浏览器请求一个活动文档时，服务器就返回一段活动文档程序副本，使该程序副本在浏览器端运行。这时，活动文档程序可与用户直接交互，并可连续地改变屏幕的显示。只要用户运行活动文档程序，活动文档的内容就可以连续地改变。由于活动文档技术不需要服务器的连续更新传送，对网络带宽的要求也不会太高。

从传送的角度看，浏览器和服务器都把活动文档看成静态文档。在服务器上的活动文档的内容是不变的，这点和动态文档是不同的。浏览器可在本地缓存一份活动文档的副本。活动文档还可处理成压缩形式，便于存储和传送。另一点要注意的是，活动文档本身并不包括其运行所需的全部软件，大部分的支持软件是事先存放在浏览器中的。

2.4.3 动态主机配置协议

为了把协议软件做成通用的和便于移植的，协议软件的编写者不会把所有的细节都固定在源代码中。相反，他们把协议软件参数化。这就使得在很多台计算机上有可能使用同一个经过编译的二进制代码。一台计算机和另一台计算机的许多区别，都可以通过一些不同的参数来体现。在协议软件运行之前，必须给每一个参数赋值。

在协议软件中给这些参数赋值的动作叫作协议配置。一个协议软件在使用之前必须是已正确配置的。具体的配置信息有哪些则取决于协议栈。例如，连接到因特网的计算机的协议软件需要配置的项目包括①IP 地址、②子网掩码、③默认路由器的 IP 地址和④域名服务器的 IP 地址。

由于用人工进行协议配置既不方便，又容易出错，因此需要采用自动协议配置的方法。现在广泛使用是动态主机配置协议（Dynamic Host Configuration Protocol，DHCP），它提供了一种机制，称为即插即用连网（Plug-and-Play Networking）。这种机制允许一台计算机加入新的网络和获取 IP 地址而不用人工参与。

DHCP 对运行客户软件和服务器软件的计算机都适用。当运行客户软件的计算机移至一个新的网络时，就可使用 DHCP 获取其配置信息而不需要人工干预。DHCP 给运行服务器软件的位置固定的计算机指派一个永久地址，当这台计算机重新启动时，其地址不改变。

DHCP 使用客户/服务器方式。需要 IP 地址的主机在启动时就向 DHCP 服务器广播发送**发现报文**（将目的 IP 地址置为全 1，即 255.255.255.255），这时该主机就成为 DHCP 客户。发送广播报文是因为现在还不知道 DHCP 服务器在什么地方，因此要发现 DHCP 服务器的 IP 地址。这个主机目前还没有自己的 IP 地址，因此它将 IP 数据报的源 IP 地址设为全 0。这样，在本地网络上的所有主机都能够收到这个广播报文，但只有 DHCP 服务器才对此广播报文进行回答。DHCP 服务器先在其数据库中查找该计算机的配置信息。若找到，则返回找到的信息。若找不到，则从服务器的 IP 地址池（Address Pool）中取一个地址分配给该计算机。DHCP 服务器的回答报文叫作提供报文，表示“提供”了 IP 地址等配置信息。

我们并不愿意在每一个网络上都设置一个 DHCP 服务器，否则 DHCP 服务器的数量太多。因此现在是使每一个网络至少有一个 DHCP 中继代理（通常是一台路由器，见图 2-54），它配置了 DHCP 服务器的 IP 地址信息。当 DHCP 中继代理收到主机 A 以广播形式发送的发现报文后，就以单播方式向 DHCP 服务器转发此报文，并等待其回答。收到 DHCP 服务器回答的提供报文后，DHCP 中继代理再把此提供报文发回给主机 A。需要注意的是，图 2-54 是个示意图。实际上，DHCP 报文只是 UDP 用户数据报的数据，它还要加上 UDP 首部、IP 数据报首部，以及以太网的 MAC 帧的首部和尾部后，才能在链路上传送。

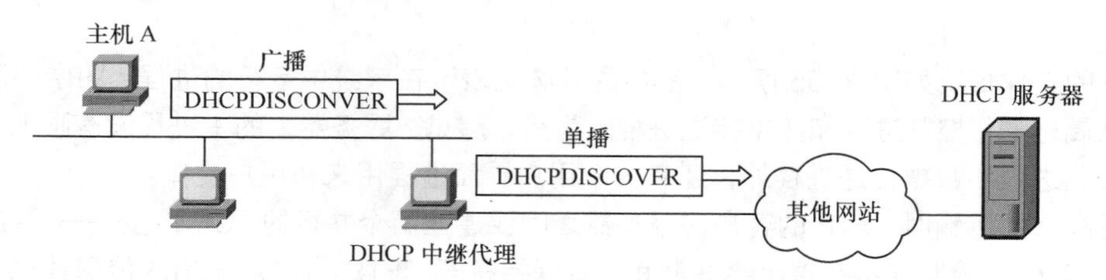

图2-54　DHCP中继代理以单播方式转发发现报文

DHCP 服务器分配给 DHCP 客户的 IP 地址是临时的，因此 DHCP 客户只能在设定的时间内使用这个分配到的 IP 地址。DHCP 协议称这段时间为租用期，但并没有具体规定租用期应取为多长或至少为多长，这个数值应由 DHCP 服务器自己决定。例如，一个校园网的 DHCP 服务器可将租用期设定为 1h。DHCP 服务器在给 DHCP 发送的提供报文的选项中给出租用期的数值。

2.4.4　其他应用层协议

1. 文件传送协议

文件传送协议（File Transfer Protocol，FTP）是因特网上使用得最广泛的文件传送协议。FTP 提供交互式的访问，允许客户指明文件的类型与格式，并允许文件具有存取权限（如访问文件的用户必须经过授权，并输入有效的口令）。FTP 屏蔽了各计算机系统的细节，因而适合于在异构网络中任意计算机之间传送文件。

在因特网发展的早期阶段，用 FTP 传送文件约占整个因特网的通信量的三分之一，而由电子邮件和域名系统所产生的通信量还小于 FTP 所产生的通信量。直到 1995 年，WWW 的通信量才首次超过了 FTP。

网络环境中的一项基本应用就是将文件从一台计算机中复制到另一台可能相距很远的计算机中。在两个主机之间传送文件看似很简单，其实非常困难。原因是众多的计算机厂商研制出的文件系统多达数百种，且差别很大，经常会出现以下问题。

① 计算机存储数据的格式不同。

② 文件的目录结构和文件命名的规定不同。

③ 对于相同的文件存取功能，操作系统使用的命令不同。

④ 访问控制方法不同。

FTP 只提供文件传送的一些基本的服务，它使用 TCP 可靠的运输服务。FTP 的主要功能是减少或消除在不同操作系统下处理文件的不兼容性。

FTP 使用客户/服务器方式。一个 FTP 服务器进程可同时为多个客户进程提供服务。FTP 的服务器进程由两大部分组成：一个主进程，负责接受新的请求；若干个从属进程，负责处理单个请求。

主进程的工作步骤如下。

① 打开熟知端口（端口号为 21），使客户进程能够连接上。

② 等待客户进程发出连接请求。

③ 启动从属进程来处理客户进程发来的请求。从属进程对客户进程的请求处理完毕后即终止，但从属进程在运行期间根据需要还可能创建其他一些子进程。

④ 回到等待状态，继续接收其他客户进程发来的请求。主进程与从属进程的处理是开发地进行。

FTP 的工作情况如图 2-55 所示。图中的椭圆圈表示在系统中运行的进程。图中的服务器端有两个从属进程：控制进程和数据传送进程。为简单起见，服务器端的主进程没有画上。在客户端除了控制进程和数据传送进程外，还有一个用户界面进程用来和用户接口。

在进行文件传输时，FTP 的客户和服务器之间要建立两个并行的 TCP 连接——“控制连接”和“数据连接”。控制连接在整个会话期间一直保持打开，FTP 客户所发出的传送请求，通过控制连接发送给服务器端的控制进程，但控制连接并不用来传送文件。实际用于传输文件的是“数据连接”。服务器端的控制进程在接收到 FTP 客户发送来的文件传输请求后就创建“数据传送进程”和“数据连接”，用来连接客户端和服务器端的数据传送进程。数据传送进程实际完成文件的传送，在传送完毕后关闭“数据传送连接”并结束运行。由于 FTP 使用了一个分离的控制连接，因此 FTP 的控制信息是带外传送的。

当客户进程向服务器进程发出建立连接请求时，要寻找连接服务器进程的熟知端口（21），同时还要告诉服务器进程自己的另一个端口号码，用于建立数据传送连接。接着，服务器进程用自己传送数据的熟知端口（20）与客户进程所提供的端口号建立数据传送连接。由于 FTP 使用了两个不同的端口号，所以数据连接与控制连接不会发生混乱。

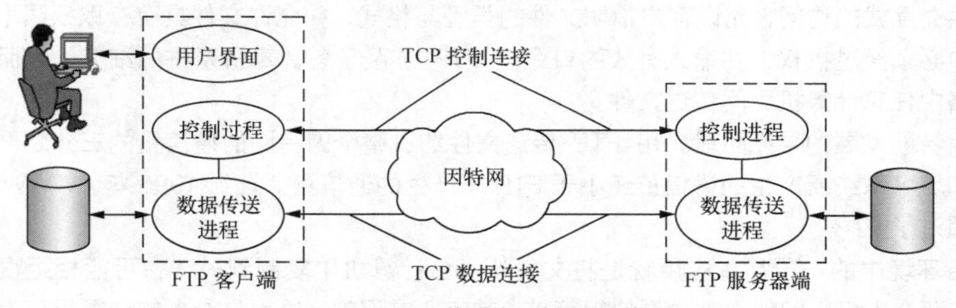

图2-55 FTP使用的两个TCP连接

使用两个独立的连接的主要好处是使协议更加简单和更容易实现，同时在传输文件时还可以利用控制连接（例如，客户发送请求终止传输）。

TCP/IP 协议族中还有一个简单文件传送协议（Trivial File Transfer Protocol，TFTP），它是一个很小且易于实现的文件传送协议。虽然 TFTP 也使用客户/服务器方式，但它使用 UDP 数据报，因此 TFTP 需要有自己的差错改正措施。TFTP 只支持文件传输而不支持交互。TFTP 没有一个庞大的命令集，没有列目录的功能，也不能对用户进行身份鉴别。

TFTP 的主要优点有两个。第一，TFTP 可用于 UDP 环境。例如，当需要将程序或文件同时向许多机器下载时就往往需要使用 TFTP。第二，TFTP 代码所占的内存较小。这对较小的计算机或某些特殊用途的设备是很重要的。这些设备不需要硬盘，只需要固化了 TFTP 和 UDP 以及 IP 的小容量只读存储器即可。当接通电源后，设备执行只读存储器中的代码，在网络上广播一个 TFTP 请求。网络上的 TFTP 服务器就发送响应，其中包括可执行二进制程序。设备收到此文件后将其放入内存，然后开始运行程序。这种方式增加了灵活性，也减少了开销。

TFTP 的主要特点如下。

① 每次传送的数据报文中有 512 字节的数据，但最后一次可不足 512 字节。

② 数据报文按序编号，从 1 开始。

③ 支持 ASCII 码或二进制传送。

④ 可对文件进行读或写。

⑤ 使用很简单的首部。

TFTP 的工作就是在发送完一个文件块后就等待对方的确认，确认时应指明所确认的块编号。发完数据后在规定时间内收不到确认就要重发数据 PDU。发送确认 PDU 的一方若在规定时间内收不到下一个文件块，也要重发确认 PDU。这样就可保证文件的传送不因某一个数据报的丢失而告失败。

在一开始工作时，TFTP 客户进程发送一个读请求报文或写请求报文给 TFTP 服务器进程，其熟知端口号码为 69。TFTP 服务器进程要选择一个新的端口和 TFTP 客户进程进行通信。若文件长度正好为 512 字节的整数倍，则在文件传送完毕后，还必须在最后发送一个只含首部而无数据的数据报文。若文件长度不是 512 字节的整数倍，则最后传送数据报文中的数据字段一定不满 512 字节，这正好可作为文件结束的标志。

2. 远程终端协议

TELNET 是一个简单的远程终端协议。用户用 TELNET 就可在其所在地通过 TCP 连接注册（即登录）到远地的另一个主机上（使用主机名或 IP 地址）。TELNET 能将用户的击键传到远地主机，同时也能将远地主机的输出通过 TCP 连接返回到用户屏幕。这种服务是透明的，因为用户感觉到好像键盘和显示器是直接连在远地主机上。因此，TELNET 又称为终端仿真协议。

TELNET 也使用客户/服务器方式。在本地系统运行 TELNET 客户进程，而在远地主机则运行 TELNET 服务器进程。和 FTP 的情况相似，服务器中的主进程等待新的请求，并产生从属进程来处理每一个连接。

TELNET 能够适应许多计算机和操作系统的差异。为了适应这种差异，TELNET 定义了数据和命令应怎样通过因特网。这些定义就是网络虚拟终端（Network Virtual Terminal，NVT）。图 2-56 说明了 NVT 的意义。客户软件把用户的击键和命令转换成 NVT 格式，并送交服务器。服务器软件把收到的数据和命令，从 NVT 格式转换成远地系统所需的格式。向用户返回数据时，服务器把远地系统的格式转换为 NVT 格式，本地客户再从 NVT 格式转换到本地系统所需的格式。

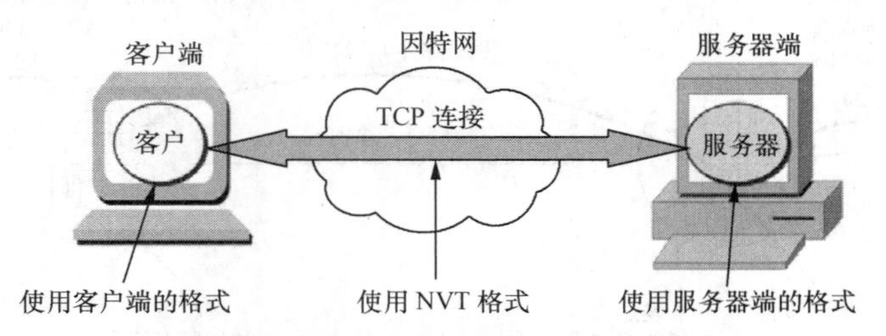

图2-56　TELNET使用网络虚拟终端NVT格式

3. 电子邮件

电子邮件把邮件发送到收件人使用的邮件服务器，并放在其中的收件人邮箱（Mail Box）中，收件人可随时上网到自己使用的邮件服务器进行读取。这相当于因特网为用户设立了存放邮件的信箱，因此 E-mail 有时也称为“电子信箱”。电子邮件不仅使用方便，而且还具有传递迅速和费用低廉的优点。电子邮件不仅可传送文字信息，还可附上声音和图像。

1982 年 ARPANET 的电子邮件标准问世，简单邮件传送协议（Simple Mail Transfer Protocol，SMTP）和因特网文本报文格式，都是因特网的正式标准。

由于因特网的 SMTP 只能传送可打印的 7 位 ASCII 码邮件，因此在 1993 年又提出了通用因特网邮件扩充（Multipurpose Internet Mail Extensions，MIME）。MIME 在其邮件首部中说明了邮件的数据类型（如文本、声音、图像、视像等）。在 MIME 邮件中可同时传送多种类型的数据。这在多媒体通信的环境下是非常有用的。

一个电子邮件系统应具有图 2-57 所示的 3 个主要组成构件，这就是用户代理、邮件服务器，以及邮件发送协议（如 SMTP）和邮件读取协议（如 POP3）。POP3 是邮局协议（Post Office Protocol）的版本 3。图中有 TCP 连接的，都是经过因特网。在因特网中，邮件服务器的数量是很大的，正是这些邮件服务器构成了电子邮件基础结构的核心。

电子邮件由信封（Envelope）和内容（Content）两部分组成。电子邮件的传输程序根据邮件信封上的信息来传送邮件。这与邮局按照信封上的信息投递信件是相似的。

在邮件的信封上，最重要的就是收件人的地址。TCP/IP 体系的电子邮件系统规定电子邮件地址（E-mail Address）的格式如下：

用户名@邮箱所在主机的域名 （2-4）

在（2-4）式中，符号“@”读作“at”，表示“在”的意思。用户名（User Name）也就是收件人邮箱名，是收件人自己定义的字符串标识符。但应注意，用户名在邮箱服务器中必须是唯一的。这样就保证了这个电子邮件地址在世界范围内是唯一的。这对保证电子邮件能够在整个因特网范围内的准确交付是十分重要的。电子邮件的用户一般采用容易记忆的字符串。

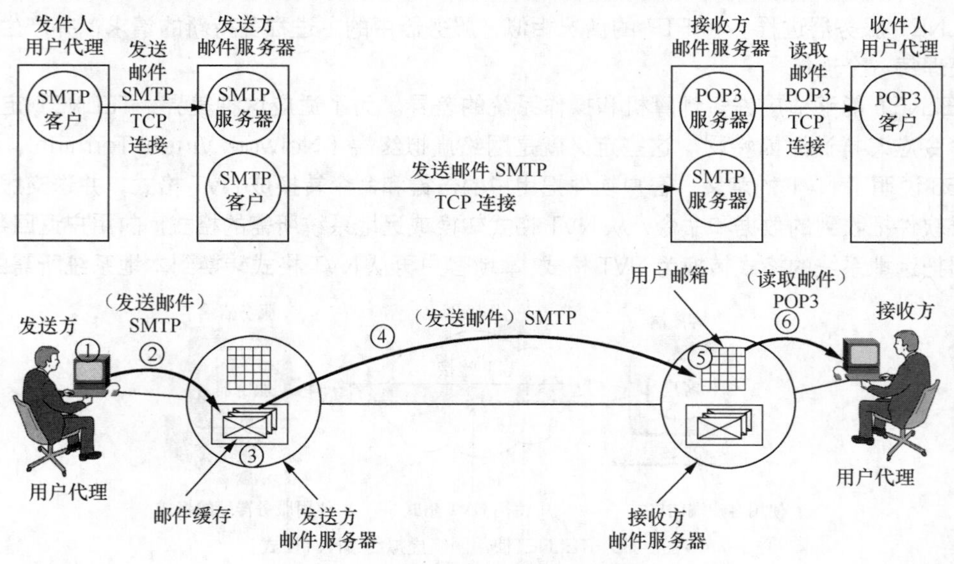

图2-57 电子邮件的最主要组成构件

（1）用户代理

用户代理（User Agent，UA）是用户与电子邮件系统的接口，在大多数情况下它就是运行在用户 PC 中的一个程序。因此用户代理又称为电子邮件客户端软件。用户代理向用户提供一个很友好的接口（目前主要是用窗口界面）来发送和接收邮件。

用户代理至少应当具有以下 4 个功能。

① 撰写。给用户提供编辑信件的环境。例如，应让用户能创建便于使用的通讯录（有常用的人名和地址）。回信时不仅能很方便地从来信中提取出对方地址，并自动地将此地址写入到邮件中合适的位置，而且还能方便地对来信提出的问题进行答复（系统自动将来信复制一份在用户撰写回信的窗口中，因而用户不需要再输入来信中的问题）。

② 显示。能方便地在计算机屏幕上显示出来信（包括来信附上的声音和图像）。

③ 处理。处理包括发送邮件和接收邮件。收件人应能根据情况按不同方式对来信进行处理。例如，阅读后删除、存盘、打印、转发等，以及自建目录对来信进行分类保存。有时还可在读取信件之前先查看一下邮件的发件人和长度等，对于不愿收的信件可直接在邮箱中删除。

④ 通信。发信人在撰写完邮件后，要利用邮件发送协议发送到用户所使用的邮件服务器。收件人在接收邮件时，要使用邮件读取协议从本地邮件服务器接收邮件。

因特网上有许多的邮件服务器可供用户选用（有些要收取少量的邮箱费用）。邮件服务器 24h 不间断地工作，并且具有很大容量的邮件信箱。邮件服务器的功能是发送和接收邮件，同时还要向发件人报告邮件传送的结果（已交付、被拒绝、丢失等）。邮件服务器按照客户服务器方式工作。邮件服务器需要使用两种不同的协议，一种协议用于用户代理向邮件服务器发送邮件或在邮件服务器之间发送邮件，如 SMTP，而另一种协议用于用户代理从邮件服务器读取邮件，如 POP3。

（2）简单邮件传送协议（SMTP）

SMTP 规定了在两个相互通信的 SMTP 进程之间应如何交换信息。由于 SMTP 使用客户/服务器方式，因此负责发送邮件的 SMTP 进程就是 SMTP 客户，而负责接收邮件的 SMTP 进程就是 SMTP 服务器。至于邮件内部的格式，邮件如何存储，以及邮件系统应以多快的速度来发送邮件，SMTP 也都未做出规定。

（3）邮件读取协议

现在常用的邮件读取协议有两个，即邮局协议第 3 个版本 POP3 和网际报文存取协议（Internet Message Access Protocol，IMAP）。下面分别讨论。

邮局协议（POP）是一个非常简单，但功能有限的邮件读取协议。POP 最初公布于 1984 年。经过几次的更新，现在使用的是 1996 年的版本 POP3，它已成为因特网的正式标准。大多数的 ISP 都支持 POP。POP3 可简称为 POP。

POP 也使用客户/服务器的工作方式。在接收邮件的用户 PC 中的用户代理必须运行 POP 客户程序，而在收件人所连接的 ISP 的邮件服务器中则运行 POP 服务器程序。当然，这个 ISP 的邮件服务器还必须运行 SMTP 服务器程序，以便接收发送方邮件服务器的 SMTP 客户程序发来的邮件。POP 服务器只有在用户输入鉴别信息（用户名和口令）后，才允许对邮箱进行读取。

POP3 的一个特点就是只要用户从 POP 服务器读取了邮件，POP 服务器就把该邮件删除。这在某些情况下就不够方便。例如，某用户在办公室的台式计算机上接收了一些邮件，还来不及写回信，就马上携带笔记本电脑出差。当他打开笔记本电脑写回信时，无法再看到原先在办公室收到的邮件（除非他事先将这些邮件复制到笔记本电脑中）。为了解决这一问题，POP3 进行了一些功能扩充，其中包括让用户能够事先设置邮件读取后仍然在 POP 服务器中存放的时间。

另一个读取邮件的协议是网际报文存取协议（IMAP），它比 POP3 复杂得多。IMAP 和 POP

都按客户/服务器方式工作，但它们有很大的差别。现在较新的版本是 2003 年 3 月修订的版本 4，即 IMAP4，它目前还只是因特网的建议标准。

在使用 IMAP 时，在用户的 PC 上运行 IMAP 客户程序，然后与接收方的邮件服务器上的 IMAP 服务器程序建立 TCP 连接。用户在自己的 PC 上就可以操作邮件服务器的邮箱，就像在本地操作一样，因此 IMAP 是一个联机协议。当用户 PC 上的 IMAP 客户程序打开 IMAP 服务器的邮箱时，用户就可看到邮件的首部。若用户需要打开某个邮件，则该邮件才传到用户的计算机上。用户可以根据需要为自己的邮箱创建便于分类管理的层次式的邮箱文件夹，并且能够将存放的邮件从某一个文件夹中移动到另一个文件夹中。用户也可按某种条件对邮件进行查找。在用户未发出删除邮件的命令之前，IMAP 服务器邮箱中的邮件一直保存着。

IMAP 最大的好处就是用户可以在不同的地方使用不同的计算机随时上网阅读和处理自己的邮件。IMAP 还允许收件人只读取邮件中的某一个部分。

IMAP 的缺点是如果用户没有将邮件复制到自己的 PC 上，则邮件一直是存放在 IMAP 服务器上。因此，用户需要经常与 IMAP 服务器建立连接（因为许多用户要考虑所花费的上网费）。

不要把 POP 或 IMAP 与 SMTP 弄混。发件人的用户代理向发送方邮件服务器发送邮件，以及发送方邮件服务器向接收方邮件服务器发送邮件，都是使用 SMTP。而 POP 或 IMAP 则是用户代理从接收方邮件服务器上读取邮件所使用的协议。

（4）基于万维网的电子邮件

在 20 世纪 90 年代中期，Hotmail 引入了基于万维网的电子邮件。现在已经有越来越多的用户使用基于万维网的电子邮件，也就是说，不管在什么地方（网吧、宾馆或朋友家中），只要能够上网，在打开万维网浏览器后，就可以收发电子邮件。这时，邮件系统中的用户代理就是普通的万维网浏览器（例如，微软公司的 IE 浏览器）。这对比较忙碌的用户显然是很方便的。常用的基于万维网的电子邮件有谷歌的 Gmail、微软的 Hotmail。我国的网易（163）和新浪（Sina）也都提供万维网邮件服务。

假定用户 A 向网易网站申请了一个电子邮件地址 aaa@163.com。当用户 A 需要发送或接收电子邮件时，他首先登录网易的电子邮件服务器（mail.163.com），在键入自己的用户名和密码后，就可以根据屏幕上的提示，撰写、发送或读取自己的电子邮件了。注意：电子邮件从 A 的浏览器发送到网易的邮件服务器时，不是使用 SMTP，而是使用 HTTP。假定 A 发送的邮件的收件人是 B，B 使用新浪的邮箱，其邮件地址是 bbb @ sina.com。于是 A 发送的邮件先从网易的邮件服务器（这时仍然是使用 SMTP，而不是 HTTP），发送到新浪的邮件服务器（mail.sina.com.cn）。但 B 用浏览器从新浪邮件服务器读取 A 发来的邮件时，是使用 HTTP，而不是使用 POP3 或 IMAP。以上特点如图 2-58 所示。

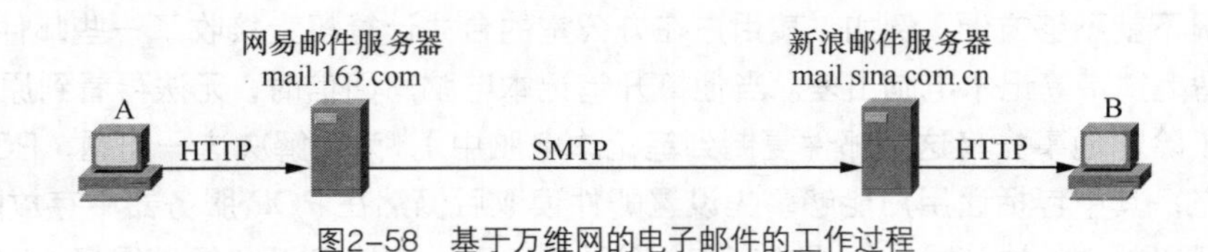

图2-58 基于万维网的电子邮件的工作过程

（5）通用因特网邮件扩充（MIME）

通用因特网邮件扩充（MIME）并没有改动或取代 SMTP。MIME 继续使用原来的邮件格式，但增加了邮件主体的结构，并定义了传送非 ASCII 码的编码规则。MIME 邮件可在现有的电子邮件程序和协议下传送。

为适应于任意数据类型和表示，每个 MIME 报文包含告知收件人数据类型和使用编码的信息。

4. 简单网络管理协议

虽然网络管理还没有精确定义，但它的内容可归纳如下。

网络管理包括对硬件、软件和人力的使用、综合与协调，以便对网络资源进行监视、测试、配置、分析、评价和控制，这样就能以合理的价格满足网络的一些需求，如实时运行性能、服务质量等。网络管理常简称为网管。

网络是一个非常复杂的分布式系统。这是因为网络上有很多不同厂家生产的、运行着多种协议的节点（主要是路由器），而这些节点还在相互通信和交换信息。网络的状态总是不断地变化着。我们必须使用一种机制来读取这些节点上的状态信息，有时还要把一些新的状态信息写入到这些节点上。

下面简单介绍网络管理模型中的主要构件（见图 2-59）。

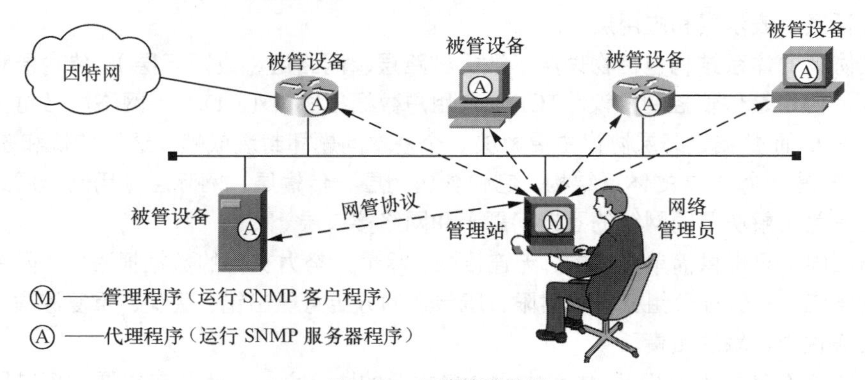

图2-59　网络管理模型

管理站又称为管理器，是整个网络管理系统的核心，它通常是个有着良好图形界面的高性能的工作站，并由网络管理员直接操作和控制。所有向被管设备发送的命令都是从管理站发出的。管理站的所在部门也常称为网络运行中心（Network Operations Center，NOC）。管理站中的关键构件是管理程序（如图 2-59 中有字母 M 的椭圆形图标所示）。管理程序在运行时称为管理进程。管理站（硬件）或管理程序（软件）都可称为管理者（Manager）或管理器，所以这里的 Manager 不是指人而是指机器或软件。网络管理员（Administrator）才是指人。大型网络往往实行多级管理，因而有多个管理者，而一个管理者一般只管理本地网络的设备。

在被管网络中有很多的被管设备（包括设备中的软件）。被管设备可以是主机、路由器、打印机、集线器、网桥或调制解调器等。在每一个被管设备中可能有许多被管对象（Managed Object）。被管对象可以是被管设备中的某个硬件（例如，一块网络接口卡），也可以是某些硬件或软件（例如，路由选择协议）的配置参数的集合。被管设备有时可称为网络元素或简称为网元。

在每一个被管设备中都要运行一个程序以便和管理站中的管理程序进行通信。这些运行着的程序叫作网络管理代理程序，或简称为代理（Agent）（如图 2-59 中有字母 A 的椭圆形图标所示）。代理程序在管理程序的命令和控制下在被管设备上采取本地的行动。

在图 2-59 中还有一个重要构件就是网络管理协议，简称为网管协议。简单网络管理协议（Simple Network Management Protocol，SNMP）中的管理程序和代理程序按客户/服务器方式工作。管理程序运行 SNMP 客户程序，而代理程序运行 SNMP 服务器程序。在被管对象上运行的 SNMP 服务器程序不停地监听来自管理站的 SNMP 客户程序的请求（或命令）。一旦发现了，就立即返回管理站所需的信息，或执行某个动作（例如，把某个参数的设置进行更新）。在网管系统中往往是一个（或少数几个）客户程序与很多的服务器程序进行交互。

SNMP 发布于 1988 年。OSI 虽然在这之前就已制定出许多的网络管理标准，但当时（到现在也很少）却没有符合 OSI 网管标准的产品。SNMP 最重要的指导思想就是要尽可能简单。SNMP 的基本功能包括监视网络性能、检测分析网络差错和配置网络设备等。在网络正常工作时，SNMP 可实现统计、配置和测试等功能。当网络出故障时，可实现各种差错检测和恢复功能。

本章重要概念

• OSI 将网络通信的工作划分为 7 层，这 7 层由低到高分别是物理层、数据链路层、网络层、传输层、会话层、表示层和应用层。

• 五层协议的体系结构包括物理层、数据链路层、网络层（或网际层）、传输层和应用层。传输层重要的协议是传输控制协议（TCP）和用户数据报协议（UDP），网络层最重要的协议是网际协议（IP），而数据链路层协议主要解决 3 个基本问题即封装成帧、透明传输和差错检测。

• TCP/IP 是一个 4 层的体系结构，它包含应用层、传输层、网际层（用网际层这个名称是强调这一层是为了解决不同网络的互连问题）和网络接口层。

• 网络层向上只提供简单灵活的、无连接的、尽最大努力交付的数据报服务。网络层不提供服务质量的承诺，不保证分组交付的时限，所传送的分组可能出错、丢失、重复和失序。进程之间通信的可靠性由传输层负责。

• 网际协议（IP）是 TCP/IP 体系中两个最主要的协议之一，也是最重要的因特网标准协议之一。与 IP 配套使用的还有 4 个协议：地址解析协议（ARP）、逆地址解析协议（RARP）、网际控制报文协议（ICMP）、网际组管理协议（IGMP）。

• 地址是一种标识符，用于标识系统中的实体。Internet 地址称为 IP 地址，IP 地址用于标识 Internet 中的网络和主机，它应具有以下 3 个要素：一是标识的对象是什么；二是标识的对象在哪里；三是指示如何到达标识对象的位置。因此，IP 地址是 Internet 中一个非常重要的概念，IP 地址在 IP 层实现了对底层地址的统一，屏蔽了不同物理网络的差异，特别是不同的网络编址方式的差异，使得 Internet 的网络层地址具有全局唯一性和一致性。

• 一个 IP 地址在整个因特网范围内是唯一的。分类的 IP 地址包括 A 类、B 类和 C 类地址（单播地址）以及 D 类地址（多播地址）。E 类地址未使用。

• 分类的 IP 地址由网络号字段（指明网络）和主机号（指明主机）组成。网络号字段最前面的类别位指明 IP 地址的类别。

• IP 地址是一种分等级的地址结构。IP 地址管理机构在分配 IP 地址时只分配网络号，而主机号则由得到该网络号的单位自行分配。路由器仅根据目的主机所连接的网络号来转发分组。

- 物理地址（即硬件地址）是数据链路层和物理层使用的地址，而 IP 地址是网络层和以上各层使用的地址，是一种逻辑地址（用软件实现的），在数据链路层看不见数据报的 IP 地址。
- IP 数据报分为首部和数据两部分。首部的前一部分是固定长度，共 20 个字节，是所有 IP 数据报必须具有的（即源地址、目的地址、总长度等重要字段都在固定首部中）。一些长度可变的可选字段放在固定首部的后面，但不会超过 40 字节。因此，IP 首部长度为 20 ~ 60 字节。
- IP 首部中的生存时间字段给出了 IP 数据报在因特网中所能经过的最大路由数，可防止 IP 数据报在互联网中无限制地兜圈子。
- 地址解析协议（ARP）把 IP 地址解析为硬件地址，它解决同一个局域网上的主机或路由器的 IP 地址和硬件地址的映射问题。ARP 的高速缓存可以大大减少网络上的通信量。
- 在因特网中，我们无法仅根据硬件地址寻找到在某个网络上的某台主机。因此，从 IP 地址到硬件地址的解析是非常必要的。
- 无分类域间路由选择（CIDR）是解决 IP 地址紧缺的一个好方法。CIDR 记法把 IP 地址后面加上斜线“/”，然后写上前缀所占的位数。前缀（或网络前缀）用来指明网络，前缀后面的部分是后缀，用来指明主机。CIDR 把前缀都相同的连续的 IP 地址组成一个“CIDR 地址块”。IP 地址的分配都以 CIDR 地址块为单位。
- CIDR 的 32 位地址掩码（或子网掩码）由一串 1 和一串 0 组成，而 1 的个数就是前缀的长度。只要把 IP 地址和地址掩码逐位进行“逻辑与（AND）”运算，就很容易得出网络地址。A 类地址的默认地址掩码是 255.0.0.0。B 类地址的默认地址掩码是 255.255.0.0。C 类地址的默认地址掩码是 255.255.255.0。
- 路由聚合（把许多前缀相同的地址用一个来代替）有利于减少路由表中的项目，减少路由器之间的路由选择信息的交换，从而提高了整个因特网的性能。
- 网际控制报文协议（ICMP）是 IP 层的协议。ICMP 报文作为 IP 数据报的数据，加上首部后组成 IP 数据报发送出去。使用 ICMP 并不是实现了可靠传输。ICMP 允许主机或路由器报告差错情况和提供有关异常情况的报告。ICMP 报文的种类有两种，即 ICMP 差错报告报文和 ICMP 询问报文。
- ICMP 的一个重要应用就是分组网间探测（PING），用来测试两台主机之间的连通性。PING 使用了 ICMP 回送请求与回送回答报文。
- 自治系统（AS）就是在单一的技术管理下的一组路由器。一个自治系统对其他自治系统表现出的是一个单一的和一致的路由选择策略。
- 路由选择协议有两大类：内部网关协议（IGP）（或自治系统内部使用的路由选择协议），如 RIP 和 OSPF；外部网关协议（EGP）（或自治系统之间的路由选择协议），如 BGP-4。
- RIP 是一种分布式的基于距离向量的路由选择协议，只适用于小型互联网。RIP 按固定的时间间隔与相信路由器交换信息。交换的信息是自己当前的路由表，即到达本自治系统中所有网络的（最短）距离，以及到每个网络应经过的下一跳路由器。
- OSPF 是分布式的链路状态协议，适用于大型互联网。OSPF 只在链路状态发生变化时，才用向本自治系统中的所有路由器，用洪泛法发送与本路由器相邻的所有路由器的链路状态信息。“链路状态”指明本路由器都和哪些路由器相邻，以及该链路的“度量”。“度量”可表示费用、距离、时延、带宽等，可统称为“代价”。所有的路由器最终都能建立一个全网的拓扑结构图。

• BGP-4 是不同 AS 的路由器之间交换路由信息的协议，是一种路径向量路由选择协议。BGP 力求寻找一条能够到达目的网络（可达）且比较好的路由（不兜圈子），而并非要寻找一条最佳路由。

• 与单播相比，在一对多的通信中，IP 多播可大大节约网络资源。IP 多播使用 D 类 IP 地址。IP 多播需要使用网际组管理协议（IGMP）和多播路由选择协议。

• 传输层提供应用进程间的逻辑通信，也就是说，传输层之间的通信并不是真正在两个运输层之间直接传送数据。传输层向高层用户屏蔽了低层通信子网的细节（如网络的拓扑、所采用的协议等），它使应用进程看见的就好像是两个传输层实体之间有一条端到端的通信信道。

• 网络层为主机之间提供逻辑通信，而传输层为应用进程之间提供端到端的逻辑通信。

• 传输层有两个主要的协议：TCP 和 UDP。它们都有复用和分用，以及检错和功能。当传输层采用面向连接的 TCP 时，尽管下面的网络不可靠（只提供尽最大努力服务），但这种逻辑通信信道就相当于一条全双工通信的可靠信道。当传输层采用无连接的 UDP 时，这种逻辑通信信道仍然是一条不可靠信道。

• 传输层用一个 16 位端口号来标志一个端口。端口号只具有本地意义，它只是为了标志本计算机应用层中的各个进程在和传输层交互时的层间接口。在因特网的不同计算机中，相同的端口号是没有关联的。

• 两台计算机中的进程要互相通信，不仅要知道对方的 IP 地址（为了找到对方的计算机），而且还要知道对方的端口号（为了找到对方计算机中的应用进程）。

• 传输层的端口号分为服务器端使用的端口号（0 ~ 1023 指派给熟知端口，1024 ~ 49151 是登记端口号）和客户端暂时使用的端口号（49152 ~ 65535）。

• UDP 的主要特点是：（1）无连接；（2）尽最大努力交付；（3）面向报文；（4）无拥塞控制；（5）支持一对一、一对多、多对一和多对多的交互通信；（6）首部开销小（只有 4 个字段：源端口、目的端口、长度和检验和）。

• TCP 的主要特点是：（1）面向连接；（2）每一条 TCP 连接只能是点对点的（一对一）；（3）提供可靠交付的服务；（4）提供全双工通信；（5）面向字节流。

• TCP 用主机的 IP 地址加上主机上的端口号作为 TCP 连接的端点。这样的端点就叫作套接字（Socket）或插口。套接字用（IP 地址：端口号）来表示。

• TCP 报文段首部的前 20 个字节是固定的，后面有 $4N$ 字节是根据需要而增加的选项（N 是整数）。在一个 TCP 连接中传送的字节流中的每一个字节都按顺序编号。首部中的序号字段值则指的是本报文段所发送的数据的第一个字节的序号。

• TCP 首部中的确认号是期望收到对方下一个报文段的第一个数据字节的序号。若确认号为 N，则表明：到序号 $N-1$ 为止的所有数据都已正确收到。

• TCP 是面向连接的协议。传输连接是用来传送 TCP 报文的。TCP 传输连接的建立和释放是每一次面向连接的通信中必不可少的过程。因此，传输连接就有 3 个阶段，即连接建立、数据传送和连接释放。

• TCP 连接的建立采用客户服务器方式。主动发起连接建立的应用进程叫作客户，而被动等待连接建立的应用进程叫作服务器。TCP 的连接建立采用三次握手机制。服务器要确认客户的连接请求，然后客户要对服务器的确认进行确认。

• TCP 的连接释放采用四次握手机制。任何一方都可以在数据传送结束后发出连接释放的通知，待对方确认后就进入半关闭状态。当另一方也没有数据再发送时，则发送连接释放通知，对方确认后就完全关闭了 TCP 连接。

- 应用层协议是为了解决某一类应用问题，而问题的解决又是通过位于不同主机中的多个应用进程之间的通信和协同工作来完成的。应用层规定应用进程在通信时所遵循的协议。应用层的许多协议都是基于客户/服务器方式。客户是服务请求方，服务器是服务提供方。
- 域名系统（DNS）是因特网使用的命名系统，用来把便于人们使用的机器名字转换为 IP 地址。DNS 是一个联机分布式数据库系统，并采用客户/服务器方式。
- 域名到 IP 地址的解析是由分布在因特网上的许多域名服务器程序（即域名服务器）共同完成的。
- 因特网采用层次树状结构的命名方法，任何一台连接在因特网上的主机或路由器，都有一个唯一的层次结构的名字，即域名。域名中的“点”和点分十进制 IP 地址中的“点”没有关系。
- 域名服务器分为根域名服务器、顶级域名服务器、权限域名服务器和本地域名服务器。
- 万维网（WWW）是一个大规模的、联机式的信息储藏所，可以非常方便地从因特网上的一个站点链接到另一个站点。
- 万维网的客户程序向因特网中的服务器程序发出请求，服务器程序向客户程序送回客户所要的万维网文档。在客户程序主窗口上显示出的万维网文档称为页面。
- 万维网使用统一资源定位符（URL）来标志万维网上的各种文档，并使每一个文档在整个因特网的范围内具有唯一的标识符 URL。
- 万维网客户程序与万维网服务器程序之间的交互所使用的协议是超文本传送协议（HTTP）。HTTP 使用 TCP 连接进行可靠的传送。但 HTTP 本身是无连接、无状态的。
- 万维网使用超文本标记语言（HTML）来显示各种万维网页面。
- DHCP 使用客户/服务器方式。需要 IP 地址的主机在启动时就向 DHCP 服务器广播发送**发现报文**。DHCP 服务器的回答报文叫作**提供报文**，表示“提供”了 IP 地址等配置信息。DHCP 服务器分配给 DHCP 客户的 IP 地址是临时的，DHCP 客户只能在设定的时间内使用这个分配到的 IP 地址。

习题

2-1　网络体系结构为什么要采用分层次的结构？试举出一些与分层体系结构的思想相似的日常生活。

2-2　试述具有五层协议的网络体系结构的要点，包括各层的主要功能。

2-3　试举出日常生活中有关于“透明”这种名词的例子。

2-4　数据链路层的 3 个基本问题（帧定界、透明传输和差错检测）为什么都必须加以解决？

2-5　如果在数据链路层不进行封装，会发生什么问题？

2-6　IP 地址分为几类？各如何表示？IP 地址的主要特点是什么？

2-7　试根据 IP 地址的规定，计算出表 2-1 中的各项数据。

2-8　试说明 IP 地址与硬件地址的区别。为什么要使用这两种不同的地址？

2-9　试简单说明下列协议的作用：IP，ARP 和 ICMP。

2-10

① 子网掩码为 255.255.255.0 代表什么意思?

② 一个网络的掩码为 255.255.255.248，问该网络能够连接多少台主机?

③ 一个 A 类网络和一个 B 类网络的子网号 Subnet-id 分别为 16 个 1 和 8 个 1，问这两个网络的子网掩码有何不同?

④ 一个 B 类地址的子网掩码是 255.255.240.0，试问在其中每一个子网上的主机数最多是多少?

⑤ 一 A 类网络的子网掩码为 255.255.0.255，它是否为有效的子网掩码?

⑥ 某个 IP 地址的十六进制表示 C2.2F.14.81，试将其转换为点分十进制的形式。这个地址是哪一类 IP 地址?

⑦ C 类网络使用子网掩码有无实际意义? 为什么?

2-11 试辨认以下 IP 地址的网络类别。

① 129.76.192.13

② 15.112.230.18

③ 180.104.56.25

④ 192.112.169.148

⑤ 60.13.10.11

⑥ 200.13.16. 21

2-12 IP 数据报中的首部检验和并不检验数据报中的数据，这样做的最大好处是什么? 坏处是什么?

2-13 主机 A 发送 IP 数据给主机 B，途中经过了 5 个路由器。试问在 IP 数据报发送过程总使用了几次 ARP?

2-14 设某路由器建立了如下表：

目的网络	子网掩码	下一跳
128.96.39.0	255.255.255.128	接口 m0
128.96.39.128	255.255.255.128	接口 m1
128.96.40.0	255.255.255.128	R_2
192.4.153.0	255.255.255.192	R_3
*（默认）	—	R_4

现共收到 5 个分组，其目的地址如下。

① 128.96.39.10

② 128.96.40.12

③ 128.96.40.151

④ 192.4.153.17

⑤ 192.4.153.90

试分别计算其下一跳。

2-15 某单位分配到一个 B 类地址，其 Net-id 为 129.250.0.0。单位有 4000 台机器，平均分布在 16 个不同的地点。如选用子网掩码为 255.255.255.0，试给每一个地点分配一个子网号码，并计算出每一个地点主机号码的最小值和最大值。

2–16 一个数据报长度为 4000 字节（固定首部长度）。现在经过一个网络传送，但此网络能够传送的最大数据长度为 1500 字节。试问应当划分为几个短些的数据报片？各数据报片的数据字段长度、片偏移字段和 MF 标志应为何数值？

2–17 试找出可产生以下数目的 A 类子网的子网掩码（采用连续掩码）。

① 3；② 5；③ 28；④ 60；⑤ 125；⑥ 250。

2–18 以下有 4 个子网掩码，哪些是不推荐使用的？为什么？

① 160.0.0.0；② 80.0.0.0；③ 128.192.0.0；④ 255.128.0.0。

2–19 有如下的 4 个/24 地址块，试进行最大可能的聚合。

228.168.132.0/24

228.168.133.0/24

228.168.134.0/24

228.168.135.0/24

2–20 有两个 CIDR 地址块 108.128/11 和 108.130.28/22。是否有哪一个地址块包含了另一个地址？如果有，请指出，并说明理由。

2–21 以下地址中的哪一个和 108.32/12 匹配？请说明理由。

① 108.33.224.123；② 108.79.65.216；③ 108.58.119.74；④ 108.68.206.154。

2–22 以下的地址前缀中的哪一个地址与 8.32.80.140 匹配？请说明理由。

① 0/4；② 32/4；③ 32/6；④ 80/14。

2–23 下面的前级中的哪一个和地址 182.2.47.158 及 182.31.77.250 都匹配？请说明理由。

① 182.40/13；② 183.40/19；③ 182.64/12；④ 182.0/11。

2–24 下列掩码相对应的网络前缀各有多少位？

① 192.0.0.0；② 224.0.0.0；③ 255.240.0；④ 255.255.255.248

2–25 已知地址块中的一个地址 120.120.65.24/22。试求这个地址块中的最小地址和最大地址。地址掩码是什么？地址块中共有多少个地址？相当于多少个 C 类地址？

2–26 已知地址块中的一个地址是 190.64.136.12/29，重新计算上题。

2–27 某单位分配到一个地址块 156.123.12.64/26。现在需要进一步划分为 4 个一样大的子网。试问：

① 每个子网的网络前缀有多长？

② 每一个子网中有多少个地址？

③ 每一个子网的地址块是什么？

④ 每一个子网可分配给主机使用的最小地址和最大地址是什么？

2–28 试说明传输层在协议栈中的地位和作用。传输层的通信和网络层的通信有什么重要的区别？为什么传输层是必不可少的？

2–29 试举例说明有些应用程序愿意采用不可靠的 UDP，而不愿意采用可靠的 TCP。

2–30 接收方收到有差错的 UDP 用户数据报时应如何处理？

2–31 如果应用程序愿意使用 UDP 完成可靠传输，这可能吗？请说明理由。

2–32 为什么说 UDP 是面向报文的，而 TCP 是面向字节流的？

2–33 端口的作用是什么？为什么端口号要划分为 3 种？

2-34　试说明传输层中伪首部的作用。

2-35　某个应用进程使用传输层的用户数据报 UDP，然后继续向下交给 IP 层后，又封装成 IP 数据报。既然都是数据报，是否可以跳过 UDP 而直接交给 IP 层？哪些功能 UDP 提供了但 IP 没有提供？

2-36　一个应用程序用 UDP，到了 IP 层把数据报再划分为 4 个数据报片发送出去。结果前两个数据报片丢失，后两个到达目的站。过了一段时间应用程序重传 UDP，而 IP 层仍然划分为 4 个数据报片来传送。结果这次前两个到达目的站而后两个丢失。试问：在目的站能否将这两次传输的 4 个数据报片组装成为完整的数据报？假定目的站第一次收到的后两个数据报片仍然保存在目的站的缓存中。

2-37　一个 UDP 用户数据报的数据字段为 6512 字节。在链路层要使用以太网来传送。试问应当划分为几个 IP 数据报片？说明每一个 IP 数据报片的数据字段长度和片偏移字段的值。

2-38　使用 TCP 对实时语音数据的传输有没有什么问题？使用 UDP 在传送数据文件时会有什么问题？

2-39　主机 A 向主机 B 连续发送了两个 TCP 报文段，其序号分别是 70 和 100。试问：

① 第一个报文段携带了多少字节的数据？

② 主机 B 收到第一个报文段后发回的确认中的确认号应当是多少？

③ 如果 B 收到第二个报文段后发回的确认中的确认号是 180，那么 A 发送的第二个报文段中的数据有多少字节？

④ 如果 A 发送的第一个报文段丢失了，但第二个报文段到达了 B。B 在第二个报文段到达后向 A 发送确认。试问这个确认号应为多少？

2-40　为什么在 TCP 首部中有一个首部长度字段，而 UDP 的首部中就没有这个字段？

2-41　一个 TCP 报文段的数据部分最多为多少个字节？为什么？如果用户要传送的数据的字节长度超过 TCP 报文段中的序号字段可能编出的最大序号，问还能否用 TCP 来传送？

2-42　主机 A 向主机 B 发送 TCP 报文段，首部中的源端口是 m 而目的端口是 n。当 B 向 A 发送回信时，其 TCP 报文段的首部中的源端口和目的端口分别是什么？

2-43　在使用 TCP 传送数据时，如果有一个确认报文段丢失了，也不一定会引起与该确认报文段对应的数据的重传。试说明理由。

2-44　域名系统的主要功能是什么？域名系统中的本地域名服务器、根域名服务器、顶级域名服务器以及权限域名服务器有何区别？

2-45　举例说明域名转换的过程。域名服务器中的高速缓存的作用是什么？

2-46　设想有一天整个因特网的 DNS 都瘫痪了（这种情况不大会出现），试问还有可能给朋友发送电子邮件吗？

2-47　文件传送协议（FTP）的主要工作过程是怎样的？主进程和从属进程各起什么作用？

2-48　简单文件传送协议（TFTP）与 FTP 的主要区别是什么？各用在什么场合？

2-49　远程登录（TELNET）的主要特点是什么？什么叫作虚拟终端（NVT）？

2-50　解释以下名词。各缩写词的英文全称是什么？

WWW，URL，HTTP，HTML，CGI，浏览器，超文本，超媒体，超链，页面，活动文档，搜索引擎。

2-51　假定一个超链从一个万维网文档链接到另一个万维网文档时，由于万维网文档上出现了差错而使得超链指向一个无效的计算机名字。这时浏览器将向用户报告什么?

2–52　假定要从已知的 URL 获得一个万维网文档。若该万维网服务器的 IP 地址开始时并不知道。试问：除 HTTP 外，还需要什么应用层协议和传输层协议?

2–53　试述电子邮件的最主要的组成部件。电子邮件的信封和内容在邮件的传送过程中起什么作用? 和用户的关系如何?

2–54　试简述 SMTP 通信的 3 个阶段的过程。

2–55　试述邮局协议（POP）的工作过程。在电子邮件中，为什么需要使用 POP 和 SMTP 这两个协议? IMAP 与 POP 有何区别?

2–56　电子邮件系统使用 TCP 传送邮件，为什么有时会遇到邮件发送失败的情况? 为什么有时对方会收不到我们发送的邮件?

2–57　基于万维网的电子邮件系统有什么特点? 在传送邮件时使用什么协议?

2–58　DHCP 协议用在什么情况下? 当一台计算机第一次运行引导程序时，其 ROM 中有没有该主机的 IP 地址、子网掩码或某个域名服务器的 IP 地址?

2–59　什么是网络管理? 为什么说网络管理是当今网络领域中的热门课题?

Network Technology

Chapter 3

第 3 章 无线网络和移动网络

无线网络既包括允许用户建立远距离无线连接的全球语音和数据网络，也包括为近距离无线连接进行优化的红外线技术及射频技术，它与有线网络的用途十分类似，二者最大的不同在于传输媒介，无线网络利用无线电技术取代网线，可以和有线网络互为备份。主流应用的无线网络分为通过公众移动通信网实现的无线网络和无线局域网两种方式。

本章从传输距离角度熟悉不同类别的无线网络，介绍了主要的无线接入设备、无线局域网的结构及协议标准、蜂窝移动通信系统、全球移动通信系统 GSM 的结构及组织管理机制、通用分组无线服务技术 GPRS 的体系结构和 4G 技术的 TD-LTE 与 FDD-LTE。

3.1 无线网络概述

无线网络是无线通信技术与网络技术相结合的产物。从专业角度讲，无线网络就是通过无线信道来实现网络设备之间的通信，并实现通信的移动化、个性化和宽带化。通俗地讲，无线网络就是在不采用网线的情况下，提供以太网互联功能。

3.1.1 无线网络分类

无线通信技术可基于不同的类型进行分类，如频率、频宽、范围、应用方式等。在这里以传输距离来区分不同类型的无线网络。

1. 无线个域网

无线个域网（WPAN）是在小范围内（通常是以个人为中心，个人可及的范围）相互连接数个装置所形成的无线网络。例如，蓝牙技术：连接耳机及笔记本电脑；ZigBee 技术：物联网产业链中的智能电网；红外线（Ir-DA）技术：电视空调的红外线遥控；超宽带（Ultra Wide Band，UWB）技术：军用 UWB 生命探测雷达、民用汽车防冲撞传感器；射频（Home-RF）技术：电子标签等。

蓝牙是一种支持设备短距离通信（一般是 10m 之内）的无线电技术。它能在包括移动电话、掌上电脑（PDA）、无线耳机、笔记本电脑等众多设备之间进行无线信息交换。蓝牙的标准是 IEEE 802.15，工作在 2.4GHz 频带，带宽为 1Mbit/s。

红外线技术通信是利用 950nm 近红外波段的红外线作为传递信息的媒体。发送端将基带二进制信号调制为一系列的脉冲串信号，通过红外发射管发射红外信号。接收端将接收到的光脉冲转换成电信号，再经过放大、滤波等处理后送给解调电路进行解调，还原为二进制数字信号后输出。

ZigBee 技术是一种近距离、低复杂度、低功耗、低速率、低成本的双向无线通信技术。主要用于距离短、功耗低且传输速率不高的各种电子设备之间进行数据传输以及典型的有周期性数据、间歇性数据和低反应时间数据传输的应用。

超宽带（Ultra Wide Band，UWB）技术是一种无线载波通信技术。不采用正弦载波，而是利用纳秒级的非正弦波窄脉冲传输数据，因此其所占的频谱范围很宽。UWB 利用纳秒级窄脉冲发射无线信号，适用于高速、近距离的无线个人通信。按照美国联邦通讯委员会（Federal Communications Commission，FCC）的规定，从 3.1GHz ~ 10.6GHz 之间的 7.5GHz 的带宽频率为 UWB 所使用的频率范围。

射频技术的典型应用——RFID（Radio Frequency Identification，射频识别），类似于条码扫描，对于条码技术而言，它是将已编码的条形码附着于目标物并使用专用的扫描读写器利用光信号将信息由条形磁传送到扫描读写器；而 RFID 则使用专用的 RFID 读写器及专门的可附着于目标物的 RFID 标签，利用频率信号将信息由 RFID 标签传送至 RFID 读写器。

2. 无线局域网

无线局域网（Wireless Local Area Networks，WLAN）利用无线技术在空中传输数据、话音和视频信号，作为传统布线局域网络的一种替代方案或延伸。

在实际应用中，WLAN 的接入方式很简单，以家庭 WLAN 为例，只需一个无线接入设备——路由器，一个具备无线功能的计算机或终端（手机或 PDA），没有无线功能的计算机只需外插一个无线网卡即可。

有了以上设备后，具体操作如下：使用路由器将热点（其他已组建好且在接收范围的无线网络）或有线网络接入家庭，按照网络服务商提供的说明书进行路由配置，配置好后在家中覆盖范围内（WLAN 稳定的覆盖范围大概在 20m～50m 之间）放置接收终端，打开终端的无线功能，输入服务商给定的用户名和密码即可接入 WLAN。

WLAN 的典型应用场景如下。

大楼之间：大楼之间建构网络的连接，取代专线，简单又便宜。

餐饮及零售：餐饮服务业使用无线局域网络产品，直接从餐桌即可输入并传送客人点菜内容至厨房、柜台。零售商促销时，可使用无线局域网络产品设置临时收银柜台。

医疗：使用带有无线局域网络产品的手提式计算机取得实时信息，医护人员可借此避免对伤患救治的迟延、不必要的纸上作业、单据循环的迟延及误诊等，提升对伤患照顾的品质。

企业：当企业内的员工使用无线局域网络产品时，不管他们在办公室的任何一个角落，有无线局域网络产品，就能随意地发电子邮件、分享档案及上网浏览。

仓储管理：一般仓储人员的盘点事宜，应用无线网络能立即将最新的资料输入计算机仓储系统。

货柜集散场：一般货柜集散场的桥式起重车，可在调动货柜时，将实时信息传回控制中心，方便相关作业。

监视系统：一般位于远方且需受监控的场所，由于布线的困难，可由无线网络将远方影像传回主控站。

展示会场：诸如一般的电子展、计算机展，由于网络需求极高，且布线会让会场显得凌乱，使用无线网络可很好地解决此类问题。

3. 无线城域网

无线城域网（WMAN）主要用于解决城域网的接入问题，覆盖范围为几千米到几十千米，除提供固定的无线接入外，还提供具有移动性的接入能力，包括多信道多点分配系统（Multichannel Multipoint Distribution System，MMDS）、本地多点分配系统（Local Multipoint Distribution System，LMDS）、IEEE 802.16 和 ETSI HiperMAN（High Performance MAN，高性能城域网）技术。

未来全球个人多媒体通信的全面覆盖，宽带无线接入技术已日益呈现出其重要性。运用宽带无线接入技术，可以将数据、话音、图像和视频传送到商业和家庭用户。其中基于 IEEE 802.16 系列标准的宽带无线城域网技术（Wireless Metropolitan Area Networks，WMAN）以其能够提供高速数据无线传输乃至于实现移动多媒体宽带业务等优势，引起广泛关注。

在网络构成上，以 IEEE 802.16 系列标准为代表的宽带 WMAN 主要用于本地多点连接，既可将 802.11 系列无线接入热点等连接到互联网，也可连接企业与家庭等环境至有线骨干线路。

4. 无线广域网

无线广域网（WWAN），通过使用由无线服务提供商负责维护的若干天线基站或卫星系统，使得笔记本电脑或者其他的设备装置在蜂窝网络覆盖范围内可以在任何地方连接到互联网。这些连接可以覆盖广大的地理区域，如城市与城市之间、国家（地区）与国家（地区）之间。主要的无线服务提供商提供宽带 WWAN 服务，其下载速度可以与 DSL（Digital Subscriber Line，数字用户线路）相媲美。

WWAN 依赖的蜂窝结构的移动通信网络历经了 1G、2G、3G、4G 四代通信技术的发展。目前正在朝第五代移动通信技术（The Fifth Generation，5G）发展。其发展演进过程如图 3-1 所示。

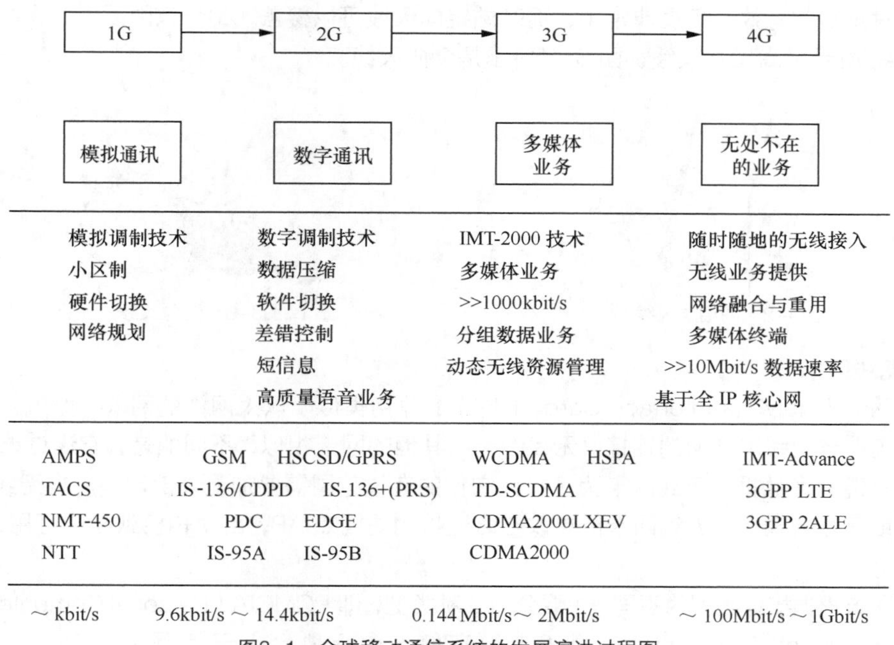

图3-1 全球移动通信系统的发展演进过程图

3.1.2 无线网络接入设备

在无线局域网里，常见的设备有无线天线、无线网卡、无线 AP（Access Point，访问接入点）、无线路由器、无线控制器（Wireless Access Point Controller）、无线网桥等。

1. 无线天线

当计算机与无线 AP 或其他计算机相距较远时，或者根本无法实现与 AP 或其他计算机之间通信，此时，就必须借助于无线天线对所接收或发送的信号进行增益（放大）。

无线天线有多种类型。

从使用范围来分，一种是室内天线，优点是方便灵活，缺点是增益小，传输距离短；一种是室外天线，优点是传输距离远，比较适合远距离传输。

从辐射范围来分，一种是全向天线，即在水平方向图上表现为 360° 都均匀辐射，也就是平常所说的无方向性。一般情况下波瓣宽度（无线电波辐射形成的扇面所张开的角度）越小，增益越大。全向天线在通信系统中一般应用距离近，覆盖范围大，价格便宜。另一种是定向天线，在水平方向图上表现为一定角度范围辐射，也就是平常所说的有方向性。同全向天线一样，波瓣宽度越小，增益越大。定向天线在通信系统中一般应用于通信距离远、覆盖范围小、目标密度大、频率利用率高的环境。

室外天线的类型比较多，一种是锅状的定向天线，一种是棒状的全向天线。

从增益值来分，一种是高增益天线，一种是普通天线。增益值指的是在输入功率相等的条件下，实际天线与理想的辐射单元在空间同一点处所产生的信号的功率密度之比。高增益天线和普通天线的区别，就是高增益天线增益高些，距离可以更远，但牺牲了波瓣宽度；普通天线增益低些，距离近些，但波瓣宽度，也就是对四周覆盖范围大些。典型的就是卫星天线，增益很高，但几乎只能对正前方有效，角度非常小，而基站定向天线可以覆盖 120° 范围。

图 3–2 所示是高增益天线，图 3–3 所示是全向天线。

图3–2 高增益天线

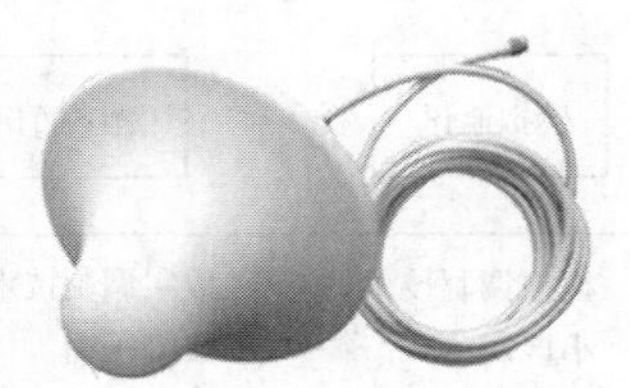

图3–3 全向天线

2. 无线网卡

无线网卡（Network Interface Card，NIC）的作用类似于以太网中的网卡，作为无线局域网的接口，实现与无线局域网的连接。无线网卡与其他的网卡相似，不同的是，它通过无线电波而不是物理电缆收发数据。无线网卡为了扩大它们的有效范围需要加上外部天线。当无线 AP 变得负载过大或信号减弱时，无线网卡能更改与之连接的访问点 AP，自动转换到最佳可用的 AP，以提高性能。

无线网卡根据接口类型的不同，主要分为 3 种类型，即 PCMCIA（Personal Computer Memory Card International Association，个人电脑存储卡国际协会）无线网卡、PCI（Peripheral Component Interconnect，外设部件互联标准）无线网卡和 USB 无线网卡。

PCMCIA 无线网卡仅适用于笔记本电脑，支持热插拔，可以非常方便地实现移动无线接入。只是它们适合笔记本型电脑的 PC 卡插槽。同桌面计算机相似，我们可以使用外部天线来加强 PCMCIA 无线网卡。

PCI 无线网卡适用于普通的台式计算机。其实 PCI 无线网卡只是在 PCI 转接卡上插入一块普通的 PCMCIA 卡，而不需要电缆就能使自己的计算机和别的计算机在网络上通信。

USB 接口无线网卡适用于笔记本电脑和台式计算机，支持热插拔，如果网卡外置有无线天线，那么 USB 接口无线网卡就是一个比较好的选择。

3. 无线 AP

AP（Access Point）的一个重要的功能就是中继，所谓中继就是在两个无线点间把无线信号放大一次，使得远端的客户端可以接收到更强的无线信号。无线接入点是一个无线网络的接入点，俗称“热点”。主要有路由交换接入一体设备和纯接入点设备，一体设备执行接入和路由工作，纯接入点设备只负责无线客户端的接入，纯接入点设备通常作为无线网络扩展使用，与其他 AP 或者主 AP 连接，以扩大无线覆盖范围，而一体设备一般是无线网络的核心。

在这里的无线 AP，我们单指纯接入点设备，俗称“瘦 AP（fit AP）”，如图 3–4 所示。如果无线网卡可比作有线网络中的以太网卡，那么 AP 就是传统有线网络中的 Hub（集线器），也是目前组建小型无线局域网时最常用的设备。AP 相当于一个连接有线网和无线网的桥梁，其主要作用是将各个无线网络客户端连接到一起，然后将无线网络接入以太网。AP 的室内覆盖范围一般是 30m～300m。

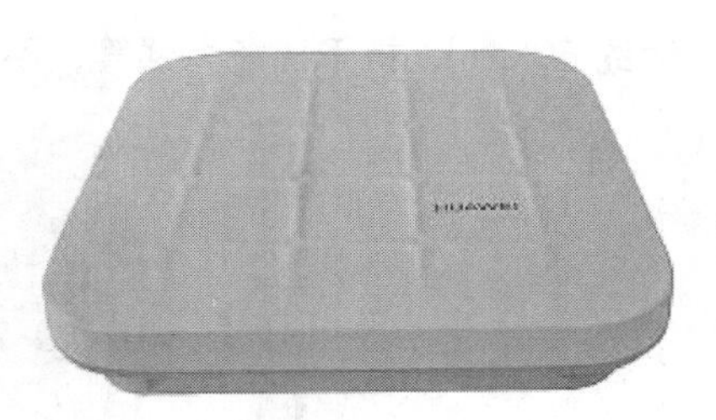

图3-4 无线接入点设备

无线 AP 也就是一个无线交换机，接入在有线交换机或是路由器上，接入的无线终端和原来的网络属于同一个子网，仅仅提供一个无线信号发射的功能。它的工作原理是通过双绞线传送过来网络信号，经过无线 AP 的编译，将电信号转换成为无线电信号发送出去，形成无线网络的覆盖。根据不同的功率，网络覆盖程度也是不同的，一般无线 AP 的最大覆盖距离可达 400m。无线 AP 应用于大型公司比较多，大的公司需要大量的无线访问节点实现大面积的网络覆盖，同时所有接入终端都属于同一个网络，也方便公司网络管理员简单地实现网络控制和管理。

4. 无线路由器

无线路由器是一种连接多个网络或网段的网络设备，它能将不同网络或网段之间的数据信息进行“翻译”，以使它们能够相互“读”懂对方的数据，从而构成一个更大的网络。

从名称上我们就可以知道这种设备具有路由的功能，可以说无线路由器是瘦 AP 与宽带路由器的一种结合。它借助于路由器功能，可实现家庭无线网络中的 Internet 连接共享，实现 ADSL 和小区宽带的无线共享接入。另外，无线路由器可以把通过它进行无线和有线连接的终端都分配到一个子网，这样子网内的各种设备交换数据就非常方便了。

5. 无线控制器

无线控制器（Wireless Access Point Controller）是一种用来集中化控制无线 AP 的网络设备，是一个无线网络的核心，负责管理无线网络中的所有无线 AP，对 AP 的管理包括：下发配置、修改相关配置参数、射频智能管理、接入安全控制等。

传统的无线网络里面，没有集中管理的控制器设备，所有的 AP 都通过交换机连接起来，每个 AP 需单独负担 RF（Radio Frequency，射频）、通信、身份验证、加密等工作，因此需要对每一个 AP 进行独立配置，难以实现全局的统一管理和集中的 RF、接入和安全策略设置。而在基于无线控制器的新型解决方案中，无线控制器能够出色地解决这些问题，每个 AP 只单独负责 RF 和通信的工作，其作用就是一个简单的、基于硬件的 RF 底层传感设备，所有 AP 接收到的 RF 信号，经过 802.11 的编码之后，随即通过不同厂商制定的加密隧道协议穿过以太网络并传送到无线控制器，进而由无线控制器集中对编码流进行加密、验证、安全控制等更高层次的工作。因此，基于 AP 和无线控制器的无线网络解决方案，具有统一管理的特性，并能够出色地完成自动 RF 规划、接入和安全控制策略等工作。

6. 无线网桥

网桥（Bridge）又叫桥接器，它是一种在链路层实现局域网互连的存储转发设备。网桥有在不同网段之间再生信号的功能，它可以有效地连接两个 LAN（局域网），使本地通信限制在本网段内，并转发相应的信号到另一网段。无线网桥通常用于连接数量不多的、同一类型的网段。

无线网桥顾名思义就是无线网络的桥接，它可在两个或多个网络之间搭起通信的桥梁。无线网桥除了具备上述有线网桥的基本特点之外，比其他有线网络设备更方便部署。

无线网桥如图 3-5 所示，通常用于室外，主要用于连接两个网络。使用无线网桥不可能只使用一个，点对点必须两个以上，而 AP 可以单独使用。无线网桥功率大，传输距离远（最大可达约 50km），抗干扰能力强等，不自带天线，一般配备抛物面天线实现长距离的点对点连接。

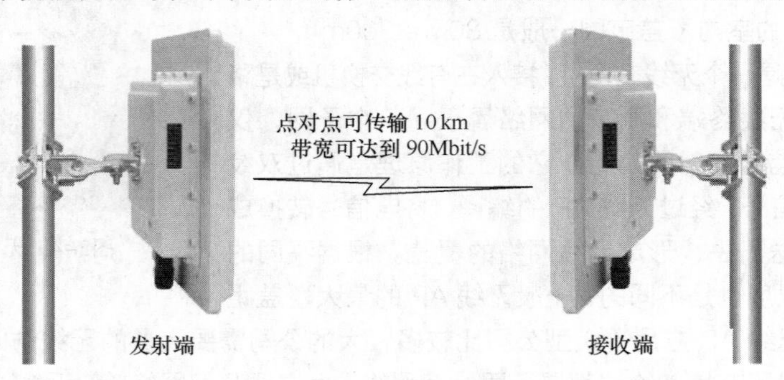

图3-5　无线网桥

3.2 无线局域网

3.2.1 无线局域网的结构组成

无线局域网（WLAN）根据其结构特点可以分为两类，第一类是有固定基础设施的 WLAN，另一类是移动自组 WLAN（Ad hoc 网络）。所谓“固定基础设施”指预先建立起来的，能覆盖一定地理范围的固定基站。移动自组网络，也就是无固定基础设施（没有 AP）的 WLAN，是由一些处于平等状态的移动站之间相互通信组成的临时网络。例如，军事领域中，携带移动站的战士利用临时建立的自组网络进行通信。在这里我们仅仅熟悉固定基础设施 WLAN 的结构组成。其基本结构图如图 3-6 所示。

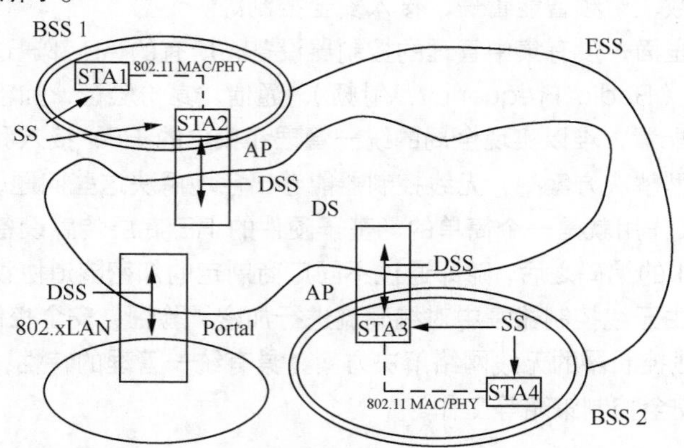

图3-6　有固定基础设施WLAN的基本组成结构图

从图中，我们能看到其基本组成单元有：工作站（STA）、基本服务集（Basic Service Set，BSS）、无线媒介（Wireless Medium，WM）、接入点（Access Point，AP）、分布式系统（Distribution System，DS）、关口（Portal）、扩展服务集（Extended Service Set，ESS）。

（1）工作站（STA）：连接在 WLAN 中的终端设备，也称移动主机（Mobile Host，MH）。

这些工作站可以是台式计算机、便携设备（掌上电脑、笔记本电脑等），也可以是其他智能设备，如个人数字助理（PDA）、手持式扫描仪和数据采集仪、手持式打印机等。

从工作站的移动性可分为 3 类：固定站、半移动站、移动站。

① 固定站：指固定使用的台式计算机，有线局域网中的工作站均为固定站。

② 半移动站：指经常改变使用场所的工作站，但在移动状态下并不要求保持与网络的通信。

③ 移动站：在移动中也可保持与网络的通信，这种工作站是传统的有线局域网中所没有的。

目前无线局域网中移动站的典型移动速度限定在步行速度（2m/s 以内）和中低速（10m/s 以内）之间。

（2）基本业务集（BSS）：由多个工作站（STA）组成的集合，是只包括一个 AP 的单区结构；BSS 内的工作站相互通信通过 AP 转接；覆盖范围由 AP 决定；同一个 BSS 的各个工作站具有相同的 BSS 标识符（BSS Identifier，BSSID），在 IEEE 802.11 中，BSSID 是 AP 的 MAC 地址。AP 为接入骨干网提供一个逻辑接入点。

（3）接入点（AP）：是特殊的工作站，作为无线网络和分布式系统之间的桥接点，类似蜂窝中的基站，位于 BSA（Basic Service Area，基本业务区）的中心，固定不动；提供分布式系统服务，使同一 BSA 内不同工作站之间通信联络。

（4）分布式系统（DS）：是用于连接不同 BSS 的通信信道；将属于同一 ESA（Extended Service Area，扩展服务区）的所有工作站连接起来，组成一个扩展业务集（ESS）。分布式系统使用的媒介（Distribution System Medium，DSM）与 BSS 使用的媒介（Wireless Medium，WM）逻辑上分开，尽管它们物理上可能会是同一个媒介，例如，同一个无线频段。

（5）关口（Portal）：无线局域网的一个逻辑节点，用于 802.11 无线局域网和非 802.11 局域网之间的协议转换（例如，到有线连接的因特网），在实际中可以将 Portal 和 AP 的功能集成到一个设备中，其作用相当于一个网桥。

（6）扩展服务集 ESS：几个 BSA 通过 AP、DS 连接起来形成扩展服务区（Extended Service Area，ESA），属于同一 ESA 的所有工作站组成 ESS。ESA 的拓扑为多 AP 模式，范围达到数千米。如果一个业务区由多个 ESA 组成，每个 ESA 分配一个 ESS 标识符（ESS Identifier，ESSID），ESA 中的所有 AP 共享同一个 ESSID。

当一个工作站从一个 BSA 移动至另一个 BSA（切换 AP），称为“散步”或“越区切换”，这是一种链路层的移动。当一个工作站从一个 ESA 移动至另一个 ESA，称为“漫游”，这是一种网络层或 IP 层的移动。

3.2.2　无线局域网的协议 IEEE 802.11

IEEE 802.11 是现今无线局域网通用的标准，它是由国际电气和电子工程学会（Institude of Electrical and Electronics Engineers，IEEE）所定义的无线网络通信的标准。主要用于解决局域网中，用户与用户终端的无线接入，业务主要限于数据存取。802.11 协议标准是一个系列标准，经过了一系列的发展演变过程。在 802.11 基础上又发展出了 802.11b、802.11a、802.11g 和 802.11n 等，这些协议成员具体工作频率及速率如表 3-1 所示。

表 3-1　802.11 协议成员工作频率及速率

协　议	频　率	速　率
802.11	2.4GHz	2Mbit/s
802.11a	5GHz	54Mbit/s

（续表）

协　议	频　率	速　率
802.11b	2.4GHz	11Mbit/s
802.11g	2.4GHz	54Mbit/s
802.11n	2.4GHz 或 5GHz	540Mbit/s

1. 802.11 协议栈基本模型

802.11 标准主要对无线局域网的物理层（PHY 层）和媒介访问控制层（MAC 层）作了规定，保证各厂商的产品在同一物理层可以互操作，逻辑链路控制层（LLC 层）是一致的，MAC 层以下对网络应用是透明的。802.11 协议栈模型如图 3-7、图 3-8 所示。

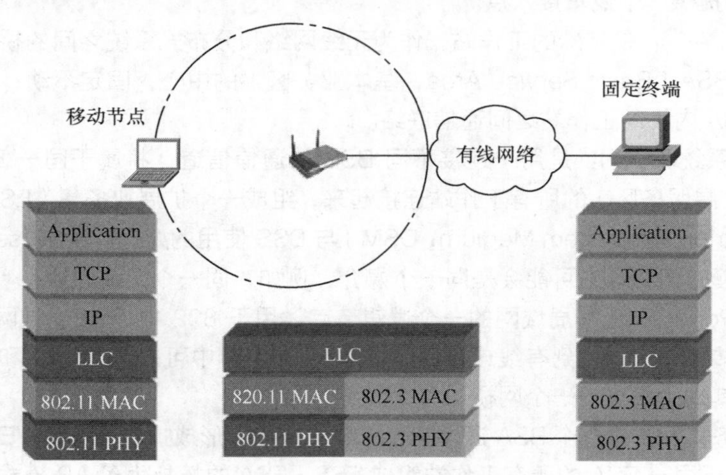

图3-7　802.11协议栈模型

（1）PHY 层

PHY 层处理的是经过物理媒介（无线电波和红外线）的比特流，由于无线传输媒介有严格的带宽限制和频率规则，IEEE 802.11 选择了免许可证的 ISM（Industrial Scientific Medical）频带的 2.4¯2.4385GHz 段。ISM 频段是由美国联邦通信委员会（FCC）定义出来的，主要是开放给工业、科学和医用 3 个主要机构使用的频段。ISM 频段属于无许可（Free License）频段，使用者无需许可证，没有所谓使用授权的限制。

PHY 层规定了 3 种发送及接收技术：红外线（Infrared）技术、扩频（Spread Spectrum）技术、窄带（Narrow Band）技术。其中，红外线技术不受无线电干扰；视距传输，检测和窃听困难，保密性好。但对非透明物体的透过性极差，传输距离受限；易受日光、荧光灯等干扰；半双工通信。扩频技术抗干扰，保密性强。扩频又分为直接序列扩频（Direct Sequence Spread Spectrum，DSSS）和跳频扩频（Frequency Hopping Spread Spectrum，FHSS）技术。DSSS 是为实现保密通话提出的，FHSS 是作为反干扰策略提出的。扩频系统实现的基本示意图如图 3-9 所示。

窄带技术的网络接入速度为 64kbit/s（最大下载速度为 8 kbit/s）及其以下，该技术传输速率低，往往在室内覆盖、功耗低、成本低、涉及数据少的时候用。窄带无线接入技术中最典型的应用是 GPRS 应用。在 2G 发展阶段，GPRS 得到了广泛的应用，如现在大部分的移动 POS 机均采用 GRPS 技术进行数据传输。

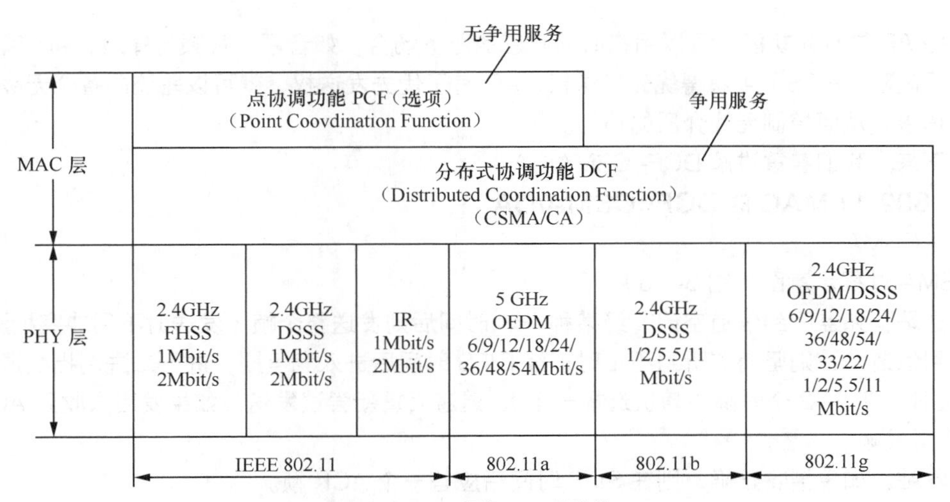

图3-8 PHY层与MAC层协议

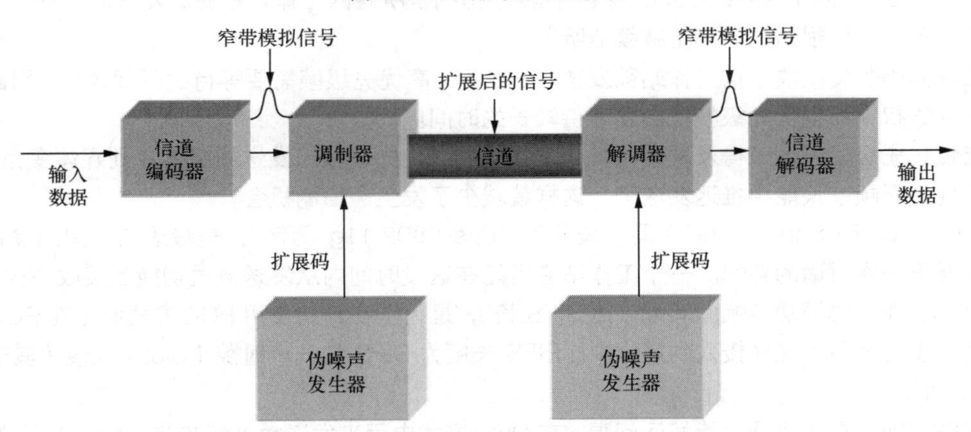

图3-9 扩频系统实现的基本示意图

FHSS 技术将 2.4GHz 频段划分为 75 个 1MHz 的子频段，接收方和发送方之间协商一个跳频模式，数据按照这个序列在各个子频段上进行传送，每次会话都可能采用一种不同的跳频模式，从而避免两个发送端同时采用同一个子频段。

DSSS 将类噪声型信号加入到拟传输的信号之中，将两个数字信号加到一起得到第三个实际传输比特流；第一个信号是信息信号；第二个信号是由随机序列产生器产生的随机比特流；第三个比特流的速率与第二个信号相同；输入信息信号可以比淹没它的噪声低几千倍仍然能成功地传输。

（2）MAC 层

MAC 层通过协调功能来确定在基本服务集（BSS）中的移动站在什么时间能发送数据或接收数据。如图 3-8 所示，其控制协调功能包括分布式协调功能（Distributed Coordination Function，DCF）和点协调功能（Point Coordination Function，PCF）。

DCF 对每一个节点使用 CSMA 机制的分布式接入算法，让各个工作站通过争用信道来获取发送权，其访问机制为 CSMA/CA（Carrier Sense Multiple Access with Collision Avoidance），带冲突避免的载波监听多路访问，通过此机制来控制对传输媒介的访问。所有的 AP、STA 都需具有此功能。

PCF 使用 AP 集中控制的接入算法将发送数据权轮流交给各个工作站从而避免了冲突的产

生。某些 AP 具有此功能，可以用在时间敏感的服务场合，如音频、视频传输时，AP 通过使用短的帧间间隔（PIFS）可获得优先发送权，AP 有了优先发送权，就可以轮流向各个无线站点发送查询请求，从而控制无线介质的访问。

接下来，我们着重讲解 DCF-CSMA/CA。

2. 802.11 MAC 的 DCF-CSMA/CA

（1）CSMA

CSMA 过程示意图如图 3-10 所示。

发送站：如监听到信道空闲，经某种 IFS 时间后则发送整个帧（发送时不用冲突检测）；如果监听到信道忙，则坚持监听到不忙时，经 DIFS 时间后进入竞争期，进行二进制指数退避（第 i 次退避时，在 2^i+2 个时隙中随机选择一个），退避后重新尝试发送；如果发后未收到 ACK（超时），则重发帧。

接收站：如果接收正确，则在 SIFS 时间后应答一个 ACK 帧。

IFS：IFS（Inter Frame Space，帧间间隔）指的是所有的工作站在完成发送后，发送下一帧前必须再等待一段很短的时间（继续监听）。

帧间间隔长度取决于该工作站欲发送帧的类型。高优先级帧需要等待的时间较短，因此可优先获得发送权，而低优先级帧就必须等待较长的时间。

若低优先级帧还没来得及发送而其他工作站的高优先级帧已发送到媒体，则媒体变为忙态，因而低优先级帧就只能再推迟发送了，这样就减少了发生碰撞的机会。

SIFS：即短（Short）帧间间隔，长度为 10μs（802.11g 为例），是最短的帧间间隔，用来分隔开属于一次对话的各帧。一个工作站应当能在这段时间内从发送方式切换到接收方式。

PIFS：即点协调功能帧间间隔（比 SIFS 长），是为了在开始使用 PCF 方式时（在 PCF 方式下使用，没有争用）优先接入到媒体中。PIFS 长度为 SIFS 加一个时隙（Slot）长度（其长度为 20μs），即 30μs。

DIFS：即分布式协调功能帧间间隔，在 DCF 方式中用来发送数据帧和管理帧。DIFS 的长度比 PIFS 再增加一个时隙长度，因此 DIFS 的长度为 50μs。

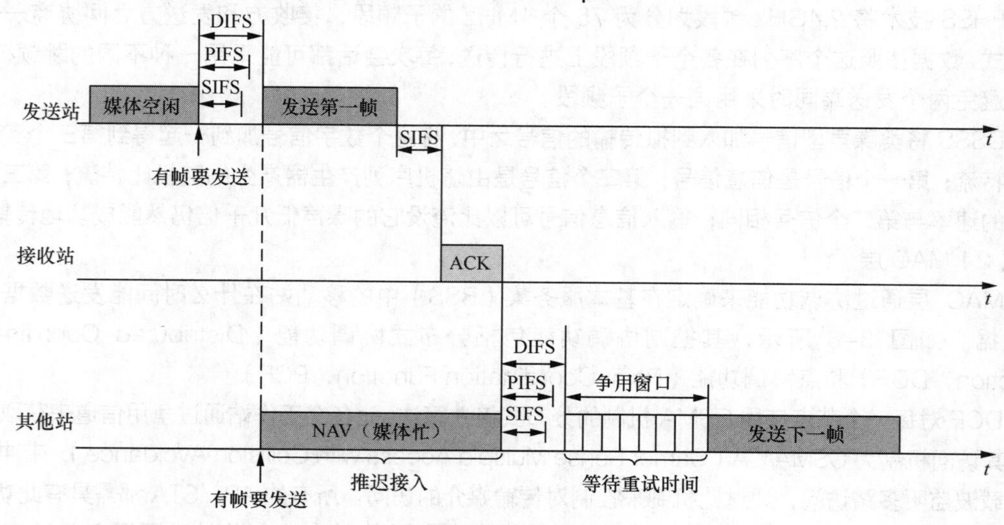

图3-10　CSMA过程示意图

（2）CSMA/CA

如果只使用 CSMA，侦听到信道“闲”可能结果不正确，由于：

① 隐蔽站问题——在发送方侦听不到：A、C 不能互相听到，中间有障碍物、信号衰减，A、C 于是都发信号给 B，B 处此时会产生冲突。

② 信号强度衰减问题——C 在发送信号，由于信号传输衰减，传到 A 处时，A 听不到，A 以为听到信道闲，也发送信号，接收站 B 处此时产生冲突。

以上两个问题称为隐终端（Hidden Terminal）效应，如图 3-11 所示。隐终端是指在接收者的通信范围内而在发送者通信范围外的终端。

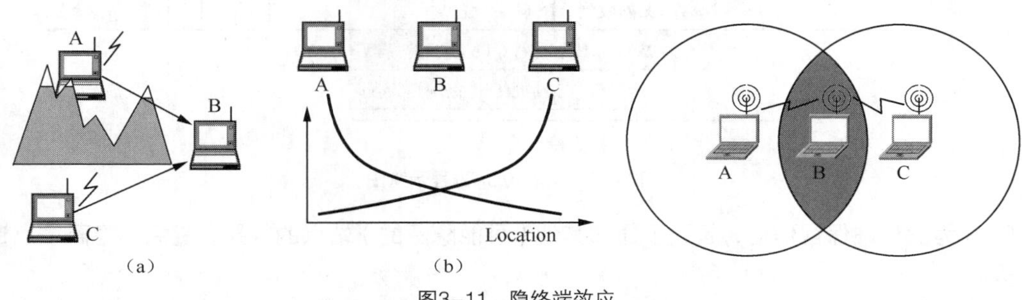

图3-11　隐终端效应

另外，暴露终端（Exposed Terminal）效应如图 3-12 所示，节点 B 向节点 A 发送数据时，节点 C 也希望向节点 D 发送数据。根据 CSMA 协议，节点 C 侦听信道，它将听到节点 B 正在发送数据，于是错误地认为它此时不能向节点 D 发送数据，但实际上它的发送不会影响节点 A 的数据接收，这就导致节点 C 所谓暴露终端问题的出现。

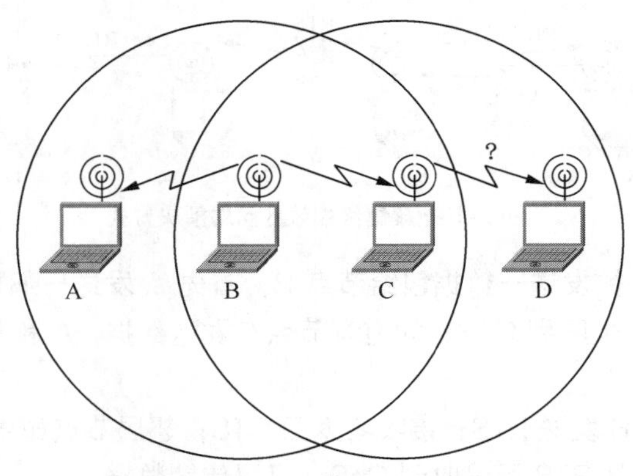

图3-12　暴露终端效应

暴露终端是指在发送者的通信范围之内而在接收者通信范围之外的终端。

为了尽可能避免冲突，要进一步改进 CSMA 成为 CSMA with Collision Avoidance（CSMA/CA）。其过程示意图如图 3-13 所示。

发送站：发出短的 RTS 帧（Request To Send）预约信道。

接收站：应答短的 CTS 帧（Clear To Send）同意预约。

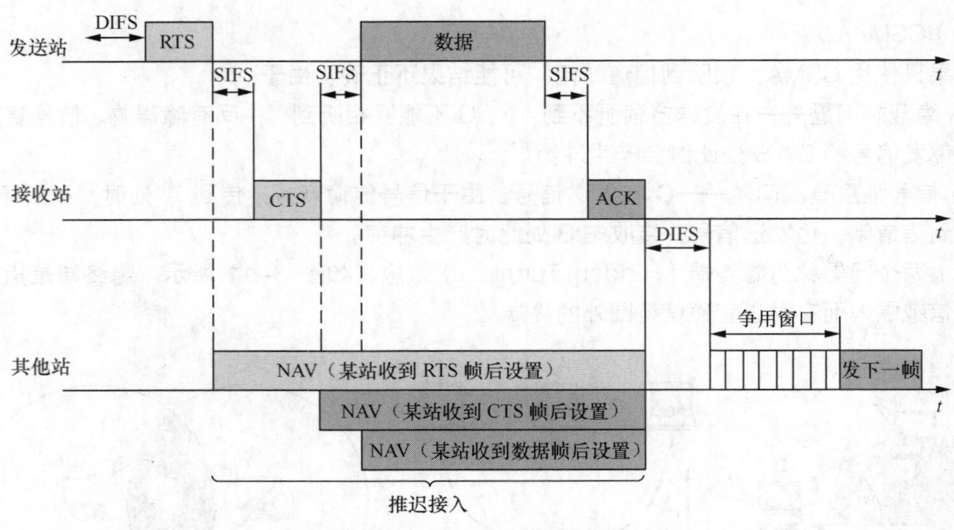

图3-13　CSMA/CA过程示意图

CTS 为发送站保留信道，起到了通知其他（可能隐蔽的）站点的效果，避免了隐蔽站点造成的冲突。

如此一来，隐终端效应问题及暴露终端效应问题得以解决，分别如图 3-14 和图 3-15 所示。

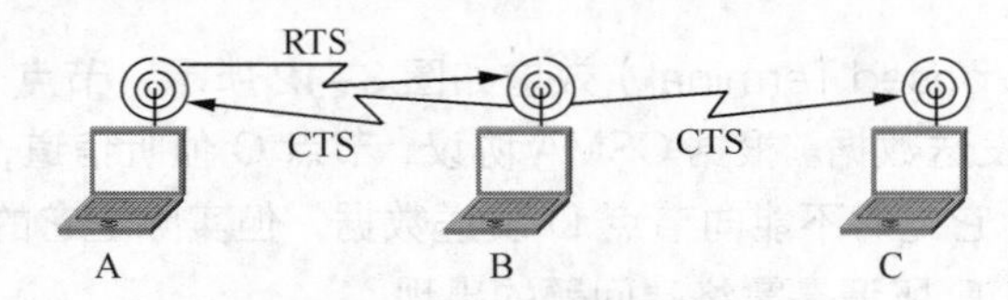

图3-14　隐终端效应问题解决方式

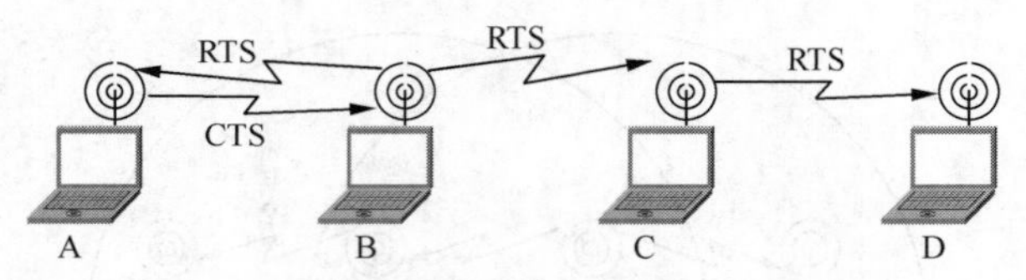

图3-15　暴露终端效应问题解决方式

图 3-14 中，节点 A 欲发送一数据包给节点 B，首先 A 发送一 RTS 给 B；B 发送 CTS；A 收到 CTS 后发送数据；C 侦听到 CTS，知道有节点在发送数据，A 和 B 数据传输时间 C 不会发数据包。

图 3-15 中，发送者 B 发送 RTS；接收者返回 CTS；邻居节点如果收到 CTS，则保持安静，不能传输数据。如果只收到 RTS 而没收到 CTS，可以传输数据。

3.2.3　无线接入

无线局域网中，STA（工作站）启动初始化、开始正式使用 AP 传送数据帧前，要经过 3 个阶段才能接入：扫描（SCAN）、认证（Authentication）、关联（Association），如图 3-16 所示。

（1）扫描（SCAN）

STA 设成 Ad-hoc 模式：STA 先寻找是否已有 IBSS（与 STA 所属相同的 SSID）存在，如有，则参加（Join）；若无，则会自己创建一个 IBSS，等其他站来参加。

STA 设成 Infrastructure 模式：

① 主动扫描方式（特点：能迅速找到）

STA 依次在 11 个信道发出 Probe Request 帧，寻找与 STA 所属有相同 SSID 的 AP，若找不到有相同 SSID 的 AP，则一直扫描下去。

② 被动扫描方式（特点：找到时间较长，但 STA 节电）

STA 被动等待 AP 每隔一段时间定时送出的 Beacon 信标帧，该帧提供了 AP 及所在 BSS 相关信息："我在这里"。

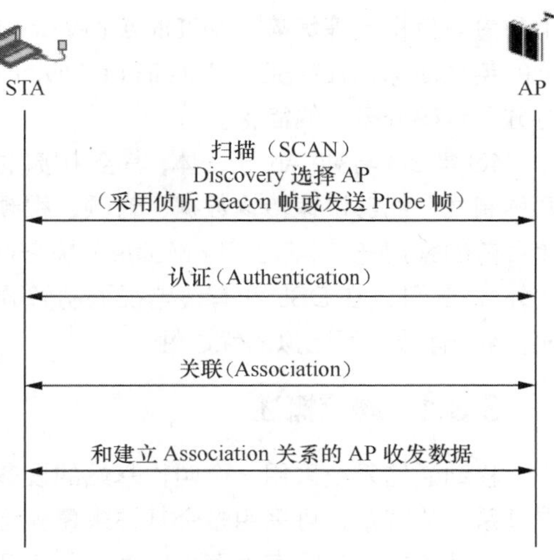

图3-16 无线接入3个阶段

（2）认证（Authentication）

当 STA 找到与其有相同 SSID 的 AP，在 SSID 匹配的 AP 中，根据收到的 AP 信号强度，选择一个信号最强的 AP，然后进入认证阶段。只有身份认证通过的站点才能进行无线接入访问。802.11 提供了几种认证方法，有简单的，也有复杂的。

（3）关联（Association）

当 AP 向 STA 返回认证响应信息、身份认证获得通过后，进入关联阶段。STA 向 AP 发送关联请求，AP 向 STA 返回关联响应，至此，接入过程才完成，STA 初始化完毕，可以开始向 AP 传送数据帧。

3.3 蜂窝移动通信

移动通信的种类很多，如蜂窝移动通信、卫星移动通信、集群移动通信、无绳电话通信。其中，蜂窝移动通信的使用最为普遍。

目前蜂窝移动通信的发展演进经历了从第一代到第四代蜂窝无线通信的过程，1G 蜂窝无线通信是话音通信设计的模拟 FDM 系统，2G 提供低速数字通信（短信服务），其代表体制就是 GSM 系统。2G 使用的是 FDM/TDM 复用体制的空中接口（无线媒体接入方式），很快，仅支持短信类数据服务（数据交换方式为电路交换）的 GSM 系统演变到了可提供接入因特网的服务的 GPRS 技术（采用分组交换方式），也就是 2.5G 技术。2.5G 技术是从 2G 向 3G 过渡的衔接性技术。

3G 移动通信和计算机网络的关系非常密切，因为它使用 IP 的体系结构和混合的交换机制（电路交换和分组交换），能够提供宽带多媒体业务（语音、数据、视频、收发邮件、浏览网页、视频会议等）。

3G 有 3 个无线接口国际标准，美国提出的 CDMA2000（中国电信使用），欧洲提出的 WCDM（中国联通使用），中国提出的 TD-SCDMA（中国移动使用）。3 种移动通信标准的出现是不同厂商为各自利用竞争的结果，每种的调制编码方式都不相同。

CDMA（Code Division Multiple Access，码分多址），是 3G 网络的主要技术，相对于 GSM 网络，CDMA 网络具有准确的时钟、通信抗干扰、信息传输迅速、覆盖率高、连通率高、辐射小和覆盖面积大等优势。WCDMA（Wide-band Code Division Multiple Access）是宽带码分多址的英文简称，TD-SCDMA（Time Division-Synchronous Code Division Multiple Access）是时分同步码分多址的简称。

4G 集 3G 与 WLAN 于一体，其空中接口技术标准为 OFDMA，该技术包括 TD-LTE 和 FDD-LTE 两种制式，能够快速传输数据、音频、视频和图像等。4G 能够以 100Mbit/s 以上的速度下载，比目前的家用宽带 ADSL（4Mbit/s）快 25 倍，并能够满足几乎所有用户对于无线服务的要求。此外，4G 可以在 DSL 和有线电视调制解调器没有覆盖的地方部署，然后扩展到整个地区。很明显，4G 有着不可比拟的优越性。

3.3.1 蜂窝概述

移动通信系统采用一个叫作基站的设备来提供无线覆盖服务，为了在服务区实现无缝覆盖并提高系统的容量，可采用多个基站来覆盖给定的服务区，每个基站的覆盖区称为一个小区。

基站的覆盖范围有大有小，通常人们习惯地按照覆盖区半径大小、服务区的几何形状来对系统的网络结构分类。按照覆盖区半径的大小，分成大区网、小区网；按照服务区的几何形状，分成带状网、蜂房状网等。对于公路、铁路、海岸等的覆盖，可采用带状服务区，又称带状网。

（1）大区制

大区制是在一个服务区域（一个城市或一个地区）内只设置一个基站，由它负责移动通信的联络和控制。通常基站天线架设得比较高，发射机的输出功率也比较大，为 25～200W，覆盖区域半径一般为 25～50km，用户容量为几十至几百个。

这种方式的优点是组网简单、投资少，一般在用户密度不大或业务量较少的区域使用。因为服务区域内的频率不能重复使用，所以无法满足大容量通信的要求。

（2）小区制

小区制是将一个服务区划分为若干个无线小区（小块的区域），每个小区分别设置一个基站，由它负责移动通信的联络和控制。其基本思想是用许多的小功率发射机（小覆盖区域）来代替单个大功率发射机（大覆盖区域），相邻的基站则分配不同的频率，每个小区设置一个发射功率为 5～20W 的小功率基站，覆盖区域半径为 5～10km。

因为每个小区分配不同的频率，所以需要大量的频率资源，频谱利用率低，为了提高频谱利用率，需将相同的频率在相隔一定距离的小区中重复使用，并保证使用相同频率的小区（同频小区）之间的干扰足够小，这种技术称为同频复用。

（3）带状网

带状网主要用于覆盖公路、铁路、海岸等，其服务区内的用户呈带状分布。带状网的基站天线若为定向天线辐射，则服务覆盖区为扁圆形；基站天线若为全向天线辐射，则服务覆盖区为圆形。

（4）蜂窝网

蜂窝网指的是将服务区分为一个个正六边形的小子区，使得整个区域看起来像由很多蜂巢组成。由于正六边形小区所覆盖的面积最大，如果用正六边形作小区覆盖模型，可用最少的小区数量就能覆盖整个服务区域，这样所需的基站数量最少，也最经济。而且正六边形最接近圆形的辐射模式，基站的全向天线和自由空间传播辐射模式都是圆形的。

蜂窝网按照基站对小区的覆盖方式可以分为中心激励小区（图 3-17（a））和顶点激励小区

（图 3–17（b））。中心激励方式，基站位于小区中心，采用全向天线，有时候会有辐射阴影。顶点激励方式在正六边形小区顶点上设置基站，并采用 3 个互成 1200 的定向天线，可避免辐射阴影。

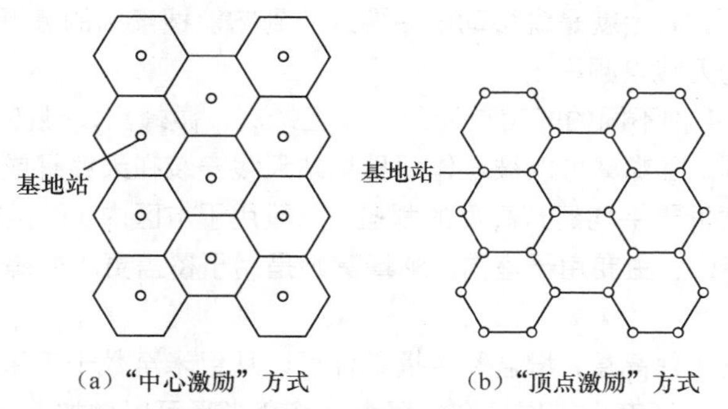

图3–17　蜂窝网激励方式图

基于蜂窝状的小区制是目前公共移动通信网的主要覆盖方式。常见的蜂窝移动通信系统，按照功能的不同可以分为 4 类，它们分别是宏蜂窝、微蜂窝、微微蜂窝以及智能蜂窝。

① 宏蜂窝

在网络运营初期，运营商的主要目标是建设大型的宏蜂窝小区，取得尽可能大的地域覆盖率，宏蜂窝每小区的覆盖半径大多为 1 ~ 25km，由于覆盖半径较大，所以基站的发射功率较强，一般在 10W 以上，基站天线尽可能做得很高。

② 微蜂窝

微蜂窝技术具有覆盖范围小、传输功率低以及安装方便灵活等特点，该小区的覆盖半径为 30 ~ 300m，发射功率较小，一般在 1W 以下；基站天线置于相对低的地方（一般高于地面 5 ~ 10m），传播主要沿着街道的视线进行，信号在楼顶的泄漏小。

微蜂窝可以作为宏蜂窝的补充和延伸，微蜂窝的应用主要有两方面：一是提高覆盖率，应用于一些宏蜂窝很难覆盖到的盲点地区，如地铁、地下室；二是提高容量，主要应用在高话务量地区，如繁华的商业街、购物中心、体育场等。

③ 微微蜂窝

随着容量需求进一步增长，运营者可按同一规则安装第三或第四层网络，即微微蜂窝小区。微微蜂窝实质就是微蜂窝的一种，只是它的覆盖半径更小，一般只有 10 ~ 30m；基站发射功率更小，大约在几十毫瓦；其天线一般装于建筑物内业务集中地点。

微微蜂窝也是作为网络覆盖的一种补充形式而存在的，它主要用来解决商业中心、会议中心等室内“热点”的通信问题。

④ 智能蜂窝

智能蜂窝是指基站采用具有高分辨阵列信号处理能力的自适应天线系统，智能地监测移动台所处的位置，并以一定的方式将确定的信号功率传递给移动台的蜂窝小区。智能蜂窝小区既可以是宏蜂窝，也可以是微蜂窝。利用智能蜂窝小区的概念进行组网设计，能够显著地提高系统容量，改善系统性能。

3.3.2 全球移动通信系统

由于欧洲移动通信发展迅速，出现了不同制式的移动通信系统，它们互相之间不兼容带来了不便。

为了解决这个问题，欧洲各国共同制定了统一的 GSM（Global System for Mobile Communication，全球移动通信系统）移动通信标准。

GSM 是一个蜂窝网络，也就是说移动电话要连接到它能搜索到的最近的蜂窝单元区域。GSM 网络运行在多个不同的无线电频率上。

GSM 网络一共有 4 种不同的蜂窝单元尺寸：巨蜂窝，微蜂窝，微微蜂窝和伞蜂窝。覆盖面积因不同的环境而不同。巨蜂窝可以被看作那种基站天线安装在天线杆或者建筑物顶上那种。微蜂窝则是那些天线高度低于平均建筑高度的那些，一般用于市区内。微微蜂窝则是那种很小的蜂窝，只覆盖几十米的范围，主要用于室内。伞蜂窝则是用于覆盖更小的蜂窝网的盲区，填补蜂窝之间的信号空白区域。

蜂窝半径范围根据天线高度、增益和传播条件可以从百米至数十千米。实际使用的最长距离 GSM 规范支持到 35km。还有个扩展蜂窝的概念，蜂窝半径可以增加一倍甚至更多。

GSM 同样支持室内覆盖，通过功率分配器可以把室外天线的功率分配到室内天线分布系统上。这是一种典型的配置方案，用于满足室内高密度通话要求，在购物中心和机场十分常见。然而这并不是必须的，因为室内覆盖也可以通过无线信号穿越建筑物来实现，只是这样可以提高信号质量减少干扰和回声。

1. GSM 网络结构

GSM 网络结构如图 3-18 所示。

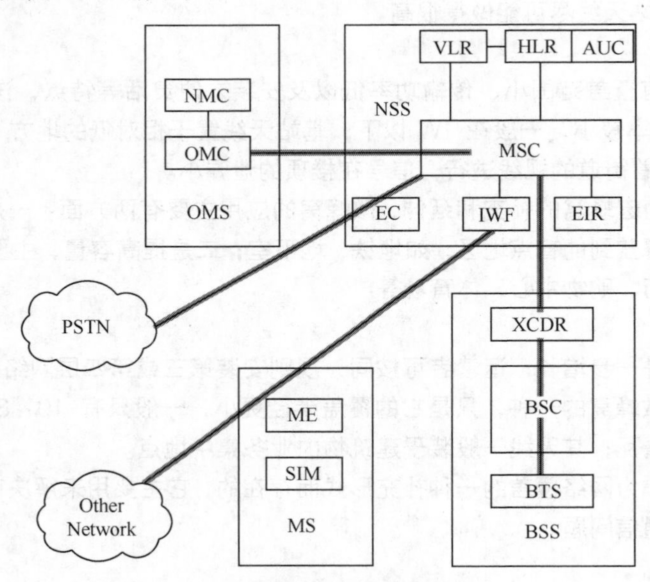

图3-18 GSM网络结构图

由图可见，GSM 蜂窝系统的主要组成部分可分为移动台（MS）、基站子系统（BSS）、网络交换子系统（NSS）、操作维护子系统（OMS）。

（1）移动台（Mobile Station，MS）

移动台是用户端终止无线信道的设备，通过无线空中接口给用户提供接入网络业务的能力。移动台由两部分组成：移动设备（Mobile Equipment，ME）和用户识别模块（Subscriber Identity Module，SIM）。ME 用于完成语音、数据和控制信号在空中的接收和发送；SIM 用于识别唯一的移动台使用者。SIM 是一张符合 GSM 规范的“智能卡”，内部包含了与用户有关的、被存储在用户这一方的信息，移动电话上只有安装了 SIM 卡才能使用。

（2）基站子系统（BSS）

BSS 提供了移动台与移动交换中心（MSC）之间的链路。BSS 由以下 3 部分组成。

基站控制器（Base Station Controller，BSC）：BSC 可以控制单个或多个 BTS，对所控制的 BTS 下的 MS 执行切换控制；传递 BTS 和 MSC 间的话务和信令，连接地面链路和空中接口信道。

基站收发信台（Base Transceiver Station，BTS）：BTS 包含有射频部件，这些射频部件为特定小区提供空中接口，可支持一个或多个小区；提供和移动台（MS）的空中接口链路，能够对移动台和基站进行功率控制。

变码器，XCDR（Transcoder）：将来自移动交换中心（MSC）的语音或数据输出（64 kbit/s PCM）转换成 GSM 规范所规定的格式（16 kbit/s），以便更有效地通过空中接口在 BSS 和移动台之间进行传输（即将 64 kbit/s 压缩成 16 kbit/s）；反之，可以解压缩。

（3）网络交换子系统（NSS）

网络交换系统具有 GSM 网络的主要交换功能，还具有用户数据和移动管理所需的数据库。网络交换系统由移动交换中心（MSC）、归属位置寄存器（HLR）、访问位置寄存器（VLR）、鉴权中心（AUC）、设备识别寄存器（EIR）、互通功能部件（IWF）和回声消除器（EC）等组成。

① 移动交换中心（MSC）

MSC（Mobile Switching Center）是 GSM 网络系统的核心部件，负责完成呼叫处理和交换控制，实现移动用户的寻呼接入、信道分配、呼叫接续、话务量控制、计费和基站管理等功能，还可以完成 BSS 和 MSC 之间的切换和辅助性的无线资源管理等，并提供连接其他 MSC 和其他公用通信网络（如 PSTN 和 ISDN 等）的链路接口功能。MSC 与其他网络部件协同工作，可实现移动用户位置登记、越区切换、自动漫游、用户鉴权和服务类型控制等功能。

② 归属位置寄存器（HLR）

HLR（Home Location Register）是一种用来存储本地用户信息的数据库，一个 HLR 能够控制若干个移动交换区域。在 GSM 通信网中，通常设置若干个 HLR，每个用户必须在某个 HLR（相当于该用户的原籍）中登记。登记的内容分为两种：一种是永久性的参数，如用户号码、移动设备号码、接入优先等级、预定的业务类型以及保密参数等；另一种是暂时性需要随时更新的参数，即用户当前所处位置的有关参数，即使用户漫游到了 HLR 所服务的区域外，HLR 也要登记由该区传送来的位置信息。这样做的目的是保证当呼叫任一不知处于哪一个地区的移动用户时，均可由该移动用户的 HLR 获知它当时处于哪一个地区，进而建立起通信链路。

相应地，HLR 存储两类数据：一是用户永久性参数信息，包括 MSISDN、IMSI、用户类别、Ki 和补充业务等参数；二是暂时性用户信息，包括当前用户的 MSC/VLR，用户状态（登记/已取消登记），移动用户的漫游号码。

③ 访问位置寄存器（VLR）

VLR（Visit Location Register）是一种存储来访用户信息的数据库。一个 VLR 通常为一个 MSC 控制区服务。当移动用户漫游到新的 MSC 控制区时，它必须向该地区的 VLR 申请登记。VLR 要从该用户的 HLR 查询有关的参数，要给该用户分配一个新的漫游号码（MSRN），并通知其 HLR 修改该用户的位置信息，准备为其他用户呼叫此移动用户时提供路由信息。当移动用户由一个 VLR 服务区移动到另一个 VLR 服务区时，HLR 在修改该用户的位置信息后，还要通知原来的 VLR，删除此移动用户的位置信息。因此，VLR 可看作一个动态的数据库。

VLR 存储的信息有：移动台状态（遇忙/空闲/无应答等）、位置区域识别码（LAI）、临时移动用户识别码（TMSI）和移动台漫游码（MSRN）。

④ 鉴权中心（AUC）

AUC（Authentication Center）的作用是可靠地识别用户的身份，只允许有权用户接入网络并获得服务。由于要求 AUC 必须连续访问和更新系统用户记录，因此，AUC 一般与 HLR 处于同一位置。

AUC 产生为确定移动用户身份及对呼叫保密所需的鉴权和加密的 3 个参数分别是：随机码 RAND（Random Number）、符合响应 SRES（Signed Response）和密钥 Kc（Ciphering Key）。

⑤ 设备识别寄存器（EIR）

EIR（Equipment Identity Register）是存储移动台设备参数的数据库，用于对移动台设备的鉴别和监视，并拒绝非法移动台接入网。

EIR 数据库由以下几个国际移动设备识别码（IMEI）表组成：**白名单**，保存那些已知分配给合法设备的 IMEI；**黑名单**，保存已挂失或由于某种原因而被拒绝提供业务的移动台的 IMEI；**灰名单**，保存出现问题（例如，软件故障）的移动台的 IMEI，但这些问题还没有严重到使这些 IMEI 进入黑名单的程度。在我国，基本上没有采用 EIR 进行设备识别。

⑥ 互通功能部件（IWF）

IWF（InterWorking Function）提供使 GSM 系统与当前可用的各种形式的公众和专用数据网络的连接。IWF 的基本功能是完成数据传输过程的速率匹配和协议的匹配。

⑦ 回声消除器（EC）

EC（Echo Canceler）用于消除移动网和固定网（PSTN）通话时移动网络的回声。对于全部语音链路，在 MSC 中，与 PSTN 互通部分使用一个 EC。即使在 PSTN 连接距离很短时，GSM 固有的系统延迟也会造成不可接收的回声，因此 NSS 系统需要对回声进行控制。

（4）操作维护子系统（OMS）

OMS（Operation and Maintenance System）提供远程管理和维护 GSM 网络的能力。OMS 由网络管理中心（Network Management Center，NMC）和操作维护中心（Operations and Maintenance Center，OMC）两部分组成。

NMC 总揽整个网络，处于体系结构的最高层，它从整体上管理网络，提供全局性的网络管理，用于长期性规划。

OMC 提供区域性网络管理，用于日常操作，供网络操作员使用，支持的功能有事件/告警管理、故障管理、性能管理、配置管理和安全管理。

2. GSM 业务区域及号码的编制

（1）业务区域编制

GSM 属于小区制大容量移动通信网，在它的服务区内设置有很多基站，移动通信网在此服务区内，具有控制、交换功能，以实现位置更新、呼叫接续、越区切换及漫游服务等功能。在由 GSM 组成的移动通信网络结构中，其相应的区域定义如图 3-19 所示。

GSM 服务区：是指移动台可获得服务的区域，即不同通信网（如 PSTN 或 ISDN）用户无需知道移动台的实际位置而可与之通信的区域。

PLMN（公用陆地移动通信网）区：一个公用陆地移动通信网（PLMN）可由一个或若干个

移动交换中心组成。

MSC 区：指一个移动交换中心所控制的区域，通常它连接一个或若干个基站控制器，每个基站控制器控制多个基站收发信机。

位置区：位置区一般由若干个小区（或基站区）组成，移动台在位置区内移动无需进行位置更新。通常呼叫移动台时，向一个位置区内的所有基站同时发寻呼信号。

基站区：基站区系指基站收发信机有效的无线覆盖区，简称小区。

扇区：当基站收发信天线采用定向天线时，基站区分为若干个扇区（3 扇区—120°，1 扇区—360°）。

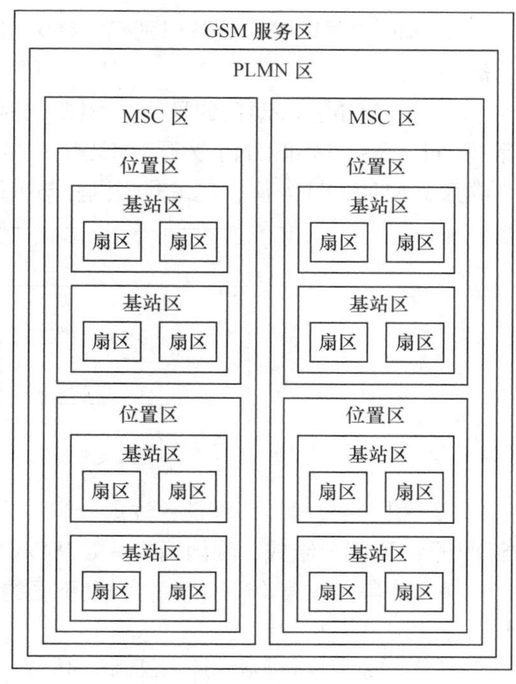

图3-19　GSM区域定义图

（2）号码编制

GSM 中设置的号码类别主要有：移动用户识别码（IMSI）、临时移动用户识别码（TMSI）、国际移动设备识别码（IMEI）、移动台的号码（移动台国际 ISDN 号码（MSISDN）、移动台漫游号码（MSRN））、位置区和基站的识别码（位置区识别码（LAI）、基站识别色码（BSIC））。各类号码的用途如下。

① IMSI：每个用户均分配一个唯一的国际移动用户识别码（IMSI）。此码在所有位置（包括在漫游区）都是有效的。通常在呼叫建立和位置更新时，需要使用 IMSI。IMSI 的总长不超过 15 位数字，每位数字仅使用 0～9 的数字。其组成如图 3-20 所示。

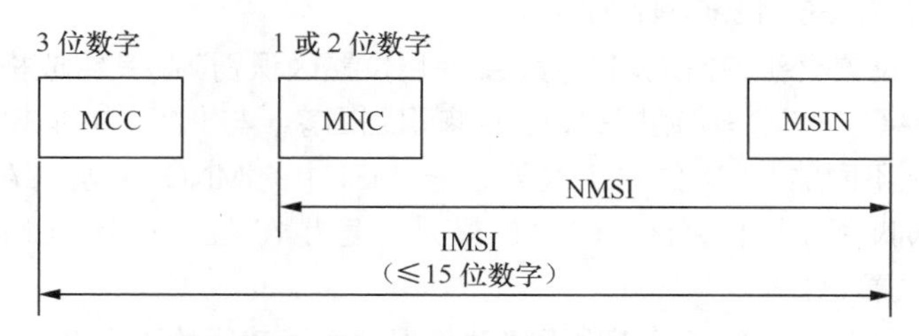

图3-20　移动用户识别码组成图

MCC：移动用户所属国家代号，占 3 位数字，中国的 MCC 规定为 460。

MNC：移动网号码，最多由两位数字组成，用于识别移动用户所归属的移动通信网。如移动为 00，联通为 01。

MSIN：移动用户的识别号码，用以识别某一移动通信网（PLMN）中的移动用户。

由 MNC 和 MSIN 两部分组成国内移动用户识别码（NMSI）。

② TMSI：考虑到移动用户识别码的安全性，GSM 能提供安全保密措施，即空中接口无线传输的识别码采用临时移动用户识别码（TMSI）代替 IMSI。两者之间可按一定的算法互相转换。访问位置寄存器（VLR）可给来访的移动用户分配一个 TMSI（只限于在该访问服务区使用）。

③ IMEI：国际移动设备识别码，是区别移动台设备的标志，可用于监控被窃或无效的移动设备。

④ MSISDN：移动台的号码，类似于公共交换电话网络（PSTN）中的电话号码，移动台国际 ISDN 号码（MSISDN）为呼叫 GSM 中的某个移动用户所需拨的号码。一个移动台可分配一个或几个 MSISDN 号码，其编号规则应与各国的编号规则相一致。其组成格式如图 3-21 所示。

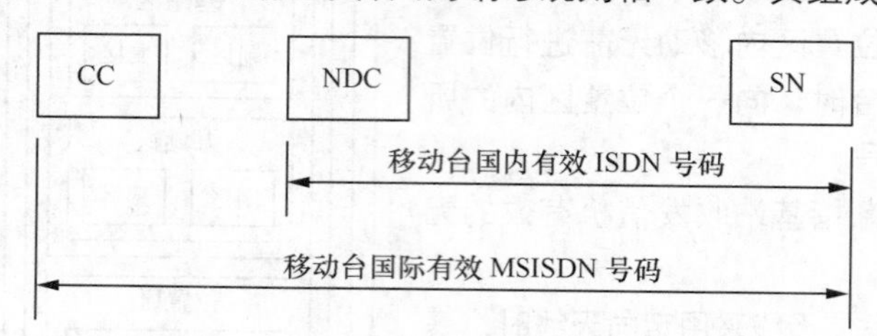

图3-21 移动台国际ISDN号码组成格式

CC 为国家代号，即移动台注册登记的国家代号；从图中可以看出其由国家代号和国内有效 ISDN 号码两部分组成。我国国内有效 ISDN 号码的结构为一个 10 位数字的等长号码。

移动业务接入号（$N_1N_2N_3$）：识别不同的移动系统，如移动业务接入号为 135～139（159）；联通为 130、131。

HLR 识别号（$H_1H_2H_3$）：HLR 识别号中 H_1H_2 全国统一分配；H_3 由各省自行分配。HLR 可包含一个或若干个 $H_1H_2H_3$ 数值。

移动用户号（ABCD）：ABCD 为每个 HLR 中移动用户的号码，由各 HLR 自行分配。

⑤ MSRN：当移动台漫游到一个新的服务区时，由 VLR 给它分配一个临时性的漫游号码，并通知该移动台的 HLR，用于建立通信路由。一旦该移动台离开该服务区，此漫游号码即被收回，并可分配给其他来访的移动台使用。漫游号码的组成格式与移动台国际（或国内）ISDN 号码相同。它的结构为：86-13SM_0　0$M_1M_2M_3$　ABC。其中 $M_1M_2M_3$ 为 MSC 的号码，M_1M_2 与 MSISDN 号码中的 H_1H_2 相同，如 86-13900477089。

⑥ LAI：在检测位置更新和信道切换时，要使用位置区识别码，其组成格式如图 3-22 所示。LAI=MCC+MNC+LAC。MCC=移动国家码，用来识别国家，与 IMSI 中的 3 位数字相同。MNC=移动网号，用来识别不同的 GSM 的 PLMN 网，与 IMSI 中的 MNC 相同。LAC=位置区号码，识别一个 GSM 的 PLMN 网中的位置区。LAC 的最大长度为 16 位，一个 GSM 的 PLMN 中可以定义 65536 个不同的位置区。

⑦ BSIC：基站识别色码（BSIC）用于移动台识别相同载频的不同基站，特别用于区别在不同国家的边界地区采用相同载频且相邻的基站。BSIC 为一个 6 比特编码，其格式如图 3-23 所示。其中，NCC：PLMN 色码，用来识别相邻的 PLMN 网；BCC：BTS 色码，用来识别相同载频的不同的基站。

图3-22 位置区识别码组成格式

图3-23 基站识别码组成格式

3. GSM 主要控制管理技术

（1）媒体访问同步

GSM 中，采用的通信技术为频分多址（FDMA）和时分多址（TDMA）。时分多址是把时间分割成周期性的帧（Frame），每一个帧再分割成若干个时隙向基站发送信号，在满足定时和同步的条件下，基站可以分别在各时隙中接收到各移动终端的信号而不混扰。同时，基站发向多个移动终端的信号都按顺序安排在预定的时隙中传输，各移动终端只要在指定的时隙内接收，就能在合路的信号中把发给它的信号区分并接收下来。

由于移动台和基站总是存在一定的物理距离，当移动台和基站通信时，会造成信号传递的时延，并且由于移动台的运动，通信双方的距离是变化的。各个移动台的突发信号会因距离的变化而引起传播时延的变化，时延会导致基站收到的移动台在本时隙上发送的消息与基站在其下一个时隙收到的另一个消息重叠，导致无法正确解码信息。如图 3-24 所示。

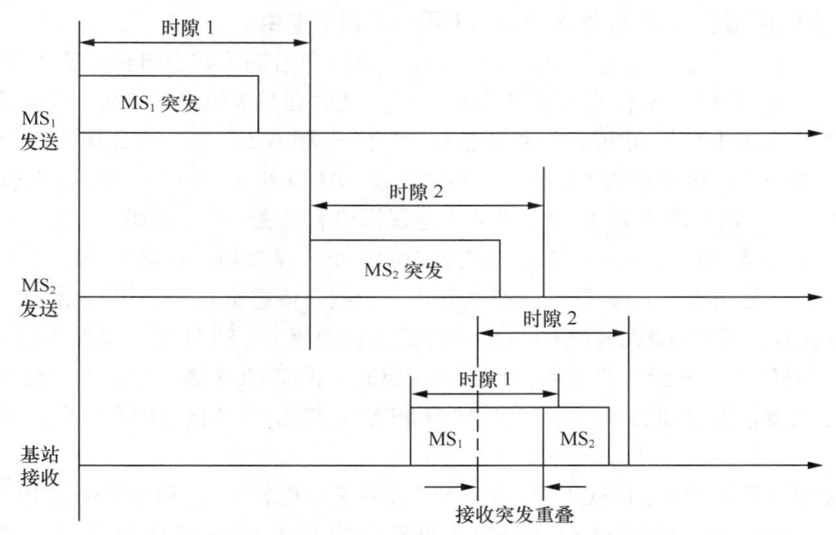

图3-24　基站接收突发重叠

解决这类问题，GSM 采取的同步机制如下。

主-从时钟法：在基站设置高精度的主时钟，定时向全网广播定时信息。系统内的终端接收主时钟定时信息，将从时钟锁定到主时钟上，从而保证全网的定时同步。

保护时间：因为系统定时不够精确以及基站与移动台之间的距离发生变化，造成了基站在接收各站信号时会出现时间上的漂移，从而呈现时间上重叠的现象。为避免此现象的发生，可在各业务分帧之间留有一定的保护时间，一般为 30～300ns。

定时提前量：无线接口处使用 TDMA 制式，BTS 收到的不同 MS 的信号彼此相连，为了消除 MS 到 BTS 的返回传播时延（因为时隙间的保护间隔很小），就需要某种机制来补偿。MS 需要提前一定时间传输是方法之一，这个提前量来自收到的脉冲，称为时间提前量。当一个特定连接建立时，BTS 不断测量它自己的脉冲时隙与收到的 MS 时隙之间的时间偏移量。基于这个测量，它可以向 MS 提供要求的时间提前量，并在慢速随路控制信道 SACCH 上以每秒 2 次的频度通知 MS。

SACCH 被分配给专用信道，并允许通过不同类型的控制信令。SACCH 与 TCH（Traffic

Channel，业务信道，用于传输话音和数据）和 SDCCH（Stand-Alone Dedicated Control Channel，独立专用控制信道，用在分配业务信道之前的呼叫建立过程中传送系统信令）相关，分别属于上行和下行信道，采用点对点的方式传播。在上行方向，SACCH 传送 MS 接收到的关于服务及邻小区信号强度的测量报告，而在下行方向，它用于 MS 的功率管理和时间调整。

保护时间与移动台在小区内的最大活动半径有关，半径越大则保护时间设置得越大。定时提前量调整距离变化带来的影响，其大小与移动台与基站间距离成正比。

（2）鉴权与加密

由于空中接口极易受到侵犯，GSM 为了保证通信安全，采取了特别的鉴权与加密措施。鉴权是为了确认移动台的合法性，而加密是为了防止第三者窃听。

鉴权中心（AUC）为鉴权与加密提供了 3 个参数（RAND、SRES 和 Kc），在用户入网签约时，用户鉴权密钥（Ki）连同 IMSI（客户识别码）一起分配给用户，这样每一个用户均有唯一的 Ki 和 IMSI，它们存储于 AUC 数据库和 SIM（用户识别）卡中。

每个客户在签约（注册登记）时，就被分配一个客户号码（客户电话号码）和客户识别码（IMSI）。IMSI 通过 SIM 写卡机写入客户 SIM 卡中，同时在写卡机中又产生一个对应此 IMSI 的唯一的客户鉴权密钥（Ki），它被分别存储在客户 SIM 卡和 AUC 中。AUC 中还有个伪随机码发生器，用于产生一个不可预测的伪随机数（RAND）。RAND 和 Ki 经 AUC 中的 A8 算法（也叫加密算法）产生一个 Kc（密钥），经 A3 算法（鉴权算法）产生一个响应数（SRES）。由产生 Kc 和 SRES 的 RAND 与 Kc、SRES 一起组成该客户的一个 3 参数组传送给 HLR，存储在该客户的客户资料库中。一般情况下，AUC 一次产生 5 组 3 参数，传送给 HLR，HLR 自动存储。HLR 可存储 10 组 3 参数，当 MSC/VLR 向 HLR 请求传送 3 参数组时，HLR 又一次性地向 MSC/VLR 传 5 组 3 参数。MSC/VLR 一组一组地用，用到剩两组时，再向 HLR 请求传送 3 参数组。

鉴权过程主要涉及 AUC、HLR、MSC/VLR 和 MS，它们均各自存储着与用户有关的信息或参数。

当 MS 发出入网请求时，MSC/VLR 就向 MS 发送 RAND，MS 使用该 RAND 以及与 AUC 内相同的鉴权密钥（Ki）和鉴权算法（A3），计算出符号响应（SRES），然后把 SRES 回送给 MSC/VLR 验证其合法性。

在数字移动通信系统中，用户接入网络系统（开机、起呼、寻呼等），需要对用户合法性进行检查，具体包括两部分：用户终端的合法性；用户身份的合法性。

GSM 为确保用户信息（语音或非语音业务）以及与用户有关的信令信息的私密性，在 BTS 与 MS 之间交换信息时专门采用了一个加密程序。

（3）基本业务流程

1）移动用户状态登记

移动用户一般处于 MS 开机（空闲状态）、MS 关机和 MS 忙 3 种状态之一，因此网络需要对这 3 种状态做相应的处理。

① MS 开机，网络对它做“附着”标记，分以下 3 种情况

若 MS 是第一次开机：在 SIM 卡中没有位置区识别码（LAI），MS 向 MSC 发送“位置更新请求”消息，通知 GSM 这是一个此位置区的新用户。MSC 根据该用户发送的 IMSI 号，向 HLR 发送“位置更新请求”，HLR 记录发请求的 MSC 号以及相应的 VLR 号，并向 MSC 回送“位置更新接受”消息。至此 MSC 认为 MS 已被激活，在 VLR 中对该用户对应的 IMSI 上做“附着”

标记，再向 MS 发送“位置更新证实”消息，MS 的 SIM 卡记录此位置区识别码。

若 MS 不是第一次开机，而是关机后再开机的，MS 接收到的 LAI 与它 SIM 卡中原来存储的 LAI 不一致，则 MS 立即向 MSC 发送“位置更新请求”，VLR 要判断原有的 LAI 是否是自己服务区的位置：如判断为肯定，MSC 只需要对该用户的 SIM 卡原来的 LAI 码改成新的 LAI 码即可；若为否定，MSC 根据该用户的 IMSI 号中的信息，向 HLR 发送“位置更新请求”，HLR 在数据库中记录发请求的 MSC 号，再回送“位置更新接受”，MSC 再对用户的 IMSI 做“附着”标记，并向 MS 回送“位置更新证实”消息，MS 将 SIM 卡原来的 LAI 码改成新的 LAI 码。

MS 再开机时，所接收到的 LAI 与它 SIM 卡中原来存储的 LAI 相一致：此时 VLR 只对该用户做“附着”标记。

② MS 关机，从网络中“分离”

MS 切断电源后，MS 向 MSC 发送分离处理请求，MSC/VLR 对该 MS 对应的 IMSI 上做“分离”标记。当该用户被寻呼后，HLR 向拜访的 MSC/VLR 要漫游号码（MSRN）时，VLR 会通知 HLR 该用户已关机。

③ MS 忙

此时，给 MS 分配一个业务信道传送话音或数据，并在用户 ISDN 上标注用户“忙”。

2）周期性登记

当 MS 向网络发送“IMSI 分离”消息时，有可能因为此时无线质量差或其他原因，GSM 无法正确译码，而仍认为 MS 处于附着状态。或者 MS 开着机，却在盲区，GSM 也不知道，仍认为 MS 处于附着状态。在这两种情况下，该用户若被寻呼，系统就会不断地发出寻呼消息，无效占用无线资源。

为了解决上述问题，GSM 采用了强制登记的措施。要求 MS 每过一定时间登记一次，这就是周期性登记。若 GSM 没有接收到 MS 的周期性登记信息，它所处的 VLR 就以“隐分离”状态在该 MS 上做记录，只有当再次接收到正确的周期性登记信息后，将它改写成“附着”状态。

3）位置更新

所谓位置更新，是通信网为了跟踪移动台的位置变化，而对其位置信息进行登记、删除和更新的过程。当移动台更换位置区时，移动台发现其存储器中的 LAI 与接收到的 LAI 发生了变化，便执行登记。位置更新是移动台主动发起的。

位置更新有两种情况：移动台的位置区发生了变化，但仍在同一 MSC 局内；移动台从一个 MSC 局移到了另一个 MSC 局。

① 同一 MSC 局内的位置更新

HLR 并不参与位置更新过程，移动台漫游到新的位置区时，分析接收到的位置区号码和存储在 SIM 卡中的位置区号码不一致，就向当前的基站控制器（BSC）发一个位置更新请求。BSC 接收到 MS 的位置更新请求，就向 MSC/VLR 发一个位置更新请求。VLR 修改这个 MS 的数据，将位置区号码改成当前的位置区号码，然后向 BSC 发一个应答消息。BSC 向 MS 发一个应答消息，MS 将自己 SIM 卡中存储的位置区号码改成当前的位置区号码。这样，一个同一 MSC 局内的位置更新过程就结束了。

② 越局位置更新

这时 HLR 就要参与位置更新过程，移动用户漫游到另一个 MSC 局时，移动台（MS）发现当前的位置区号码和 SIM 卡中存储的位置区号码不一致，就向 BSC2 发位置更新请求，BSC2 向

MSC2 发一个位置更新请求。MSC/VLR2 接到位置更新请求，发现当前 MSC 中不存在该用户信息（从其他MSC漫游过来的用户），就向用户登记的HLR发一个位置更新请求。HLR向MSC/VLR2 发一个位置更新证实，并将此用户的一些数据传送给 MSC/VLR2。MSC/VLR2 通过 BSC2 给 MS 发一个位置更新证实消息，MS 接到后，将 SIM 卡中位置区号码改成当前的位置区码。HLR 负责向 MSC/VLR1 发消息，通知 VLR1 将该用户的数据删除。

4）呼叫接续

① 移动用户主呼

移动台（MS）在随机接入信道（RACH）上，向基站（BS）发出“信道请求”信息，若 BS 接收成功，就给这个 MS 分配一个专用控制信道，即在准许接入信道（AGCH）上向 MS 发出“立即分配”指令。

MS 在发起呼叫的同时，设置一定时器，在规定的时间内可重复呼叫，如果按预定的次数重复呼叫后，仍收不到 BS 的应答，则放弃这次呼叫。

MS 收到“立即分配”指令后，利用分配的专用控制信道（DCCH）与 BS 建立起信令链路，经 BS 向 MSC 发送“业务请求”信息。MSC 向 VLR 发送“开始接入请求”应答信令。VLR 收到后，经 MSC 和 BS 向 MS 发出“鉴权请求”，其中包含一随机数（RAND），MS 按鉴权算法（A3）进行处理后，向 MSC 发回“鉴权”响应信息。

② 移动用户被呼

固定用户向移动用户拨出呼叫号码后，固定网络把呼叫接续到就近的移动交换中心，此移动交换中心在网络中起到入口（Gate Way）的作用，记作 GMSC。

GMSC 即向相应的 HLR 查询路由信息，HLR 在其保存的用户位置数据库中查出被呼 MS 所在的地区，并向该区的 VLR 查询该 MS 的漫游号码（MSRN）。

VLR 把该 MS 的漫游号码（MSRN）送到 HLR，并转发给查询路由信息的 GMSC。

GMSC 即把呼叫接续到被呼 MS 所在地区的移动交换中心，记作 VMSC。由 VMSC 向该 VLR 查询有关的“呼叫参数”，获得成功后，再向相关的基站（BS）发出“寻呼请求”。

基站控制器（BSC）根据 MS 所在的小区，确定所用的收发台（BTS），在寻呼信道（PCH）上发送此“寻呼请求”信息。

MS 收到寻呼请求信息后，在随机接入信道（RACH）向 BS 发送“信道请求”，由 BS 分配专用控制信道（DCCH），即在公用控制信道（CCCH）上给 MS 发送“立即指配”指令。MS 利用分配到的 DCCH 与 BS 建立起信令链路，然后向 VMSC 发回“寻呼”响应。

VMSC 接到 MS 的“寻呼”响应后，向 VLR 发送“开始接入请求”，接着启动常规的“鉴权”和“置密模式”过程。

VMSC 收到 MS 的“呼叫证实”信息后，向 BS 发出信道“指配请求”，要求 BS 给 MS 分配无线业务信道（TCH）。

5）越区切换

所谓越区切换，是指在通话期间，当移动台从一个小区进入另一个小区时，网络能进行实时控制，把移动台从原小区所用的信道切换到新小区的某一信道，并保证通话不间断（用户无感觉）。如果小区采用扇区定向天线，当移动台在小区内从一个扇区进入另一扇区时，也要进行类似的切换。

GSM 采用的越区切换办法称为移动台辅助切换（MAHO）法。其主要指导思想是把越区切换的检测和处理等功能部分地分散到各个移动台，即由移动台来测量本基站和周围基站的信号强度，把测得结果送给 MSC 进行分析和处理，从而做出有关越区切换的决策。

3.3.3 通用分组无线服务技术

GPRS（General Packet Radio Service，通用分组无线服务），是 GSM 移动电话用户可用的一种移动数据业务，属于第二代移动通信中的数据传输技术。GPRS 可以说是 GSM 的延续。但是 GSM 只能进行电路域的数据交换，且最高传输速率为 9.6kbit/s，难以满足数据业务的需求。因此，欧洲电信标准委员会（ETSI）推出了 GPRS（General Packet Radio Service，通用分组无线业务）。GPRS 采用与 GSM 同样的无线调制标准、频带、突发结构、跳频规则以及同样的 TDMA 帧结构。GPRS 和以往连续在频道传输的方式不同，GPRS 允许用户在端到端分组模式下发送和接收数据，是以封包（Packet）式来传输，就是将数据（Data）封装成许多独立的封包，而不需要利用电路交换模式的网络资源，从而提供了一种高效、低成本的无线分组数据业务。

1. GPRS 逻辑体系结构

GPRS 的逻辑结构图如图 3-25 所示。

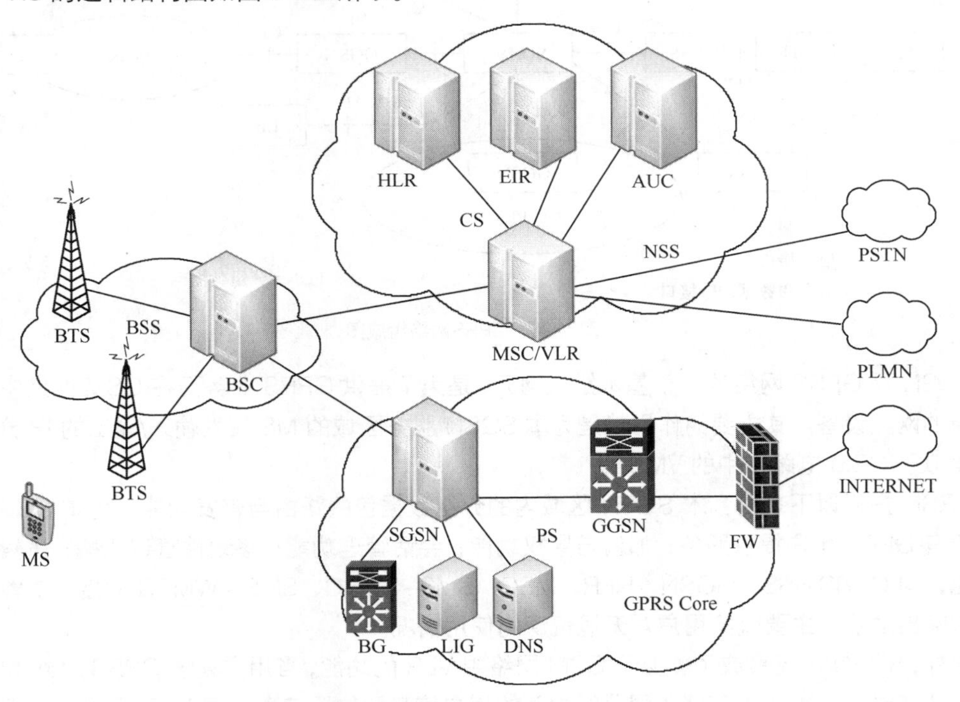

图3-25 GPRS的逻辑结构图

从图 3-25 中可以看出，GPRS 网络是基于已有的 GSM 网络来实现的。在 GSM 网络中需增加一些节点，如 GGSN（Gateway GPRS Supporting Node，GPRS 网关支持节点）和 SGSN（Serving GPRS Support Node，GPRS 服务支持节点）。GSN 是 GPRS 网络中最重要的网络节点。GSN 具有移动路由管理功能，它可以连接各种类型的数据网络，并可以连到 GPRS 寄存器。GSN 可以完成移动终端（即手机）和各种数据网络之间的数据传送和格式转换。GSN 可以是一种类似于路由器的独立设备，也可以与 GSM 中的 MSC（Mobile Switching Center，移动交换中心，用于将本网和其他网络连接起来）集成在一起。GSN 有两种类型：一种为 SGSN（Serving GSN，服务 GSN），另一种为 GGSN（Gateway GSN，网关 GSN）。SGSN 的主要作用是记录移动终端的当前位置信息，并且在移动终端和 GGSN 之间完成移动分组数据的发送和接收。GGSN 主要是起网关作用，它可以和多种不同的数据网络连接，如 ISDN（综合业务数字网）、PSPDN（分组交换公用数据网）和 LAN（局域网）等。国外有些资料甚至将 GGSN 称为 GPRS 路由器。GGSN 可以把 GSM 网中的 GPRS 分组数据包进行协议转换，从而可以把这些分组数据包传送到远端的 TCP/IP 或 X.25 网络。

GPRS 主要网络实体组成如图 3-26 所示。

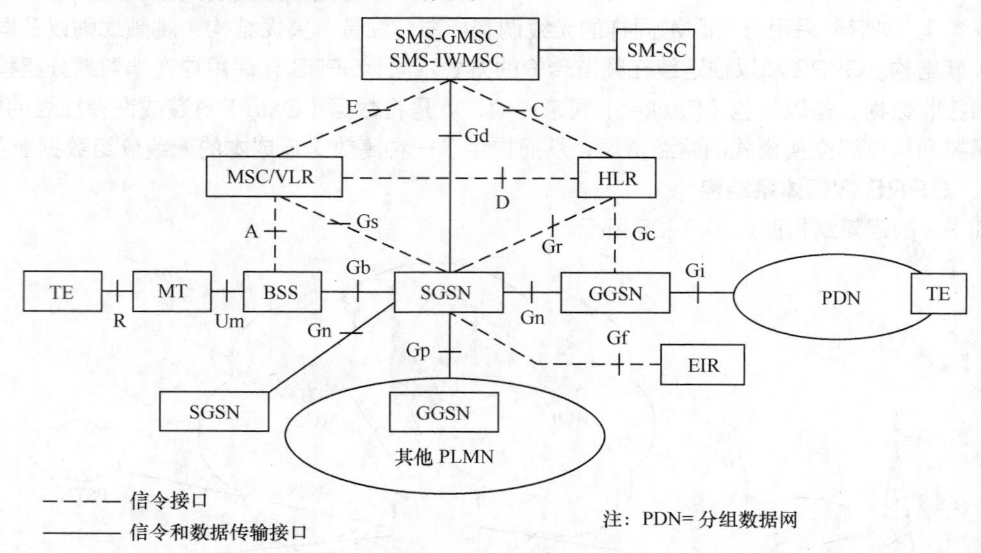

图3-26　GPRS网络组成图

SGSN 是 GPRS 网络的一个基本组成网元，是为了提供 GPRS 业务而在 GSM 网络中引进的一个新的网元设备。其主要的作用就是为本 SGSN 服务区域的 MS 转发输入/输出的 IP 分组，其地位类似于 GSM 电路网中的 VMSC。

SGSN 提供以下功能：本 SGSN 区域内的分组数据包的路由与转发功能，为本 SGSN 区域内的所有 GPRS 用户提供服务；加密与鉴权功能；会话管理功能；移动性管理功能；逻辑链路管理功能；同 GPRS BSS、GGSN、HLR、MSC、SMS-GMSC、SMS-IWMSC 的接口功能；话单产生和输出功能，主要收集用户对无线资源的使用情况。

此外，SGSN 中还集成了类似于 GSM 网络中 VLR 的功能，当用户处于 GPRS Attach（GPRS 附着）状态时，SGSN 中存储了同分组相关的用户信息和位置信息。同 VLR 相似，SGSN 中的大部分用户信息在位置更新过程中从 HLR 获取。

GGSN 也是为了在 GSM 网络中提供 GPRS 业务功能而引入的一个新的网元功能实体，提供数据包在 GPRS 网和外部数据网之间的路由和封装。用户选择哪一个 GGSN 作为网关，是在 PDP 上下文激活过程中根据用 3 户的签约信息以及用户请求的接入点名（Access Point Name，APN）来确定的。

GGSN 主要提供以下功能：同外部数据 IP 分组网络（IP、X.25）的接口功能，GGSN 需要提供 MS 接入外部分组网络的关口功能，从外部网的观点来看，GGSN 就好像是可寻址 GPRS

网络中所有用户 IP 的路由器，需要同外部网络交换路由信息；GPRS 会话管理，完成 MS 同外部网的通信建立过程；将移动用户的分组数据发往正确的 SGSN；话单的产生和输出功能，主要体现用户对外部网络的使用情况。

GPRS 主要网络接口如下。

Um 接口是 GPRS MS 与 GPRS 网络侧的接口，通过 MS 完成与网络侧的通信，完成分组数据传送、移动性管理、会话管理、无线资源管理等多方面的功能。

Gb 接口是 SGSN 和 BSS 间接口（在华为的 GPRS 系统中，Gb 接口是 SGSN 和 PCU 之间的接口），通过该接口 SGSN 完成同 BSS 系统、MS 之间的通信，以完成分组数据传送、移动性管理、会话管理方面的功能。该接口是 GPRS 组网的必选接口。在目前的 GPRS 标准协议中，指定 Gb 接口采用帧中继作为底层的传输协议，SGSN 同 BSS 之间可以采用帧中继网进行通信，也可以采用点到点的帧中继连接进行通信。

Gi 接口是 GPRS 与外部分组数据网之间的接口。GPRS 通过 Gi 接口和各种公众分组网（如 Internet 或 ISDN 网）实现互联，在 Gi 接口上需要进行协议的封装/解封装、地址转换（如私有网 IP 地址转换为公有网 IP 地址）、用户接入时的鉴权和认证等操作。

Gn 接口是 GRPS 支持节点间接口，即同一个 PLMN 内部 SGSN 间、SGSN 和 GGSN 间接口，该接口采用在 TCP/UDP 之上承载 GTP（GPRS 隧道协议）的方式进行通信。

Gs 接口是 SGSN 与 MSC/VLR 之间接口，Gs 接口采用 7 号信令上承载 BSSAP+协议的方式。SGSN 通过 Gs 接口和 MSC 配合完成对 MS 的移动性管理功能，包括联合的 Attach/Detach、联合的路由区/位置区更新等操作。SGSN 还将接收从 MSC 来的电路型寻呼信息，并通过 PCU 下发到 MS。如果不提供 Gs 接口，则无法进行寻呼协调，网络只能工作在操作模式 II 或 III，不利于提高系统接通率和无线资源利用率；如果不提供 Gs 接口，则无法进行联合位置区/路由区更新，不利于减轻系统信令负荷。

Gr 接口是 SGSN 与 HLR 之间的接口，Gr 接口采用 7 号信令上承载 MAP+协议的方式。SGSN 通过 Gr 接口从 HLR 取得关于 MS 的数据，HLR 保存 GPRS 用户数据和路由信息。当发生 SGSN 间的路由区更新时，SGSN 将会更新 HLR 中相应的位置信息；当 HLR 中数据有变动时，也将通知 SGSN，SGSN 会进行相关的处理。

Gd 接口是 SGSN 与 SMS-GMSC、SMS-IWMSC 之间的接口。通过该接口，SGSN 能接收短消息，并将它转发给 MS，SGSN 和 SMS_GMSC、SMS_IWMSC、短消息中心之间通过 Gd 接口配合完成在 GPRS 上的短消息业务。如果不提供 Gd 接口，当 C 类手机附着在 GPRS 网上时，它将无法收发短消息。另外，随着短消息业务量的增大，如果提供 Gd 接口，则可减少短消息业务对 SDCCH 的占有，从而减少对电路话音业务的冲击。

Gp 接口是 GPRS 网间接口，是不同 PLMN 网的 GSN 之间采用的接口，在通信协议上与 Gn 接口相同，但是增加了边缘网关（Border Gateway，BG）和防火墙，通过 BG 来提供边缘网关路由协议，以完成归属于不同 PLMN 的 GPRS 支持节点之间的通信。

Gc 接口是 GGSN 与 HLR 之间的接口，主要用于网络侧主动发起对手机的业务请求时，由 GGSN 用 IMSI 向 HLR 请求用户当前 SGSN 地址信息。由于移动数据业务中很少会有网络侧主动向手机发起业务请求的情况，因此 Gc 接口目前作用不大。在 Gc 接口不存在的情况下，GGSN 也可以通过与其在同一 PLMN 中有 SS7 接口的 GSNs，经过 GTP-to-MAP 协议转换来实现该 GGSN 与 HLR 的信令信息交互。

Gf 接口是 SGSN 与 EIR 之间的接口，由于目前网上一般都没有 EIR，因此该接口作用不大。

2. 增强型 GPRS

增强型 GPRS 中采用了增强数据传输技术（EDGE）。EDGE 采用与 GSM 相同的突发结构，能在符号速率不变的情况下，通过采用 8-PSK 调制技术来代替原来的 GMSK 调制，从而将 GPRS 的传输速率提高到原来的 3 倍，将 GSM 中每时隙的总速率从 22.8 kbit/s 提高到 69.2 kbit/s。

相对于 GPRS 来讲，在增强型 GPRS 中还引入了“链路质量控制”（Link Quality Control，LQC）的概念。一是通过估计信道的质量，选择最合适的调制和编码方式；二是通过逐步增加冗余度的方法来兼顾传输效率和可靠性。在传输开始时，使用高码率的信道编码（仅有很少的冗余度）来传输信息。

3.3.4 4G 技术的 TD-LTE 与 FDD-LTE

LTE（Long Term Evolution，长期演进）是由 3GPP（The 3rd Generation Partnership Project，第三代合作伙伴计划）组织制定的 UMTS（Universal Mobile Telecommunications System，通用移动通信系统）技术标准的长期演进，于 2004 年 12 月在 3GPP 多伦多会议上正式立项并启动。LTE 基于 OFDMA（正交频分复用多址）技术，在 LTE 的下行链路使用 OFDMA，上行链路采用 SC-FDMA（单载波 FDMA，也称为“DFT 扩展 OFDM”）。

OFDMA 强调的是在 OFDM（正交频分多路复用技术）这种调制方式下的多址，FDMA 强调的是频分的多址方式，与之对应的是 TDMA 和 CDMA（多址技术又叫多址接入技术，无线通信系统中，多用户同时通过同一个基站和其他用户进行通信，必须对不同用户和基站发出的信号赋予不同特征。这些特征使基站从众多手机发射的信号中，区分出是哪一个用户的手机发出来的信号；各用户的手机能在基站发出的信号中，识别出哪一个是发给自己的信号）。OFDMA 系统中的多址方式可以是 FDMA、TDMA 甚至 CDMA（较少）等多种方式的结合。复用针对单个用户，如某个用户的几个业务组合在一起占用一个信道。当然也可是不同的用户的业务组合占用一个信道。多址针对多个用户，每个用户一个地址（一个地址很可能是一个信道）。

LTE 是根据其具体实现细节、采用技术手段和研发组织的差别形成了许多分支，其中主要的两大分支是 LTE-TDD 与 LTE-FDD 版本。现在的 4G 网络其实指的就是 LTE 网络。TD-LTE 和 FDD-LTE 是 4G 的两种国际标准。中国移动采用的 TD-LTE 就是 LTE-TDD 版本，采用时分双工技术，同时也是由中国主导研制推广的版本；而 LTE-FDD 采用频分双工技术，是由美国主导研制推广的版本。

TDD 通过控制上下行数据在不同时段单向传输，采用时间来分离接收和发送信道，在 TDD 方式的移动通信系统中，接收和发送使用同一频率载波的不同时隙作为信道的承载，其单方向的资源在时间上是不连续的，时间资源在两个方向上进行了分配。某个时间段由基站发送信号给移动台，另外的时间由移动台发送信号给基站，基站和移动台之间必须协同一致才能顺利工作。

而 FDD 通过不同频谱，上下行数据同时传输，FDD 必须采用成对的频率，依靠频率来区分上下行链路，其单方向的资源在时间上是连续的。在优势方面，FDD 在支持对称业务时，可以充分利用上下行的频谱，但在支持非对称业务时，频谱利用率将大大降低。

TD-LTE 占用频段少，节省资源，带宽长，适合区域热点覆盖。LTE-FDD 速度更快，覆盖更广，但占用资源多，适合广域覆盖。

本章重要概念

- 无线网络是无线通信技术与网络技术相结合的产物。
- 无线局域网（WLAN）利用无线技术在空中传输数据、话音和视频信号，作为传统布线局域网络的一种替代方案或延伸。
- 无线城域网（WMAN）主要用于解决城域网的接入问题，覆盖范围为几千米到几十千米，除提供固定的无线接入外，还提供具有移动性的接入能力。
- 无线广域网通过使用由无线服务提供商负责维护的若干天线基站或卫星系统，使得笔记本电脑或者其他的设备装置在蜂窝网络覆盖范围内可以在任何地方连接到互联网。
- 无线路由器是一种连接多个网络或网段的网络设备，它能将不同网络或网段之间的数据信息进行“翻译”，以使它们能够相互“读”懂对方的数据，从而构成一个更大的网络。
- 无线控制器（Wireless Access Point Controller）是一种用来集中化控制无线 AP 的网络设备，是一个无线网络的核心，负责管理无线网络中的所有无线 AP。
- 移动通信的种类很多，如蜂窝移动通信、卫星移动通信、集群移动通信、无绳电话通信。其中，蜂窝移动通信的使用最为普遍。
- 移动通信系统采用一个叫作基站的设备来提供无线覆盖服务，为了在服务区实现无缝覆盖并提高系统的容量，可采用多个基站来覆盖给定的服务区，每个基站的覆盖区称为一个小区。

习题

3-1　什么是无线网络？从传输距离分类有哪些无线网络？

3-2　实现 WPAN 的关键技术有哪些？分别简述之。

3-3　无线网络接入设备主要有哪些？分别如何使用？

3-4　有固定基础设施 WLAN 的结构是哪样的？

3-5　解释如下名词：BSS、ESS、BSA、ESA、DSSS、FHSS、DCF、PCF。

3-6　请简述 CSMA/CA 的原理。

3-7　请举例分析解释隐终端效应和暴露终端效应。

3-8　无线接入的过程是怎样的？

3-9　移动通信系统基站覆盖形式有哪些？

3-10　分别介绍 4 种蜂窝移动通信系统的特点。

3-11　什么是 GSM，其网络结构是哪样的？

3-12　什么是 GPRS，它与 GSM 有什么区别？GPRS 是如何构成的？

3-13　我们常说的 4G 网络指的是什么？

Network Technology

Chapter 4

第 4 章 网络互联技术

互联网是 20 世纪最伟大的发明之一，最早于 1969 年起源于美国。经过几十年的发展，网络互联技术已经取得了突飞猛进的进步，互联网已经全面渗透到人类经济社会的各个领域，成为生产建设、经济贸易、科技创新、公共服务、文化传播、生活娱乐的新型平台和变革力量，推动着人类向信息化社会发展。

4.1 网络互联概述

网络互联是为了将两个或者两个以上具有独立自治能力、同构或异构的计算机网络连接起来，以形成能够实现数据流通，扩大资源共享范围，或者容纳更多用户的更加庞大的网络系统。

互联（Internetworking）：网络互联是指网络在物理和逻辑上，尤其是逻辑上的连接。

网络互联是指将两个或两个以上的计算机网络通过一定的方法，用一种或多种网络通信设备互联起来，从而构成更大的网络系统，实现网络间更广泛的资源共享，并通过通信达到不同网络上的用户可以进行信息和数据交换的目的。

要实现网络互联，需要满足如下的基本条件。

① 在需要连接的网络之间提供至少一条物理链路，并对这条链路具有相应的控制规程，使之能建立数据交换的连接。

② 在不同网络之间具有合适的路由，以便能相互通信以交换数据。

③ 可以对网络的使用情况进行监视和统计，以方便网络的维护和管理。

"互连"指在两个物理网络之间至少有一条物理链路，它为两个网络的数据交换提供了物质基础和可能性，但并不能保证两个网络一定能够进行数据交换，这取决于两个网络的通信协议是否相互兼容。

"互通"指两个网络之间可以交换数据，它仅仅涉及通信的两个网络之间的端端连接与数据交换，为互操作提供条件。

"互操作"指两个网络中不同计算机系统之间具有透明地访问对方资源的能力，一般由高层软件来实现。

因此，互连、互通、互操作表示了3层含义，互连是基础，互通是手段，互操作才是网络互联的目的。

按照地理覆盖范围对网络进行分类，网络互联主要有以下4种类型。

① 局域网与局域网互连（LAN-LAN），如以太网与令牌环之间的互连。

② 局域网与广域网互连（LAN-WAN），如使用公用电话网、分组交换网、DDN、ISDN、帧中继等连接远程局域网。

③ 广域网与广域网互连（WAN-WAN），如专用广域网与公用广域网的互连。

④ 局域网与广域网再连接局域网（LAN-WAN-LAN），如以太网通过DDN与令牌环之间的互连。

网络互联解决方案如下。

（1）面向连接的解决方案

面向连接的解决方案要求两个节点在通信时建立一条逻辑通道，所有的信息单元沿着这条逻辑通道传输。路由器将一个网络中的逻辑通道连接到另一个网络中的逻辑通道，最终形成一条从源节点至目的节点的完整通道。

（2）面向非连接的解决方案

与面向连接的互联网解决方案不同，面向非连接的解决方案并不需要建立逻辑通道。网络中的信息单元被独立对待，这些信息单元经过一系列的网络和路由器，最终到达目的节点。

将网络互相连接起来要使用一些中间设备，ISO 的术语称之为中继（Relay）系统。中继系统在网间进行协议和功能转换，具有很强的层次性。

根据中继系统所在的层次，可以有以下 4 种中继系统。

① 物理层中继系统，即转发器或中继器（Repeater）。

② 数据链路层中继系统，即网桥（Bridge）和交换机（Switch）。

③ 网络层中继系统，即路由器（Router）和三层交换机（Switch）。

④ 网络层以上的中继系统（应用层），即网关（Gateway）。

4.2 网络传输介质

实现网络互联，将数据、信息从这个网络传递到那个网络，需要通过一些载体，而这些载体就是传输介质。传输介质是计算机网络中发送方和接收方之间的物理通路。传输介质的特性对信道甚至整个传输系统设计有决定性的影响，设计传输系统的第一步就是选择合适的物理介质并了解它们的特性。传输介质可分为有线介质和无线介质两大类。有线传输介质有双绞线、同轴电缆、光纤等；无线传输介质有地面微波、卫星微波、红外线等。

4.2.1 双绞线

双绞线是网络互联中最常用的传输介质，是由两根具有绝缘保护层的铜导线组成的。一般由两根 22～26 号绝缘铜导线相互缠绕而成，“双绞线”的名字也是由此而来。实际使用时，是把多对（一般 4 对）不同颜色的双绞线一起包在一个绝缘电缆套管里，做成双绞线电缆，但一般把“双绞线电缆”直接称为“双绞线”。由于双绞线对信号也存在着较大的衰减，所以传输距离远时，信号的频率不能太高，而高速信号比如以太网则只能限制在 100m 以内。

1. 双绞线的分类

（1）根据屏蔽方式来划分

根据屏蔽方式的不同，双绞线分为非屏蔽双绞线和屏蔽双绞线两类，如图 4-1、图 4-2 所示。

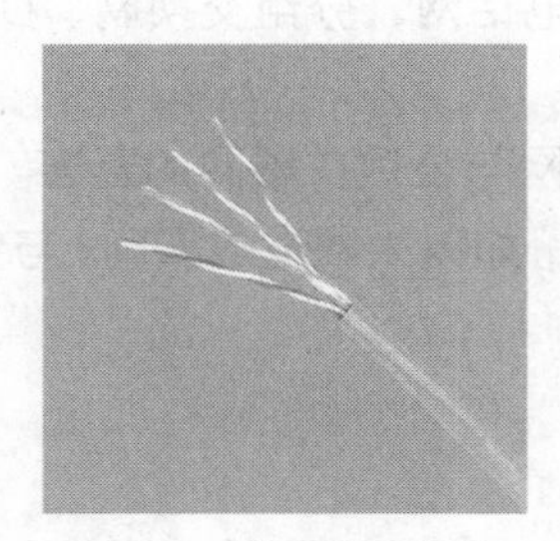

图4-1 非屏蔽双绞线

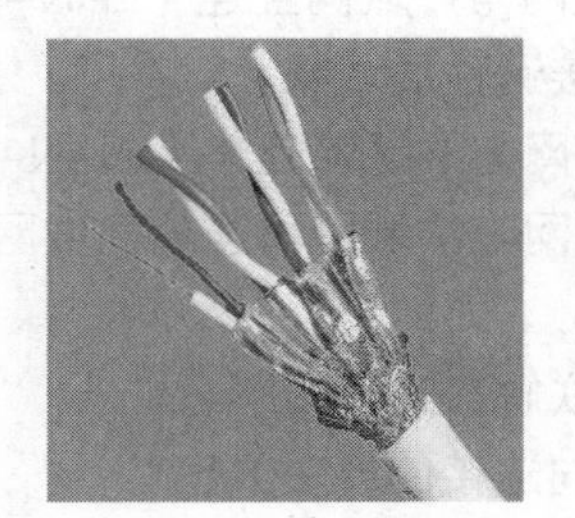

图4-2 屏蔽双绞线

1）非屏蔽双绞线

非屏蔽双绞线是最常用的网络连接传输介质。非屏蔽双绞线有 4 对绝缘塑料包皮的铜线。8 根铜线每两根互相绞扭在一起，形成线对。线缆绞扭在一起的目的是相互抵消彼此之间的电磁干扰。扭绞的密度沿着电缆循环变化，可以有效地消除线对之间的串扰。每米扭绞的次数需要精确地遵循规范设计，也就是说双绞线的生产加工需要非常精密。

非屏蔽双绞线的 4 对线中，有两对作为数据通信线，另外两对作为语音通信线。因此，在电话和计算机网络的综合布线中，一根 UTP 电缆可以同时提供一条计算机网络线路和两条电话通信线路。

非屏蔽双绞线有许多优点，电缆直径细，容易弯曲，因此易于布线。价格便宜也是非屏蔽双绞线的重要优点之一。缺点是其对电磁辐射采用简单扭绞，互相抵消的处理方式。因此，在抗电磁辐射方面，非屏蔽双绞线相对其他传输介质要弱。

2）屏蔽双绞线

屏蔽双绞线是在双绞线与外层绝缘封套之间有一个金属屏蔽层，线对之间也都有各自的屏蔽层。在信号传输过程中，屏蔽双绞线可以完全消除线对之间的电磁串扰，最外层的屏蔽层可以屏蔽来自电缆外的电磁干扰和无线电干扰。

屏蔽双绞线优点是抗电磁辐射的能力很强，适合于在工业环境和其他有严重电磁辐射干扰或无线电辐射干扰的场合布线。另外，屏蔽双绞线的外屏蔽层有效地屏蔽了线缆本身对外界的辐射。在军事、情报等特殊领域，以及审计署、财政部这样的政府部门，都可以使用屏蔽双绞线来有效地防止外界对线路数据的电磁侦听。对于线路周围有敏感仪器的场合，屏蔽双绞线也可以避免对它们的干扰。

屏蔽双绞线的缺点主要有两点，一个是价格贵，另外一个就是安装复杂。安装复杂是因为屏蔽双绞线的屏蔽层接地问题。电缆线对的屏蔽层和外屏蔽层都要在连接器处与连接器的屏蔽金属外壳可靠连接。交换设备、配线架也都需要良好接地。不然，反而会引入更严重的噪声。这是因为屏蔽双绞线的屏蔽层此时就会像天线一样去感应所有周围的电磁信号。因此，屏蔽双绞线电缆不仅是材料本身成本高，而且安装的成本也相应增加。

（2）按电气特性分类

按电气特性，可将双绞线分为一类线、二类线、三类线、四类线、五类线和超五类线、六类线和超六类线、七类线等。具体型号如下。

① 一类线（CAT1）：线缆最高频率带宽是 750kHz，用于报警系统，或只适用于语音传输（一类标准主要用于 20 世纪 80 年代初之前的电话线缆），不用于数据传输。

② 二类线（CAT2）：线缆最高频率带宽是 1MHz，用于语音传输和最高传输速率 4Mbit/s 的数据传输。

③ 三类线（CAT3）：指在 ANSI 和 EIA/TIA568 标准中指定的电缆，该电缆的传输频率 16MHz，最高传输速率为 10Mbit/s，主要应用于语音、10Mbit/s 以太网（10BASE-T）和 4Mbit/s 令牌环，最大网段长度为 100m，采用 RJ 形式的连接器，已淡出市场。

④ 四类线（CAT4）：该类电缆的传输频率为 20MHz，用于语音传输和最高传输速率 16Mbit/s（指的是 16Mbit/s 令牌环）的数据传输，主要用于基于令牌的局域网和 10BASE-T/100BASE-T。最大网段长为 100m，采用 RJ 形式的连接器，未被广泛采用。

⑤ 五类线（CAT5）：该类电缆增加了绕线密度，外套一种高质量的绝缘材料，线缆最高频率带宽为 100MHz，最高传输率为 100Mbit/s，用于语音传输和最高传输速率为 100Mbit/s 的数据传输，主要用于 100BASE-T 和 1000BASE-T 网络，最大网段长为 100m，采用 RJ 形式的连接器。这是最常用的以太网电缆。在双绞线电缆内，不同线对具有不同的绞距长度。通常，4 对双绞线绞距长度在 38.1mm 内，按逆时针方向扭绞，一对线对的扭绞长度在 12.7mm 以内。

⑥ 超五类线（CAT5e）：超五类具有衰减小，串扰少，并且具有更高的衰减与串扰的比值（ACR）和信噪比（SNR）、更小的时延误差，性能得到很大提高。超五类线主要用于千兆位以太网（1000Mbit/s）。

⑦ 六类线（CAT6）：该类电缆的传输频率为 1MHz～250MHz，六类布线系统在 200MHz 时综合衰减串扰比（PS-ACR）应该有较大的余量，它提供 2 倍于超五类的带宽。六类布线的传输性能远远高于超五类标准，最适用于传输速率高于 1Gbit/s 的应用。六类与超五类的一个重要的不同点在于：六类改善了在串扰以及回波损耗方面的性能，对于新一代全双工的高速网络应用而言，优良的回波损耗性能是极重要的。六类标准中取消了基本链路模型，布线标准采用星状的拓扑结构，要求的布线距离为：永久链路的长度不能超过 90m，信道长度不能超过 100m。

⑧ 超六类或 6A（CAT6A）：此类产品传输带宽介于六类和七类之间，传输频率为 500MHz，传输速度为 10Gbit/s，标准外径 6mm。和七类产品一样，国家还没有出台正式的检测标准，只是行业中有此类产品，各厂家宣布一个测试值。

⑨ 七类线（CAT7）：传输频率为 600MHz，传输速度为 10Gbit/s，单线标准外径 8mm，多芯线标准外径 6mm。

这些不同类型的双绞线标注方法是这样规定的，如果是标准类型则按 CATx 方式标注，如常用的五类线和六类线，则在线的外皮上标注为 CAT 5、CAT 6。而如果是改进版，就按 xe 方式标注，如超五类线就标注为 5e（字母是小写，而不是大写）。

原则上数字越大，版本越新、技术越先进、带宽也越宽，当然价格也越贵。无论是哪一种线，衰减度随频率的升高而增大。在设计布线时，要考虑到受到衰减的信号还应当有足够大的振幅，以便在有噪声干扰的条件下能够在接收端正确地被检测出来。双绞线能够传送多高速率的数据还与数字信号的编码方法有很大的关系。目前工程主流使用五类、超五类和六类双绞线。

2. 双绞线的制作

目前我们常用的双绞线是五类、超五类或者六类双绞线。在用双绞线做传输介质的以太网中，当信号通过双绞线电缆传输时，在电缆内的 4 对（8 根）铜线中，实际起作用的只有其中的两对，分别是 1—2 脚和 3—6 脚（1—2 负责发送数据，3—6 负责接收数据）。因此，在制作网线时，如果测试发现 1—2，3—6 这 4 根铜线成功，即使其他铜线未成功，这根网线也算成功了。

（1）双绞线制作标准

双绞线的制作方式有两种国际标准，分别为 T568A 以及 T568B，如图 4-3 所示。

568A 标准：绿白，绿，橙白，蓝，蓝白，橙，棕白，棕。

568B 标准：橙白，橙，绿白，蓝，蓝白，绿，棕白，棕。

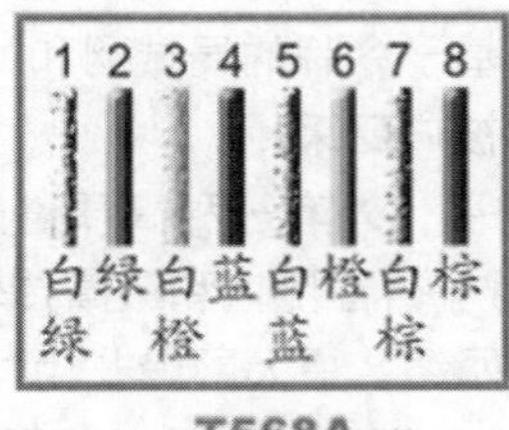

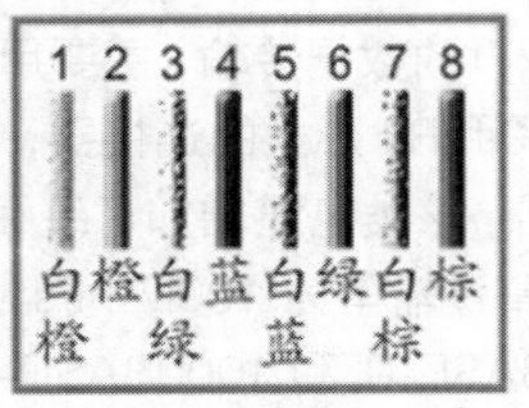

图4-3 双绞线制作标准

（2）双绞线的连接方法

双绞线的连接方法也主要有两种，分别为直通线缆以及交叉线缆。简单地说，直通线缆就是水晶头两端都同时采用 T568A 标准或者 T568B 的接法，而交叉线缆则是水晶头一端采用 T586A 的标准制作，而另一端则采用 T568B 标准制作，即 A 水晶头的 1、2 对应 B 水晶头的 3、6，而 A 水晶头的 3、6 对应 B 水晶头的 1、2。两种做法的差别就是橙色和绿色对换而已，对应的用法如表 4-1 所示。

表 4-1　双绞线用法

直通线	交叉线
计算机—集线器	计算机到计算机
计算机—交换机	集线器级联口—集线器级联口
集线器普通口—集线器级联口	集线器普通口—集线器普通口
集线器级联口—交换机	集线器普通口—交换机
交换机普通口—交换机级联口	交换机级联口—交换机级联口
交换机—路由器	交换机—路由器

（3）双绞线网线制作过程

第一步：首先利用压线钳的剪线刀口剪裁出计划需要使用到的双绞线长度，如图 4-4 所示。

第二步：需要把双绞线的灰色保护层剥掉，可以利用到压线钳的剪线刀口将线头剪齐，再将线头放入剥线专用的刀口，稍微用力握紧压线钳并慢慢旋转，让刀口划开双绞线的保护胶皮，如图 4-5 所示。扯掉保护胶皮后的双绞线如图 4-6 所示。

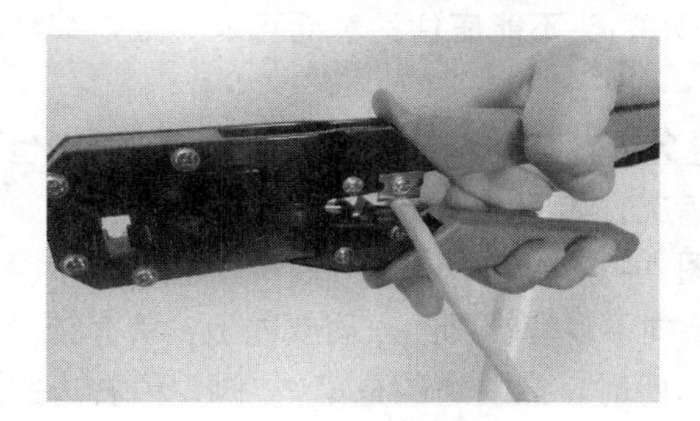

图4-4　裁剪双绞线

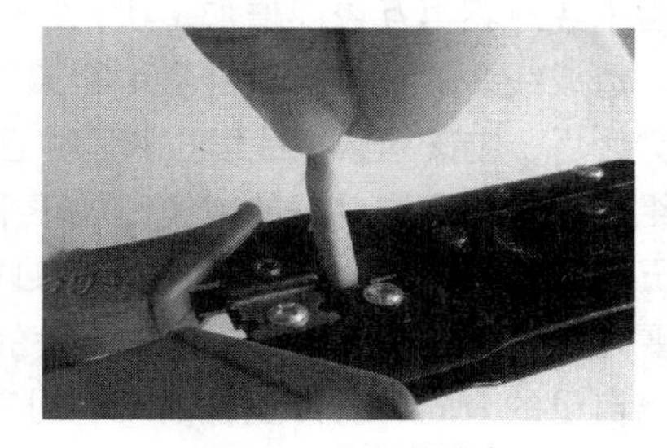

图4-5　剥保护胶皮

去掉一部分保护胶皮时，需要注意的是，压线钳挡位离剥线刀口长度通常恰好为水晶头长度，这样可以有效避免剥线过长或过短。若剥线过长，不仅看上去不美观，还会因网线不能被水晶头卡住，容易松动；若剥线过短，则因有保护层塑料的存在，不能完全插到水晶头底部，造成水晶头插针不能与网线芯线完好接触，当然也会影响线路的质量。

第三步：需要把每对都是相互缠绕在一起的线缆逐一解开，然后根据接线的规则，把几组线缆依次排列好并理顺，排列的时候应该注意尽量避免线路的缠绕和重叠，如图 4-7 所示。

把线缆依次排列并理顺之后，由于线缆之前是相互缠绕着的，因此线缆会有一定的弯曲，因此应该把线缆尽量扯直并尽量保持线缆平扁。把线缆扯直的方法也十分简单，利用双手抓着线缆然后向两个相反方向用力，并上下扯一下即可，如图 4-8 所示。

第四步：把线缆依次排列好并理顺压直之后，应该细心检查一遍，之后利用压线钳的剪线刀口把线缆顶部裁剪整齐，如图 4-9 所示。

图4-6　剥去保护胶皮

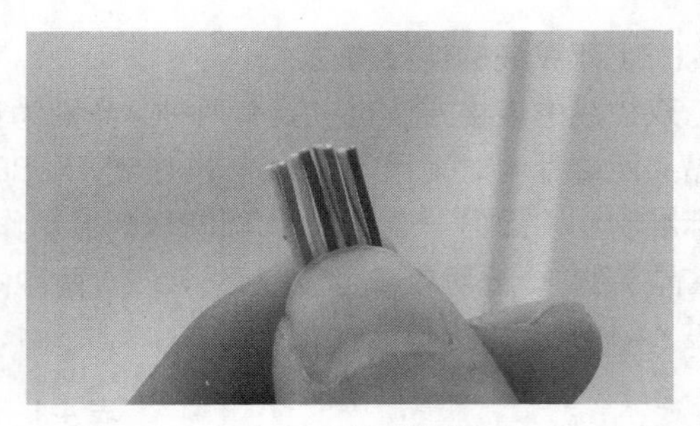

图4-7　排列线缆

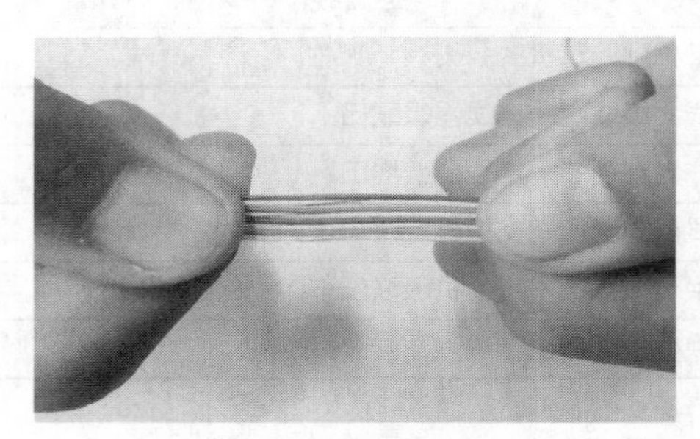

图4-8　扯直线缆

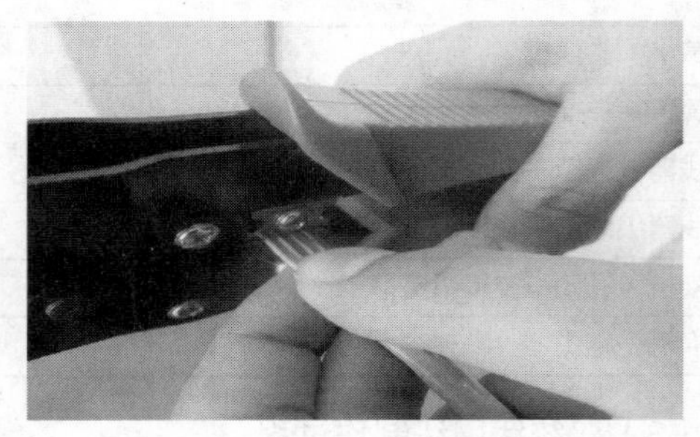

图4-9　裁剪线缆

需要注意的是，裁剪的时候应该是水平方向插入，否则线缆长度不一样会影响到线缆与水晶头的正常接触。若之前把保护层剥下过多的话，可以在这里将过长的细线剪短，保留的去掉外层保护层的部分约为 15mm，这个长度正好能将各细导线插入到各自的线槽。如果该段留得过长，一来会由于线对不再互绞而增加串扰，二来会由于水晶头不能压住护套而可能导致电缆从水晶头中脱出，造成线路的接触不良甚至中断。

裁剪之后，应该尽量把线缆按紧，并且应该避免大幅度的移动或者弯曲网线，否则也可能会导致几组已经排列且裁剪好的线缆出现不平整的情况，如图 4-10 所示。

第五步：把整理好的线缆插入水晶头内，如图 4-11 所示。

需要注意的是，水晶头有塑料弹簧片的一面要向下，有针脚的一面要向上，使有针脚的一端指向远离自己的方向，有方型孔的一端对着自己。此时，最左边的是第 1 脚，最右边的是第 8 脚，其余依次顺序排列。插入的时候，需要注意缓缓地用力把 8 条线缆同时沿 RJ-45 头内的 8 个线槽插入，一直插到线槽的顶端。

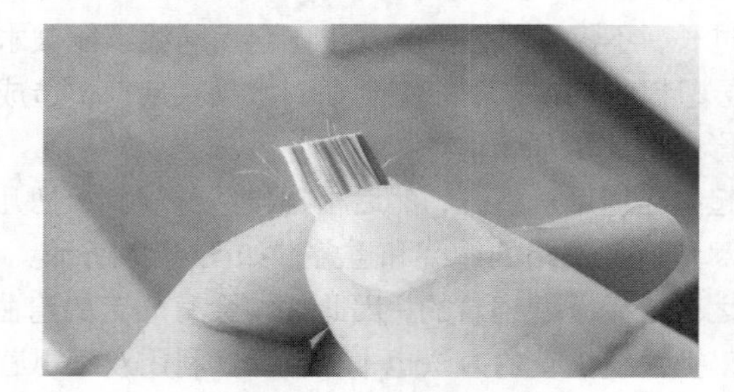

图4-10　裁剪后的线缆

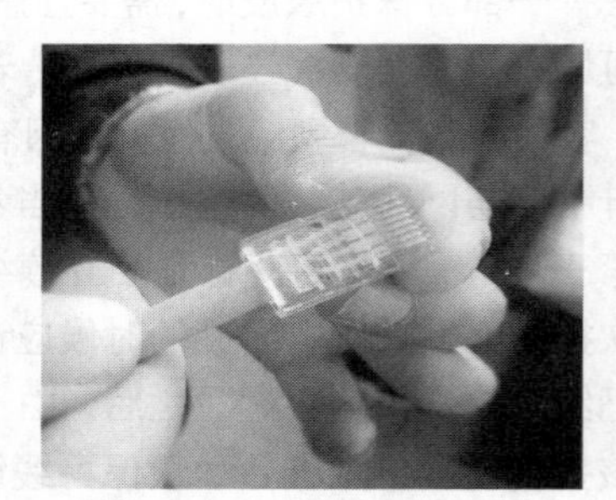

图4-11　向水晶头插入线缆

第六步：压制水晶头。确认无误之后就可以把水晶头插入压线钳的 8P 槽内压线了，把水晶头插入后，用力握紧线钳，若力气不够的话，可以使用双手一起压。这样一压使得水晶头凸出在外面的针脚全部压入水晶头内，受力之后听到轻微的“啪”一声即可，如图 4-12 所示。

图4-12　压紧水晶头

第七步：在完成双绞线的制作后，如图 4-13 所示。建议使用网线测试仪对网线进行测试。将双绞线的两端分别插入网线测试仪的 RJ-45 接口，并接通测试仪电源，如图 4-14 所示。如果测试仪上的 8 个绿色指示灯都顺利闪过，说明制作成功。如果其中某个指示灯未闪烁，则说明插头中存在断路或者接触不良的现象。此时应再次对网线两端的 RJ-45 插头用力压一次并重新测试，如果依然不能通过测试，则只能重新制作。

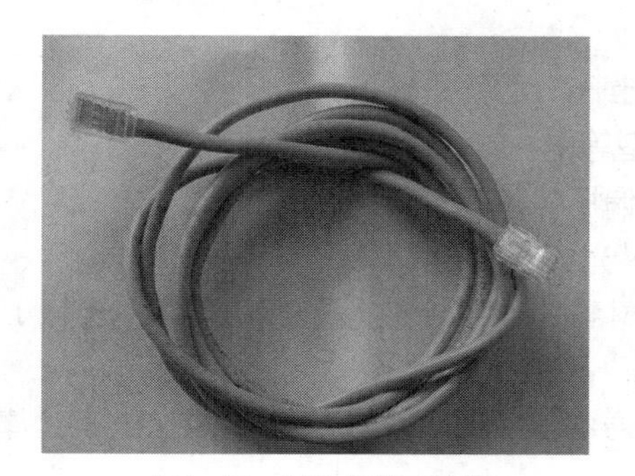

图4-13　制作好的双绞线

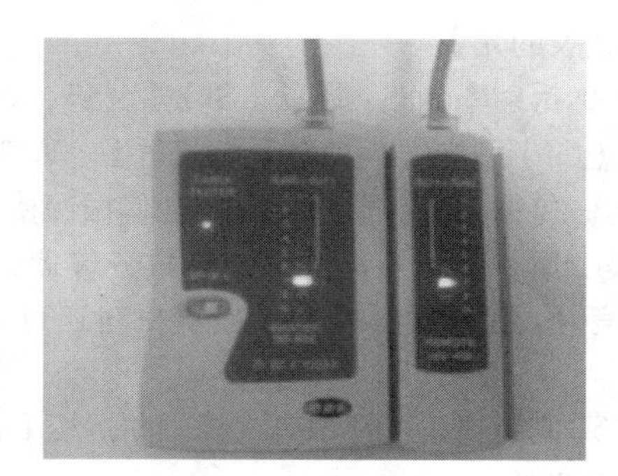

图4-14　测试双绞线

4.2.2　同轴电缆

同轴电缆，如图 4-15 所示，是用来传输射频信号（高频交流信号）的主要媒质，它是由芯线和屏蔽网筒构成的两根导体，因为这两根导体的轴心是重合的，故称同轴电缆或同轴线。

最基本的同轴电缆由绝缘材料隔离的铜线导体组成，在里层绝缘材料的外部是另一层环形导体及其绝缘体，然后整个电缆由聚氯乙烯材料的护套包住。同轴电缆同心结构使电磁场封闭在内外导体之间，故辐射损耗小，受外界干扰影响小。同轴电缆常用于传送多路电话和电视，是局域网中最常见的传输介质之一。

同轴电缆具有价格较便宜、铺设较方便的优点（相对于光纤而言），所以一般在小范围的监控系统中，由于传输距离很近，同轴电缆直接传送监控图像对图像质量的损伤不大，能满足实际要求。但是，根据对同轴电缆自身特性的分析，当信号在同轴电缆内传输时其受到的衰减与传输距离和信号本身的频率有关。一般来讲，信号频率越高，衰减越大。视频信号的带宽很大，达到 6MHz，并且图像的色彩部分被调制在频率高端，这样，视频信号在同轴电缆内传输时不仅信号整体幅度受到衰减，而且各频率分量衰减量相差很大，特别是色彩部分衰减最大。所以，同轴电缆只适合于近距离传输图像信号，当传输距离达到 200m 左右时，图像质量将会明显下降，特别是色彩变得暗淡，有失真感。

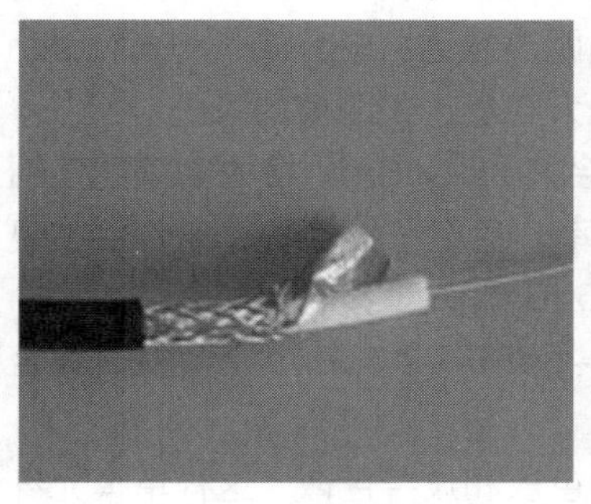

图4-15　同轴电缆

4.2.3 光纤

光纤，如图 4-16 所示，是光导纤维的简写，是一种利用光在玻璃或塑料制成的纤维中的全反射原理而达成的光传导工具。微细的光纤封装在塑料护套中，使得它能够弯曲而不至于断裂。

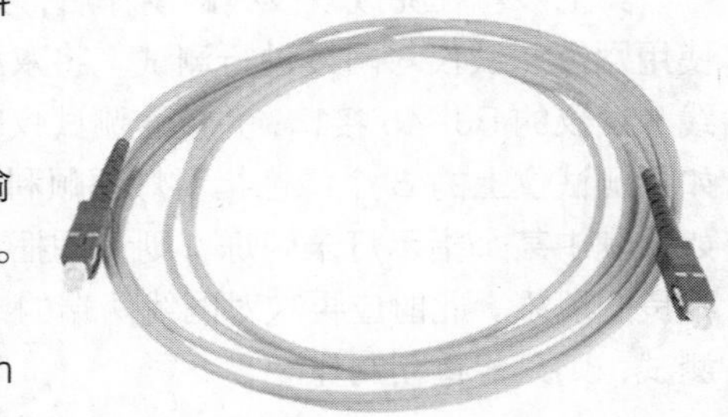

图4-16 光纤

1. 光纤分类

光纤的分类主要是从工作波长、折射率分布、传输模式、原材料和制造方法上作一归纳的，各种分类如下。

① 工作波长：紫外光纤、可观光纤、近红外光纤、红外光纤（一般光纤中应用的是 0.85μm、1.3μm、1.55μm 三种波长的光）。

② 折射率分布：阶跃（SI）型光纤、近阶跃型光纤、渐变（GI）型光纤、其他（如三角型、W 型、凹陷型等）。

③ 传输模式：单模光纤（含偏振保持光纤、非偏振保持光纤）、多模光纤。

④ 原材料：石英光纤、多成分玻璃光纤、塑料光纤、复合材料光纤（如塑料包层、液体纤芯等）、红外材料等。按被覆材料还可分为无机材料（碳等）、金属材料（铜、镍等）和塑料等。

⑤ 制造方法：预塑有汽相轴向沉积（VAD）、化学汽相沉积（CVD）等；拉丝法有管律法和双坩锅法等。

2. 单模光纤与多模光纤

光纤是一种光波导，因而光波在其中传播也存在模式问题。所谓“模”是指以一定角速度进入光纤的一束光。模式是指传输线横截面和纵截面的电磁场结构图形，即电磁波的分布情况。一般来说，不同的模式有不同的场结构，且每一种传输线都有一个与其对应的基模或主模。基模是截止波长最长的模式。除基模外，截止波长较短的其他模式称为高次模。

根据光纤能传输的模式数目，可将其分为单模光纤和多模光纤。多模光纤允许多束光在光纤中同时传播，从而形成模分散（因为每一个模光进入光纤的角度不同它们到达另一端点的时间也不同，这种特征称为模分散）。模分散技术限制了多模光纤的带宽和距离。单模光纤只能允许一束光传播，所以单模光纤没有模分散特性。

（1）单模光纤

单模光纤（Single Mode Fiber）的中心高折射率玻璃芯直径有 3 种型号：8μm、9μm 和 10μm，只能传一种模式的光。相同条件下，纤径越小衰减越小，可传输距离越远。中心波长为 1310nm 或 1550nm。单模光纤用激光器作为光源。单模光纤用于主干、大容量、长距离的系统。

单模口发射功率范围一般在 0dBm 左右，一些超长距接口会高达+5dBm，接收功率的范围在−23dBm～0dBm 之间。（注：最大可接收功率叫作过载光功率，最小可接收功率叫作接收灵敏度。工程上要求正常工作接收光功率小于过载光功率 3dBm～5dBm，大于接收灵敏度 3dBm～5dBm。一般来讲不管单模接口还是多模接口，实际接收功率在−5dBm～15dBm 之间算比较合理的工作范围。）

单模光纤模间色散很小，适用于远程通信，但还存在着材料色散和波导色散，这样单模光纤对光源的谱宽和稳定性有较高的要求，即谱宽要窄，稳定性要好。

（2）多模光纤

多模光纤（Multi Mode Fiber）的中心高折射率玻璃芯直径有两种型号——62.5μm 和 50μm，可传多种模式的光。中心波长多为 850nm，也有用 1310nm。多模光纤用发光二极管作为光源。多模光纤用于小容量，短距离的系统。

多模口发射功率比单模口小，与 GBIC 或 SFP 的型号直接相关，一般在-9.5dBm ~ -4dBm 之间；多模口接收功率一般在-20dBm ~ 0dBm 之间。

多模光纤模间色散较大，这就限制了传输数字信号的频率，而且随距离的增加会更加严重。例如，600MB/km 的光纤在 2km 时则只有 300MB 的带宽了。因此，多模光纤传输的距离就比较近，一般只有几千米。

3. 光纤接头与光纤连接器

光纤连接器（也叫光纤适配器、法兰盘）是光纤与光纤之间进行可拆卸（活动）连接的器件，它是把光纤的两个端面精密对接起来，以使发射光纤输出的光能量能最大限度地耦合到接收光纤中去，并使由于其介入光链路而对系统造成的影响减到最小。在一定程度上，光纤连接器也影响了光传输系统的可靠性和各项性能。图 4-17、图 4-18 所示是一些目前比较常见的光纤接口和光纤连接器。

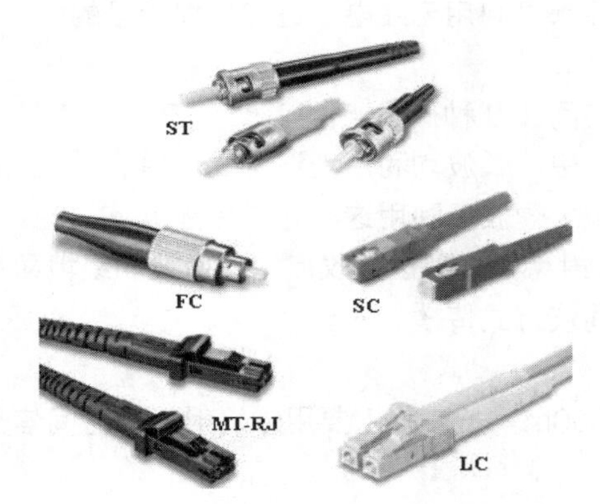

图4-17　光纤连接器（一）

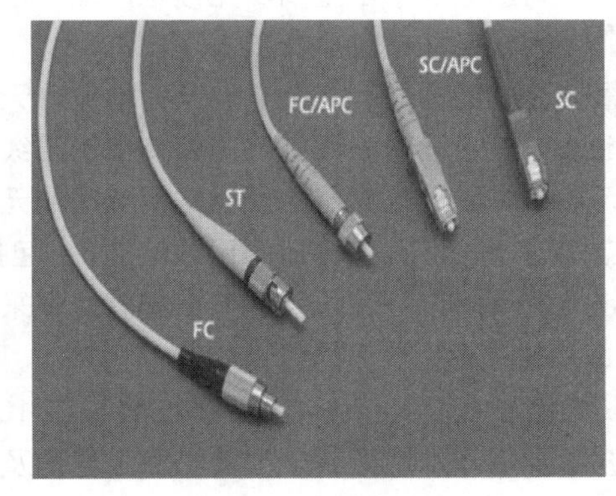

图4-18　光纤连接器（二）

4. 光纤模块

光纤模块是光纤通信系统中的重要器件，能够进行光电信号间的转换，具有接收和发射作用。光纤模块一般都支持热插拔。

（1）光纤模块原理

光纤模块由光电子器件，作用电路和光接口等组成，光电子器件包括发射和接收两部分。

发射部分：输入一定码率的电信号经内部的驱动芯片处理后驱动半导体激光器（LD）或发光二极管（LED）发射出相应速率的调制光信号，其内部带有光功率自动控制电路，使输出的光信号功率保持稳定。

接收部分：一定码率的光信号输入模块后由光探测二极管转换为电信号。经前置放大器后输出相应码率的电信号，输出的信号一般为 PECL 电平。同时在输入光功率小于一定值后会输出一个告警信号。

光检测器：把来自光纤的光信号还原成电信号，经放大、整形、再生，恢复原形后输入电端机接收。

（2）光纤模块分类

光纤模块如图 4-19 所示。

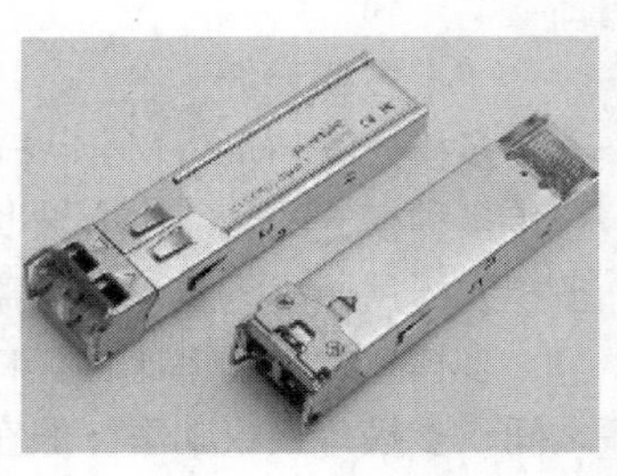

图4-19　光纤模块

① 按照速率分：以太网应用的 100Base（百兆）、1000Base（千兆）光模块，10 GESDH 应用的 155M、622M、2.5G、10G 光模块。

② 按照封装分：1×9、SFF、SFP、GBIC、XENPAK、XFP。

4.2.4　无线电波

在电磁场里，磁场的任何变化会产生电场，电场的任何变化也会产生磁场。交变的电磁场不仅可能存在于电荷、电流或导体的周围，而且能够脱离其产生的波源向远处传播，这种在空间以一定速度传播的交变电磁场，就称为电磁波。频率从几十 Hz（甚至更低）到 3000GHz 左右（波长从 30km 到 0.1mm 左右）频谱范围内的电磁波，称为无线电波。

电波的传播不依靠电线，也不像声波那样，必须依靠空气媒介帮它传播，有些电波能够在地球表面传播，有些波能够在空间直线传播，也能够从大气层上空反射传播，有些波甚至能穿透大气层，飞向遥远的宇宙空间。无线电广播、电视广播都是利用无线电波进行传播信号的。

（1）无线电波的种类

根据波长的不同，无线电波分为地波、天波和空间波 3 种形式。

地波——沿地球表面空间向外传播的无线电波。中、长波均利用地波方式传播。

天波——依靠电离层的反射作用传播的无线电波。短波多利用这种方式传播。

空间波——沿直线传播的无线电波。它包括由发射点直接到达接收点的直射波和经地面反射到接收点的反射波。超短波的电视和雷达多采用空间波方式传播。

（2）各种无线电波的传播特性

长波波长在 3000m 以上，中波波长在 100～1000m。长波段主要用作发射标准时间信号。而中波主要用作本地无线电广播和海上通信及导航。

短波主要靠天波传播。传送距离较远，甚至可以用作国际无线电广播，远距离无线电话和电报通信等。

超短波是波长在 1～10m 的波，只能用空间波传播，其主要以直线传播为主，由于有地球曲率的影响，传播距离较短，不得不靠增加天线高度来增加通信距离，如无线电视等。

4.2.5　红外线

红光外侧的光线，在光谱中波长自 0.75～1000μm 的一段被称为红外光，又称红外线。红外线属于电磁波的范畴，是一种具有强热作用的电磁波。红外线是一种光波，它的波长比无线电波短，比可见光长，肉眼看不到红外线，可以当作传输媒介。

红外线接口的特点如下。

① 用来取代点对点的线缆连接。

② 小角度（30° 锥角以内），短距离。

③ 点对点直线数据传输，保密性强。

④ 传输速率较高。

4.3 网络互联设备

4.3.1 网卡

网卡（Network Interface Card，NIC），也称网络适配器，是计算机与局域网相互连接的设备。无论是普通计算机还是高端服务器，只要连接到局域网，就都需要安装一块网卡。如果有必要，一台计算机也可以同时安装两块或多块网卡。网卡是局域网中最基本的部件之一，它是连接计算机与网络的硬件设备。无论是双绞线连接、同轴电缆连接还是光纤连接，都必须借助于网卡才能实现数据的通信。平常所说的网卡就是将 PC 和 LAN 连接的网络适配器。网卡插在计算机主板插槽中，负责将用户要传递的数据转换为网络上其他设备能够识别的格式，通过网络介质传输。它的主要技术参数为带宽、总线方式、电气接口方式等。

网卡的功能主要有并行到串行的数据转换、包的装配和拆装、网络存取控制，数据缓存和网络信号。网卡的基本功能是与网络操作系统配合工作，负责将要发送的数据转换为网络上其他设备能够识别的格式。

网卡工作在数据链路层，主要完成物理层和数据链路层的大部分功能。主机与网卡通过控制总线来传输控制命令与响应，通过数据总线来发送与接收数据。

MAC 地址又叫网卡的物理地址或硬件地址，通常是由网卡生产厂家烧入网卡的 EPROM（一种闪存芯片，通常可以通过程序擦写），它存储的是传输数据时真正赖以标识发出数据的计算机和接收数据的主机的地址。MAC 地址由 48 比特长（6 字节），16 进制的数字组成，0～23 位叫作组织唯一标志符（Organizationally Unique），是识别 LAN（局域网）节点的标识，24～47 位是由厂家自己分配。例如，44-45-53-54-00-00，以机器可读的方式存入主机接口中。

4.3.2 中继器

中继器（RP Repeater）是连接网络线路的一种装置，常用于两个网络节点之间物理信号的双向转发工作。中继器是最简单的网络互联设备，主要完成物理层的功能，负责在两个节点的物理层上按位传递信息，完成信号的复制、调整和放大功能，以此来延长网络的长度。中继器是工作在 OSI 参考模型物理层上的一种最简单的局域网设备，用来实现物理层之间的互联。

（1）中继器的主要功能

中继器的功能就是将因传输而衰减和畸变的信号进行放大、整形和转发，以延长信号的传输距离。

（2）中继器的工作原理

中继器的结构非常简单，没有软件，只是物理层的信号增强，以便传输到另一个网段，而各网络段属于同一网络，各网段上的工作站可以共享某一网段上的文件服务器。

（3）中继器的主要优点

中继器安装简单，可以轻易地扩展网络的长度，使用方便，价格相对低廉。另外，中继器工作在物理层，因此它要求所连接的网段在物理层以上使用相同或兼容协议。

（4）中继器的主要缺点

① 中继器用于局域网之间有条件的连接。

② 中继器不能提供所连接网段之间的隔离功能。

③ 中继器不能抑制广播风暴。

④ 使用中继器扩展网段和网络距离时，其数目有所限制。

4.3.3 网桥

网桥（Bridge）是连接两个局域网的设备，工作在数据链路层，准确地说，它工作在 MAC 子层上，可以完成具有相同或相似体系结构网络系统的连接。网桥对端点用户是透明的，像一个聪明的中继器。网桥是为各种局域网存储转发数据而设计的，可以将不同的局域网连在一起，组成一个扩展的局域网。它将两个相似的网络连接起来，对网络数据的流通进行管理，不但能扩展网络的距离或范围，而且可提高网络的性能以及可靠性和安全性。

网桥的基本类型如下。

① 透明网桥：通过一个内部转发地址进行路径选择，它的存在和操作对网络站点是完全透明的，故称它为透明网桥。

② 源路由桥：采用与透明桥不同的路径选择方案，路径选择由发送数据帧的源站点负责。

③ MAC 网桥：工作在介质访问控制子层的网络互联设备，它只能互联具有相同 MAC 协议的同类局域网。

④ LLC 网桥：它作用于逻辑链路控制子层，能够连接采用不同 MAC 协议的异类局域网。

⑤ 本地网桥和远程网桥：本地网桥用于连接近距离局域网；远程网桥具有广域网连接能力，实现局域网的远程连接，如无线网桥。

4.3.4 集线器

集线器（Hub）是局域网中重要的部件之一，其实质是一个多端口的中继器。中继器通常带有两个端口，用于连接一对同轴电缆。而随着双绞线以太网的出现，中继器被做成具有多个端口的装置，用在星型布线系统中，被称为集线器。

集线器的主要功能如下。

① 放大和整形功能。

② 检测冲突功能。

③ 端口扩展功能。

④ 数据转发功能。

⑤ 介质互连功能。

集线器作为以太网的中心连接设备时，所有节点通过非屏蔽双绞线与集线器连接。在物理结构是星状结构，在逻辑上仍然是总线结构，并且在 MAC 层仍然使用 CSMA/CD 介质访问控制方法。

4.3.5 交换机

交换机（Switch）也称为交换器或交换式集线器，是专门为计算机之间能够相互通信且独享带宽而设计的一种包交换设备。目前交换机已取代传统集线器在网络连接中的霸主地位，成为组建和升级以太局域网的首选设备。

交换机大多工作数据链路层，其功能是对封装数据进行转发，在端口之间建立并行的连接，以缩小冲突域，并隔离广播风暴。交换机的最大特点是可以将一个局域网划分成多个端口，每个端口可以构成一个网段，扮演着一个网桥的角色，而且每一个连接到交换机上的设备都可以享用自己的专用带宽。

4.3.6 路由器

路由器与网关是局域网与广域网互联的主要设备。路由器是工作在 OSI/ISO 的第三层的网络互联设备，可以连接两个或多个逻辑上相互独立的网络，如图 4–20 所示。

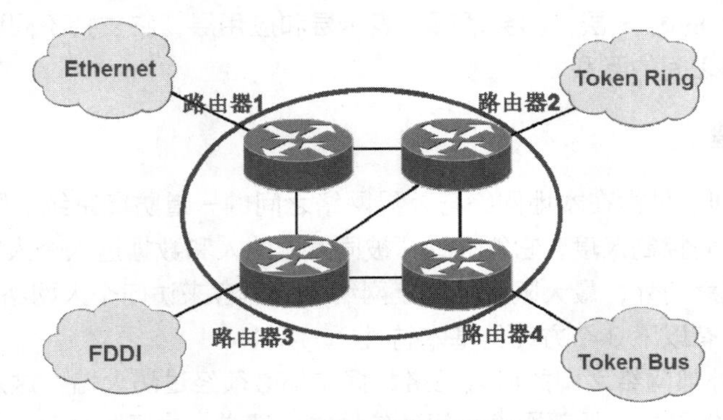

图4–20　路由器工作示意图

路由器的主要功能如下。

① 网络分段与互联功能：在组网时常根据实际需求将整个网络分割成不同的子网，路由器可以将不同的 LAN 进行互联。

② 隔离广播风暴功能：将网络分成各自独立的广播网域，使网络中的广播通信量限定在某一局部，避免广播风暴的形成。

③ 地址判断和最佳路由选择功能：路由器为每一种网络层协议建立路由表，并按指定协议路由表中的数据决定数据的转发与否。

④ 安全访问控制功能：路由器具有加密和优先级等处理功能，能有效地利用带宽资源，并能利用数据过滤限定特定数据的转发。

⑤ 设备管理功能：路由器可了解高层信息，还可以通过软件协议本身的流量控制参量来控制转发的数据流量，以解决拥塞问题。

4.3.7 无线 AP

无线 AP（Access Point，无线访问节点、会话点或存取桥接器）是一个包含很广的名称，它不仅包含单纯性无线接入点（无线 AP），也同样是无线路由器（含无线网关、无线网桥）等类设备的统称，主要提供无线工作站对有线局域网和从有线局域网对无线工作站的访问，在访问接入点覆盖范围内的无线工作站可以通过它进行相互通信，是无线网和有线网之间沟通的桥梁，相当于一个无线集线器、无线收发器。

4.3.8 网关

网关的主要作用是实现不同网络传输协议的翻译和转换工作，其重要功能是完成网络层上的某种协议之间的转换。网关支持不同协议之间通信的方式有如下 3 种。

① 远端业务协议封装：外部业务数据采用本地网络数据格式进行封装，当数据到达接收端用户后，去掉本地网络的封装格式，将原有的数据内容提交给应用系统。

② 本地业务协议封装：本地业务数据采用远端网络数据格式进行封装，当数据传送给接收端用户后，去掉本地网络的封装格式，将原有的数据内容提交给应用系统。

③ 协议转换：通过中间网络设备改变数据的封装格式，以保证不同协议格式的系统之间可以进行通信。

网关工作在 OSI 的高 3 层，即会话层、表示层和应用层，它支持不同协议之间的转换，实现使用不同协议网络之间的互联。

4.3.9 防火墙

防火墙（Firewall）是指在本地网络与外界网络之间的一道防御系统。防火墙是在两个网络通信时执行的一种访问控制尺度，它能允许“被同意”的人和数据进入个人网络，同时将“不被同意”的人和数据拒之门外，最大限度地阻止网络中的黑客来访问个人网络。

典型的防火墙具有以下 3 个方面的基本特性。

① 内部网络和外部网络之间的所有网络数据流都必须经过防火墙：这是防火墙所处网络位置特性，只有当防火墙是内、外部网络之间通信的唯一通道，才可以全面、有效地保护企业内部网络不受侵害。

② 只有符合安全策略的数据流才能通过防火墙：防火墙将网络上的流量通过相应的网络接口接收上来，按照 OSI 协议栈的 7 层结构顺序上传，在适当的协议层进行访问规则和安全审查，然后将符合通过条件的报文从相应的网络接口送出，而对于那些不符合通过条件的报文则予以阻断。

③ 防火墙自身应具有非常强的抗攻击免疫力：这是防火墙之所以能担当企业内部网络安全防护重任的先决条件。

防火墙最基本的功能就是控制在计算机网络中，不同信任程度区域间传送的数据流。典型信任的区域包括互联网（一个没有信任的区域）和一个内部网络（一个高信任的区域）。

防火墙的作用如下。

① 防火墙是网络安全的屏障。

② 防火墙可以强化网络安全策略。

③ 对网络存取和访问进行监控审计。

④ 防止内部信息的外泄。

4.3.10 入侵检测系统

入侵检测系统（Intrusion Detection System，IDS）成了构建网络安全体系中不可或缺的组成部分。IDS 主要用于检测黑客（Hacker 或 Cracker）通过网络进行的入侵行为。

IDS 入侵检测系统是一个监听设备，与防火墙联动，更有效地阻断所发生的攻击事件，从而使网络隐患降至较低限度。

在下一代的入侵检测系统中，将把现在的基于网络和基于主机这两种检测技术很好地集成起来，提供集成化的攻击签名、检测、报告和事件关联功能，如表 4-2 所示。

表 4-2　各设备对比表

互联设备	互联层次	应用场合	功能	优点	缺点
中继器	物理层	互联相同 LAN 的多个网段	信号放大；延长信号传送距离	互联容易；价格低；基本无延迟	互联规模有限；不能隔离不需要的流量；无法控制信息传输
网桥	数据链路层	各种局域网的互联	连接局域网；改善局域网性能	互联容易；协议透明；隔离不必要的流量；交换效率高	会产生广播风暴；不能完全隔离不必要的流量；管理控制能力有限有延迟
路由器	网络层	LAN 与 LAN 互联 LAN 与 WAN 互联 WAN 与 WAN 互联	路由选择；过滤信息；网络管理	适合于大规模复杂网络互联；管理控制能力强；充分隔离不必要的流量；安全性好	网络设置复杂；价格高；延迟大
网关	传输层 应用层	互联高层协议不同的网络；连接网络与大型主机	在高层转换协议	可以互联差异很大的网络；安全性好	通用性差；不易实现

4.4 网络设备基本配置

4.4.1 交换机及其管理

交换机（Switch）是一种在通信系统中完成信息交换功能的设备，是一种存储转发设备，如图 4-21 所示。以太网交换机采用存储转发（Store-Forward）技术或直通（Cut-Through）技术来实现信息帧的转发，也称为交换式集线器。交换机在网络中是信息的中转站，它把从某个端口接收到的数据从交换机的其他端口发送出去，完成数据的交换。

图4-21　Cisco系列交换机

1. 交换机的硬件组成

交换机的硬件结构如图 4-22 所示。

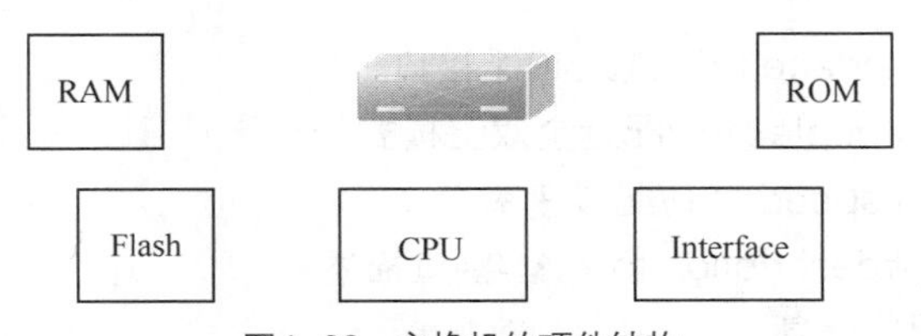

图4-22　交换机的硬件结构

（1）CPU（中央处理单元）

交换机的 CPU 与个人计算机的 CPU 类似，是进行数据处理与传输的重要部件，它实现交换机中高速的数据传输。

（2）RAM（随机存储器）

随机存取存储器，是交换机的主存，用于存储运行配置等信息，以实现数据的高速访问。

（3）ROM（只读存储器）

ROM（Read-Only Memory，只读内存），是一种只能读出事先所存数据的固态半导体存储器。其特性是一旦储存资料就无法再将之改变或删除。通常用在不需经常变更资料的电子或计算机系统中，并且资料不会因为电源关闭而消失。交换机中用于开机诊断、引导程序和操作系统等，它是交换机开机加电后运行的第一个程序，负责引导和加载 IOS（Internet Operating System）到内存中运行。

（4）Flash（闪存）

闪存是一种固态内存，具有速度快、非易失性等特点，但它必须按块（Block）进行擦除。交换机中一般用来存放系统软件映像、启动配置文件等。

（5）Interface（接口电路）

接口电路是交换机与传输系统的分界面，它规定了可以使用的传输媒介及其两端连接器的几何和物理参数，使交换机能和不同类型、不同厂家的传输系统互连。

2. 配置交换机

（1）计算机连接交换机

其配置如图 4-23 所示。

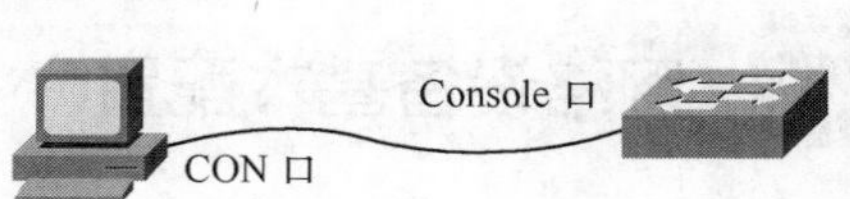

图4-23　PC与交换机通过Console口连接

（2）常用配置命令

1）模式配置

switch>enable/进入特权模式

switch#config terminal/进入全局配置模式

switch（config）#hostname/设置交换机的主机名

switch（config）#enable secret 123/设置特权加密口令

switch（config）#enable password 456/设置特权非密口令

2）控制台口令

switch（config）#line console 0/进入控制台口

switch（config-line）#login/允许登录

switch（config-line）#password 123/设置登录口令

switch#exit/返回命令

3）基本接口配置

switch（config）#interface f0/1/进入 f0/1 接口

switch（config-if）#duplex full/配置全双工模式

switch（config-if）#speed 100/配置速率

switch（config-if）#description to ****/接口描述

switch#write/保存配置信息

switch#copy running-config startup-config/保存当前配置 NVRAM

switch#erase startup-config/清除配置文件

4）交换机显示命令

switch#show vtp status/查看 VTP 配置信息
switch#show running-config/查看当前配置信息
switch#show vlan/查看 VLAN 配置信息
switch#show interface/查看端口信息
switch#show int f0/0/查看指定端口信息
switch#dir flash/查看闪存
switch#show version/查看当前版本信息
switch#show mac-address-table aging-time/查看 MAC 超时时间
switch#show interface f0/1 switchport/查看有关 switchport 的配置

（3）交换机的配置途径

对交换机的配置有两种途径，一种是通过交换机的配置口（Console）进行本地登录配置，另一种是通过 Telnet 进行远程登录的配置。即带外管理和带内管理。首次配置必须通过 Console 口进行。

1）带外管理

① Console 口简介。交换机一般都提供有一个名为 Console 的控制台端口(也称为配置口)，该商品采用 RJ-45 接口，是一个符合 EIA/TIA RS-232 异步串行规范的配置口，通过该控制口可以实现对交换机的本地配置。

② 配置前的准备工作。在对交换机进行配置前，应准备好配置线缆和超级终端程序。购买交换机时一般都随机配送了一根配置电缆，它是一根 8 芯屏蔽电缆，其一端压接 RJ-45 插头，该端插入到交换机的 Console 口中，另一端连接到计算机的 COM 串行口。超级终端程序位于 Windows 7 的“开始菜单”→“程序”→“附件”→“通讯”群组内，单击它就可以启动超级终端程序。

③ 登录配置。将配置线缆与交换机连接之后就可以登录交换机进行相关的配置工作，连接好之后，通过超级终端登录，如图 4-24 所示。

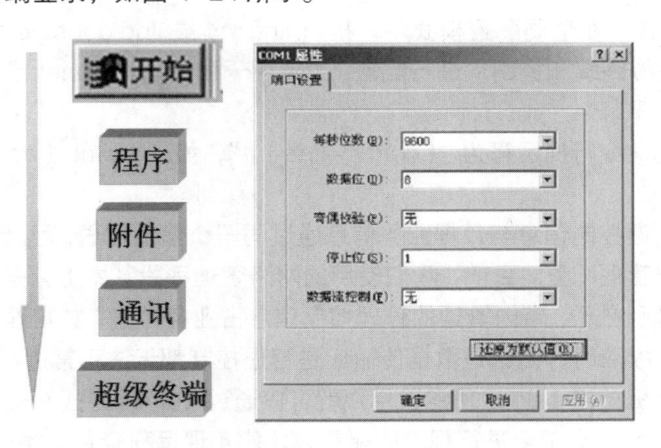

图4-24　启动超级终端及登录配置

其中，每秒位数为 9600，数据位为 8，停止位为 1，数据流量控制为无校验。

设置好登录参数后，就可以确定登录，进入到超级终端界面，将显示当前连接的基本信息，如图 4-25 所示。

不同品牌的交换机在命令配置模式上稍有不同，本节以 Cisco 交换机为例，对交换机的几种命令配置模式进行描述。

a. 用户模式：该模式的权限最低，只能执行一组有限的命令，这些命令主要是查看系统信息的命令（show）、网络诊断调试命令（ping、traceroute 等）、终端登录（telnet）以及进入特权模式的命令（enable）等。

当用户进入到用户模式后，此时的命令行提示符为“>”，如“Switch>”。

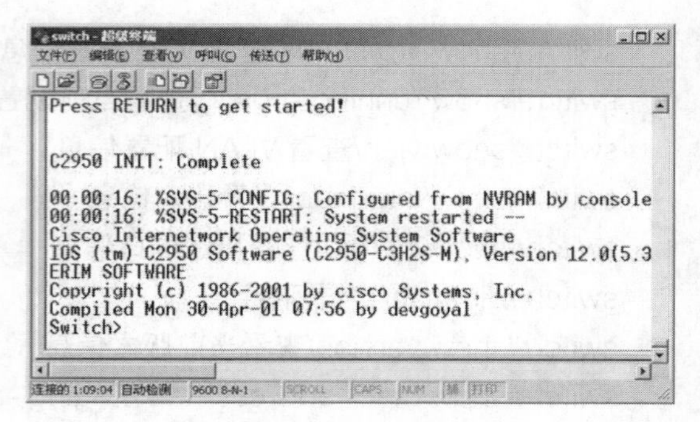

图4-25 登录成功的超级终端

b. 特权模式：该模式能执行 IOS 提供的所有命令，对于配置修改，可以在该模式下执行 config t 命令进入全局配置模式来操作，不再校验密码，因此执行权限很高。

当用户进入到特权模式后，此时的命令行提示符为“#”，如“Switch#”。

通常情况下，出于安全考虑，由用户模式进入到特权模式需要设置密码。其密码配置在全局配置模式下使用“enable secretlpassword 密码”命令完成。采用“secret”时，密码采用加密的方式存储在配置文件中，采用“password”时，密码采用明文存储在配置文件中。

在该模式下还有一些其他的命令。如重启交换机的 reload 命令，保存配置的 write 命令，查看当前配置文件内容的 show run 命令，检测网络是否通畅的 ping 命令，路由追踪的 traceroute 命令，终端登录的 telnet 命令。

c. 全局配置模式：该模式下，只要输入一条有效的配置命令并按 Enter 键，交换机中正在运行的配置就会立即改变并生效，作用域是全局性的，是对整个交换机起作用。

当用户进入到全局配置模式后，此时的命令行提示符为“(Config) #”，如“Switch (Config) #”。

d. 接口配置模式：该模式下，可对选定的接口（端口）进行配置，并且只能执行配置接口的命令。其命令行提示符为“Switch (Config-if) #”。

e. 线路配置模式：在全局配置模式下，执行 line vty 或 line console 命令，进入线路配置模式，主要用于对虚拟终端和控制口进行配置，主要用于配置通过 telnet 或控制口登录时的登录密码。

线路配置模式的命令行提示符为“(config-line) #”，如“Switch (config-line) #”。

2）带内管理

带内管理是指管理控制信息与数据业务信息通过同一个信道传送，可以通过交换机的以太网端口对设备进行远程管理配置。目前，我们使用的网络管理手段基本上都是带内管理。带内管理与带外管理的最大区别在于，带内管理的管理控制信息占业务带宽，其管理方式是通过网络来实施的，当网络中出现故障时，无论是数据传输还是管理控制都无法正常进行。

只要以太网交换机支持 Telnet 功能，用户就可以通过 Telnet 方式对交换机进行远程管理和维护，交换机和 Telnet 用户都要进行相应的配置，才能实现远程登录交换机，其条件如下。

① 对于二层交换机，配置了管理 IP 地址；对于三层交换机，至少有一个接口设置了 IP 地址。

② 配置了 VTY（虚拟终端）的登录密码。通过 Telnet 远程登录连接到交换机，若要进入特权配置模式，则还必须设置进入特权模式的密码，否则无法进入特权模式，只能进入最低级别的

用户模式。对交换机进行 Telnet 登录配置有两种方式：一是采用基于字符界面的 telnet 命令来登录，另一种是采用基于图形界面的专业工具软件来进行登录。图形界面的 Telnet 登录对配置命令的浏览、复制、粘贴等操作更方便。

若要实现对交换机的远程管理，采用 Telnet 的方式进行登录，则先通过带外管理的方式对交换机进行特权密码及登录 Console 口密码的配置。然后通过 telnet 命令登录，假如要登录连接到的 IP 地址为 192.168.1.1 的 Cisco 交换机，则在 MS-DOS 的命令行中输入并执行“telnet 192.168.1.1”命令，若连接成功，会提示输入登录密码，密码校验成功后，会出现交换机的命令提示符，如图 4-26、图 4-27 所示。

```
C:\WINDOWS\System32\cmd.exe
Microsoft Windows XP [版本 5.1.2600]
(C) 版权所有 1985-2001 Microsoft Corp.

C:\Documents and Settings\Administrator>
C:\Documents and Settings\Administrator>
C:\Documents and Settings\Administrator>
C:\Documents and Settings\Administrator>
C:\Documents and Settings\Administrator>
C:\Documents and Settings\Administrator>
C:\Documents and Settings\Administrator>
C:\Documents and Settings\Administrator>
C:\Documents and Settings\Administrator>
C:\Documents and Settings\Administrator>
C:\Documents and Settings\Administrator>
C:\Documents and Settings\Administrator>telnet 192.168.1.1
```

图4-26　远程登录后进入交换机管理界面

图4-27　Telnet远程登录交换机之后的命令提示符界面

4.4.2　路由器

路由器（Router），是连接因特网中各局域网、广域网的设备，它会根据信道的情况自动选择和设定路由，以最佳路径，按前后顺序发送信号。路由器是互联网络的“枢纽”“交通警察”。目前路由器已经广泛应用于各行各业，各种不同档次的产品已成为实现各种骨干网内部连接、骨干网间互联和骨干网与互联网互联互通业务的主力军。路由和交换机之间的主要区别就是交换机发生在 OSI 参考模型第二层（数据链路层），而路由发生在第三层，即网络层。这一区别决定了路由和交换机在移动信息的过程中需使用不同的控制信息，所以说两者实现各自功能的方式是不同的。

路由器（Router）又称网关设备（Gateway），是用于连接多个逻辑上分开的网络，所谓逻辑网络是代表一个单独的网络或者一个子网。当数据从一个子网传输到另一个子网时，可通过路由器的路由功能来完成。因此，路由器具有判断网络地址和选择 IP 路径的功能，它能在多网络互联环境中，建立灵活的连接，可用完全不同的数据分组和介质访问方法连接各种子网，路由器只接受源站或其他路由器的信息，属网络层的一种互联设备，如图 4-28 所示。

图4-28　TPLINK系列路由器

有的路由器仅支持单一协议，但大部分路由器可以支持多种协议的传输，即多协议路由器。由于每一种协议都有自己的规则，要在一个路由器中完成多种协议的算法，势必会降低路由器的性能。路由器的主要工作就是为经过路由器的每个数据帧寻找一条最佳传输路径，并将该数据有效地传送到目的站点。由此可见，选择最佳路径的策略即路由算法是路由器的关键所在。为了完成这项工作，在路由器中保存着各种传输路径的相关数据——路径表（Routing Table），供路由选择时使用。路径表中保存着子网的标志信息、网上路由器的个数和下一个路由器的名字等内容。路径表可以是由系统管理员固定设置好的。

静态路由表：由系统管理员事先设置好固定的路径表称之为静态（Static）路径表。

动态路由表：动态（Dynamic）路径表是路由器根据网络系统的运行情况而自动调整的路径表。

路由器是一种多端口设备，它可以连接不同传输速率并运行于各种环境的局域网和广域网，也可以采用不同的协议。路由器属于 OSI 的第三层——网络层，指导从一个网段到另一个网段的数据传输，也能指导从一种网络向另一种网络的数据传输。

简单来说，路由器主要有以下 3 种功能。

第一，网络互连。路由器支持各种局域网和广域网接口，主要用于互连局域网和广域网，实现不同网络互相通信。

第二，数据处理。路由器提供包括分组过滤、分组转发、优先级、复用、加密、压缩和防火墙等功能。

第三，网络管理。路由器提供包括路由器配置管理、性能管理、容错管理和流量控制等功能。

1. 路由器的基本设置方式

一般来说，可以用以下 5 种方式来设置路由器，如图 4-29 所示。

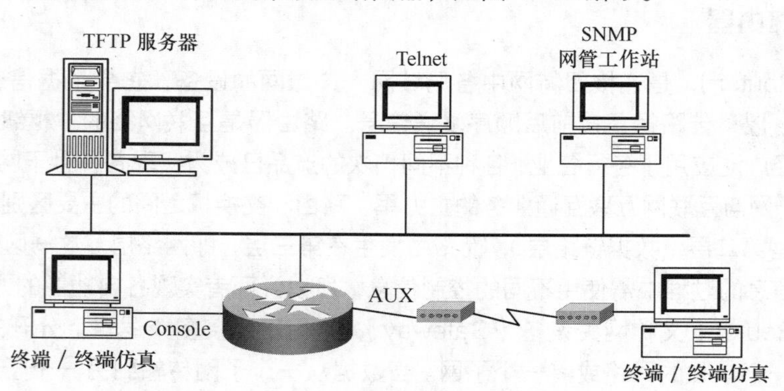

图4-29　路由器配置连接图

① Console 口接终端或运行终端仿真软件的微机。

② AUX 口接 Modem，通过电话线与远方的终端或运行终端仿真软件的计算机相连。

③ 通过 Ethernet 上的 TFTP 服务器。

④ 通过 Ethernet 上的 Telnet 程序。

⑤ 通过 Ethernet 上的 SNMP 网管工作站。

但路由器的第一次设置必须通过第一种方式进行，此时终端的硬件设置如下。

波特率：9600；数据位：8；停止位：1；奇偶校验：无。

2. 路由器基本配置命令

视图模式介绍如下。

普通视图：router>

特权视图：router# /在普通模式下输入 enable

全局视图：router（config）# /在特权模式下输入 config t

接口视图：router（config-if）# /在全局模式下输入 int 接口名称，如 int s0 或 int e0

路由协议视图：router（config-route）# /在全局模式下输入 router 动态路由协议名称

（1）基本配置

```
router>enable /进入特权模式
router (config) # /进入全局配置模式
router (config) # hostname xxx /设置设备名称就好比给计算机起个名字
router (config) #enable password /设置特权口令
router (config) #no ip domain lookup /不允许路由器缺省使用 DNS 解析命令
router (config) # Service password-encrypt /对所有在路由器上输入的口令进行暗文加密
router (config) #line vty 0 4 /进入设置 Telnet 服务模式
router (config-line) #password xxx /设置 Telnet 的密码
router (config-line) #login /使可以登录
router (config) #line con 0 /进入控制口的服务模式
router (config-line) #password xxx /设置 Console 的密码
router (config-line) #login /使可以登录
```

（2）接口配置

```
    router (config) #int s0 /进入接口配置模式 serial 0 端口配置（如果是模块化的路由器前
面加上槽位编号，例如，serial0/0 代表这个路由器的 0 槽位上的第一个接口）
    router (config-if) #ip add xxx.xxx.xxx.xxx xxx.xxx.xxx.xxx /添加 IP 地址和掩码
    router (config-if) #enca hdlc/ppp/捆绑链路协议 hdlc 或者 ppp，Cisco 缺省串口封装的
链路层协议是 HDLC，所以在 show run 配置的时候接口上的配置为空，如果要封装为其他链路层协议，
如 PPP/FR/X25，就要在接口下输入配置命令 enca ppp 或者 enca fr。
    router (config) #int loopback /建立环回口（逻辑接口）模拟不同的本机网段
    router (config-if) #ip add xxx.xxx.xxx.xxx xxx.xxx.xxx.xxx /添加 IP 地址和掩码
给环回口，在物理接口上配置了 IP 地址后用 no shut 启用这个物理接口，反之可以用 shutdown 管理性
地关闭接口。
```

（3）路由配置

1）静态路由

```
router (config) #ip route xxx.xxx.xxx.xxx xxx.xxx.xxx.xxx/下一条或自己的接口
router (config) #ip route 0.0.0.0 0.0.0.0 s 0/添加缺省路由
```

2）动态路由

① RIP

```
router（config）#router rip /启动RIP
router（config-router）#network xxx.xxx.xxx.xxx /宣告自己的网段
router（config-router）#version 2/转换为RIP 2版本
router（config-router）#no auto-summary /关闭自动汇总功能，RIP V2才有作用
router（config-router）# passive-int 接口名 /启动本路由器的那个接口为被动接口
router（config-router）# nei xxx.xxx.xxx.xxx /广播转单播报文，指定邻居路由器的IP
```

② IGRP（Interior Gateway Routing Protocol，内部网关路由协议）

```
router（config）#router igrp xxx /启动igrp
router（config-router）#network xxx.xxx.xxx.xxx /宣告自己的网段
router（config-router）#variance xxx /调整倍数因子，使用不等价的负载均衡
```

③ EIGRP（Enhanced Interior Gateway Routing Protocol，增强网关内部路由线路协议）

```
router（config）#router eigrp xxx /启动协议
router（config-router）#network xxx.xxx.xxx.xxx /宣告自己的网段
router（config-router）#variance xxx /调整倍数因子，使用不等价的负载均衡
router（config-router）#no auto-summary /关闭自动汇总功能
```

④ OSPF协议（开放最短路径协议）

```
router（config）#router ospf xxx /启动协议启动一个OSPF协议进程
router（config-router）#network xxx.xxx.xxx.xxx area xxx /宣告自己的接口或网段在OSPF的区域中，可以把不同接口宣告在不同区域中
router（config-router）#router-id xxx.xxx.xxx.xxx /配置路由的ID
router（config-router）#area xxx stub /配置xxx区域为末梢区域，加入这个区域的路由器全部要配置这条命令
router（config-router）#area xxx stub no-summary  /配置xxx区域为完全末梢区域，只在ABR上配置
router（config-router）#area xxx nssa /配置xxx区域为非纯末梢区域，加入这个区域的路由器全部要配置这条命令
router（config-router）#area xxx nssa no-summary  /配置xxx区域为完全非纯末梢区域，只在ABR上配置，并发布缺省路由信息进入这个区域内的路由器
```

3）保存当前修改/运行的配置

```
router#write /将RAM中的当前配置存储到NVRAM中，下次路由器启动就是执行保存的配置
router#Copy running-config startup-config /命令与write效果一样
```

（4）一般的常用命令

1）exit命令

```
router（config-if）#exit
router（config）#
router（config-router）#exit
router（config）#
router（config-line）#exit
router（config）#
router（config）#exit
router#
```

exit 命令，从接口、协议、line 等视图模式下退回到全局配置模式，或从全局配置模式退回到特权模式。

2）end 命令

```
router (config-if) #end
router (config-router) #end
router (config-line) #end
router#
```

end 命令，从任何视图直接回到特权模式。

3）logout 命令

```
router#logout  /退出当前路由器登录模式相对于 Windows 的注销
```

4）reload 命令

```
router#reload /重新启动路由器（热启动），冷启动就是关闭路由器再打开电源开关
```

5）特权模式下

```
router#show ip route /查看当前的路由表
router#clear ip route * /清除当前的路由表
router#show ip protocol /查看当前路由器运行的动态路由协议情况
router#show ip int brief /查看当前路由器的接口 IP 地址启用情况
router#show running-config /查看当前运行配置
router#show startup-config /查看启动配置
router#debug ip pack /打开 IP 报文的调试
router#terminal monitor /输出到终端上显示调试信息
router#show ip eigrp neighbors /查看 EIGRP 的邻居表
router#show ip eigrp top  /查看 EIGRP 的拓扑表
router#show ip eigrp interface /查看当前路由器运行 EIGRP 的接口情况
router#show ip ospf neighbor /查看当前路由器的 OSPF 协议的邻居表
router#show ip ospf interface /查看当前路由器运行 OSPF 协议的接口情况
router#clear ip ospf process /清除当前路由器 OSPF 协议的进程
router#Show interfaces /显示设置在路由器和访问服务器上所有接口的统计信息。 显示路由器上配置的所有接口的状态
router#Show interfaces serial /显示关于一个串口的信息
router#Show ip interface /列出一个接口的 IP 信息和状态的小结，列出接口的状态和全局参数
```

本章重要概念

- 网络互联是为了将两个或者两个以上具有独立自治能力、同构或异构的计算机网络连接起来，以形成能够实现数据流通，扩大资源共享范围，或者容纳更多用户的更加庞大的网络系统。
- 网络互联主要类型：局域网与局域网互连（LAN-LAN）、局域网与广域网互连（LAN-WAN）、广域网与广域网互连（WAN-WAN）、局域网与广域网再连接局域网（LAN-WAN-LAN）。
- 实现网络互联的传输介质：双绞线、同轴电缆、光纤、地面微波、卫星微波、红外线。
- 双绞线分类：根据屏蔽方式的不同，双绞线分为非屏蔽双绞线和屏蔽双绞线两类；按电气特性，可将双绞线分为一类线、二类线、三类线、四类、五类线和超五类线、六类线和超六类线、七类线等。

- 双绞线制作标准包括 568A 标准：绿白，绿，橙白，蓝，蓝白，橙，棕白，棕；568B 标准：橙白，橙，绿白，蓝，蓝白，绿，棕白，棕。
- 双绞线的连接方法包括直通线缆、交叉线缆。
- 网络互联设备包括：网卡、中继器、网桥、集线器、交换机、路由器、无线 AP、网关、防火墙、入侵检测系统。
- 交换机也称为交换器或交换式集线器，是专门为计算机之间能够相互通信且独享带宽而设计的一种包交换设备。
- 路由器是局域网与广域网互联的主要设备，可以连接两个或多个逻辑上相互独立的网络。
- 交换机常用配置命令：模式配置命令、控制台口令、基本接口配置命令、交换机显示命令。
- 路由器基本配置命令：基本配置命令、接口配置命令、路由配置命令。

习题

4-1　要实现网络互联，需要满足哪些基本条件?

4-2　网络传输介质有哪些，各有什么特点?

4-3　简述双绞线制作标准及连接方法。

4-4　网络互联中常见网络设备有哪些? 并简述其工作特点。

4-5　交换机的工作模式有哪些? 简述交换机数据转发的原理。

4-6　为交换机端口 2 配置一个 C 类 IP 地址信息，写出配置命令。

4-7　什么是路由器? 它的作用是什么? 现在市场上有哪些著名厂家提供路由器产品?

4-8　静态路由和动态路由的区别是什么?

Network Technology

5 Chapter

第 5 章 移动网络安全

没有网络安全就没有国家安全，没有信息化就没有现代化。随着计算机网络成为当前社会发展的重要推动力，社会经济发展、国防信息建设以及与人们生活息息相关的各行各业，对计算机网络的依赖程度都在不断增大。计算机网络在给人们带来便利的同时，也带来了保证信息安全的巨大挑战。如何使计算机网络不受黑客入侵，如何保证计算机网络不间断地工作并提供正常的服务，是信息化建设必须考虑的重要问题。

当前，移动互联网、智能手机技术不断发展，针对移动网络的攻击和防御越来越多，移动网络安全逐渐进入网络安全专家的视野。本章将从以下 3 个方面对移动网络安全进行阐述：

① 网络安全基础；
② 移动互联网安全；
③ 网络病毒及其防范。

5.1 网络安全基础

5.1.1 网络安全的基本概念

1. 计算机网络安全的定义

计算机网络安全是指利用网络管理控制和技术措施，保证在一个网络环境里，信息数据的机密性、完整性及可使用性受到保护。

从广义来说，凡是涉及网络上信息的保密性、完整性、可用性、不可否认性和可控性的相关技术和理论都是网络安全的研究领域。

网络安全的具体含义会随着“角度”的变化而变化。

2. 计算机网络安全的目标

（1）保密性

保密性的要素包括数据保护、数据隔离、通信流保护。

（2）完整性

破坏信息的完整性既有人为因素也有非人为因素。人为因素包括有意和无意两种。

（3）可用性

保证可用性的最有效的方法是提供一个具有普适安全服务的安全网络环境。通过使用访问控制阻止未授权资源访问，利用完整性和保密性服务来防止可用性攻击。访问控制、完整性和保密性成为协助支持可用性安全服务的机制。

① 避免受到攻击。

② 避免未授权使用。

③ 防止进程失败。

（4）不可否认性

不可否认性安全服务提供了向第三方证明该实体确实参与了通信的能力。

① 数据的接收者提供数据发送者身份及原始发送时间的证据。

② 数据的发送者提供数据已交付接收者（某些情况下，包括接收时间）的证据。

③ 审计服务提供了信息交换中各涉及方的可审计性，这种可审计性记录了可用来跟踪某些人的相关事件，这些人应对其行为负责。

（5）可控性

网络安全员根据企业（或本单位）的实际情况制订网络安全风险管控方案，根据不同的安全风险采取不同的管控措施。

3. 计算机网络安全的层次

根据网络安全措施作用位置的不同，可以将网络安全划分为 4 个层次，分别为物理安全、逻辑安全、操作系统安全和联网安全。联网安全通过访问控制和通信安全来实现。

4. 计算机网络安全所涉及的内容

概括起来，网络安全包括如下 3 个重要部分。

（1）先进的技术

先进的安全技术是网络安全的根本保障，用户通过风险评估，决定所需的安全服务种类，选择相应的安全机制，集成先进的安全技术。

（2）严格的管理

使用网络的机构、企业和单位建立相宜的信息安全管理办法，加强内部管理，建立审计和跟踪体系，提高整体信息安全意识。

（3）威严的法律

网络安全的基石是法律、法规，通过建立与信息安全相关的法律、法规，使非法分子慑于法律，不敢轻举妄动。

5. 计算机网络安全的现状

安全性是互联网技术中最关键也是最容易被忽视的问题，许多组织都建立了庞大的网络体系，但在多年的使用中从未考虑过安全问题，直到网络安全受到威胁，才不得不采取安全措施。

雅虎先后证实共超过 15 亿用户信息遭窃，2016 年陷入收购漩涡的雅虎，先后在 9 月份证实至少 5 亿用户信息在 2014 年被窃，涉及用户姓名、电子邮箱、电话号码、出生日期和部分登录密码。随后 12 月份再次证实 2013 年有超过 10 亿条账户信息、账户密码和个人信息一并在泄露之列，而且与 2014 年遭窃的数据不同。先是 5 亿，后是 10 亿，雅虎两次信息失窃已经刷新了人类大规模数据泄露的新纪录，堪称数据泄露之最“牛”企业。

2016 年 10 月 21 日，美国多个城市出现互联网瘫痪情况，包括 Twitter、Shopify、Reddit 等在内的大量互联网知名网站数小时无法正常访问。其中，为上述众多网站提供域名解析服务的美国 Dyn 公司称，公司遭到大规模的“拒绝访问服务（DDoS）”攻击。后据调查，这是 Mirai 僵尸网络发动的攻击。Mirai 僵尸网络中包含了大量可联网设备，如监控摄像头、路由器以及智能电视等。由于此次攻击中有大约 60 万台的物联网设备参与到 Mirai 僵尸网络大军中，成为大规模物联网设备首次参与企业级攻击的一个关键案例。

2016 年 6 月初，一名自称“Peace（和平）”的黑客获得全球第二大的社交网站 MySpace 的 3.6 亿的用户账号以及 4.27 亿的密码，并且在暗网上以 6 个比特币（相当于 2800 美元）的价格出售。据悉，这一次泄露的数据比该黑客此前贩卖的 LinkedIn（领英）用户信息要多得多。成为仅次于雅虎用户数据泄露的第二大规模的信息泄露事件。

据国家互联网应急中心发布的 2017 年 1 月互联网安全威胁报告显示：

① 境内感染网络病毒的终端数为近 188 万个。

② 境内被篡改网站数量为 4981 个，其中被篡改政府网站数量为 171 个。

③ 境内被植入后门的网站数量为 3265 个，其中政府网站有 90 个；针对境内网站的仿冒页面数量为 2442 个。

④ 国家信息安全漏洞共享平台（CNVD）收集整理信息系统安全漏洞 552 个，其中，高危漏洞 237 个，可被利用来实施远程攻击的漏洞有 512 个。

我国网络信息安全研究经历了通信保密及计算机数据保护两个阶段，现进入网络信息安全的研究阶段，通过学习、吸引、消化 TCSEC 的原则进行网络信息安全标准规范建设，总的来说，与技术先进国家相比有差距，特别是在系统安全和安全协议方面的工作与国外差距较大。在我国研究和建立创新性安全理论及系列算法，仍是一项艰巨的任务。然而我国的网络信息安全研究已具备了一定的基础和条件，尤其是在密码学研究方面积累较多，基础较好，可以期待取得实质性进展。

图 5-1 所示为 2016 年 360 安全中心监测的计算机病毒木马程序感染 PC 数量。

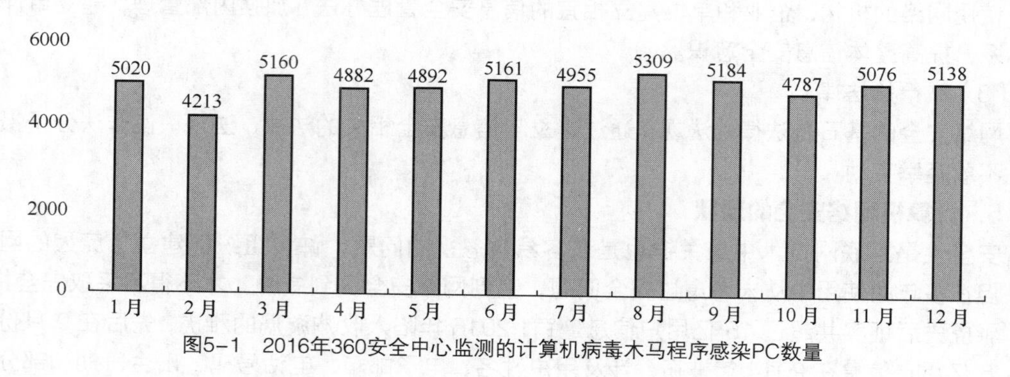

图5-1　2016年360安全中心监测的计算机病毒木马程序感染PC数量

5.1.2　网络不安全因素及主要威胁

计算机网络安全的脆弱性是伴随计算机网络一同产生的，安全脆弱是计算机网络与生俱来的致命弱点。在网络建设中，网络特性决定了不可能无条件、无限制地提高其安全性能。在日常的使用中包括人为因素、技术进步等因素都会对计算机网络构成一些潜在的威胁。

1. 网络的不安全因素

（1）网络本身具有不安全性

网络是一个开放的环境，任何团体和个人都可以在网络上传送和获取各种各样的信息，对网络安全提出了挑战，主要表现在：

① 网络互连技术是开放的。使得网络所面临的破坏和攻击来自各方面，包括传输线路、网络通信协议、软硬件设施等。

② 攻击可来自本地或远程用户。由于网络是互连的，网络中的计算机都是网络中的一个节点，远程用户可通过网络进行恶意攻击。

③ 协议的脆弱性。网络互连通信的基础是采用了统一的通信协议，而协议是一系列规定的集合，难免存在安全漏洞。

（2）操作系统存在不安全因素

操作系统软件在设计过程中疏忽或考虑不周而留下漏洞，给网络安全留下了许多隐患。操作系统的体系结构造成的不安全性是计算机系统不安全的根本原因之一。远程用户可通过操作系统开放的端口、服务、恶意程序对目标计算机进行攻击。

（3）数据库存在安全问题

数据库是网络或本地服务中重要的数据支撑，它包含有大量的用户隐私数据，如姓名、出生地、工作单位、联系电话、身份证号等个人数据，若这些数据被非法用户通过非法手段窃取，将对用户群体造成安全问题。数据库在开发和设计过程中存在不安全因素，如授权用户超出了访问权限而进行数据复制、修改活动，对网络或本地服务造成不可估量的损失。对于数据库的安全而言，目的是要保证数据的安全可靠和正确有效，即确保数据的安全性、完整性和并发控制。数据的安全性就是要防止数据库被恶意破坏和非法存取。

（4）传输介质存在安全问题

目前，网络数据传输介质主要有双绞线、光纤、同轴电缆、微波、卫星通信、蓝牙等，其中光纤、同轴电缆、微波、卫星通信窃听技术难以对传输的信息进行截取，但是从安全角度来说，没有绝对的安全通信线路。

（5）网络管理存在安全问题

网络系统缺少安全管理人员，缺少安全管理的技术规范，缺少定期的安全检查与审核机制，缺少安全监控，是网络最大的安全问题之一。

总的来说，计算机网络不安全因素可归纳为：偶发因素、自然灾害和人为因素，其中人为因素最为常见，可分为被动攻击（见表 5–1）和主动攻击（见表 5–2）。另外还有邻近攻击（见表 5–3）和内部人员攻击（见表 5–4），这两种因素可归结为主动攻击。

表 5-1　被动攻击

攻击举例	描　　述
监视明文	监视网络，获取未加密的信息
解密通信数据	通过密码分析，破解网络中传输的加密数据
口令嗅探	使用协议分析工具，捕获用于各类系统访问的口令
通信量分析	不对加密数据进行解密，而是通过对外部通信模式的观察，获取关键信息

表 5-2　主动攻击

攻击举例	描　　述
篡改	截获并修改网络中传输的数据
重放	将旧的消息重新反复发送，造成网络效率降低
会话拦截	未授权使用一个已经建立的会话
伪装成授权的用户	这类攻击者将自己伪装成他人，从而未授权访问资源和信息
利用系统软件的漏洞	攻击者探求以系统权限运行的软件中存在的脆弱性
利用主机或网络信任	攻击者通过操纵文件，使主机提供服务，从而获得信任
利用恶意代码	攻击者向系统内植入恶意代码；或使用户去执行恶意代码
利用缺陷	攻击者利用协议中的缺陷来欺骗用户或重定向通信量
拒绝服务	攻击者有很多实施拒绝服务的攻击方法

邻近攻击是指未授权者可物理上接近网络、系统或设备，从而可以修改、收集信息，或使系统拒绝访问。接近网络可以是秘密进入或公开，也可以是两者都有。

表 5-3　邻近攻击

攻击举例	描　　述
修改数据或收集信息	攻击者获取系统管理权，从而修改或窃取信息，如 IP 地址、登录的用户名和口令等
系统干涉	攻击者获取系统访问权，从而干涉系统的正常运行
物理破坏	攻击者获取系统物理设备访问权，从而对设备进行物理破坏

表 5-4　内部人员攻击

攻击举例		描　述
恶意	修改数据或安全机制	内部人员直接使用网络，具有系统的访问权。因此，内部人员攻击者比较容易实施未授权操作或破坏数据
	擅自连接网络	对涉密网络具有物理访问能力的人员，擅自将机密网络与密级较低的网络或公共网络连接，违背涉密网络的安全策略和保密规定
	隐通道	隐通道是未授权的通信路径，用于从本地网向远程站点传输盗取的信息
	物理损坏或破坏	对系统具有物理访问权限的工作人员，对系统故意破坏或损坏
非恶意	修改数据	由于缺乏知识或粗心大意，修改或破坏数据或系统信息
	物理损坏或破坏	由于渎职或违反操作规程，对系统的物理设备造成意外损坏或破坏

2. 网络安全的主要威胁

网络安全面临的主要威胁有：计算机网络实体面临的威胁、计算机网络系统面临的威胁、恶意程序威胁，典型的威胁主要有：窃听、重传、伪造、篡改、非授权访问、拒绝服务攻击、行为否认、旁路控制、信号截获、人员疏忽等，具体描述如表 5–5 所示。

表 5-5　网络安全的主要威胁

威　胁	描　述
授权侵犯	为某一特定目的被授权使用某个系统的人，将该系统用作其他未授权的目的
窃听	网络中传输的敏感信息被窃听
重传	攻击者事先获得部分或全部信息，以后将此信息发送给接收者
伪造	攻击者将伪造的信息发送给接收者
篡改	攻击者对合法用户之间的通信信息进行修改、删除、插入，再发送给接收者
非授权访问	通过假冒、身份攻击、系统漏洞等手段，获取系统访问权，从而使非法用户进入网络系统读取、删除、修改或插入信息等
拒绝服务	攻击者通过某种方法使系统响应减慢甚至瘫痪，阻止合法用户获得服务
行为否认	通信实体否认已经发生的行为
旁路控制	攻击者发掘系统的缺陷或安全脆弱性
信号截获	攻击者从电子或机电设备发出的无线射频或其他电磁辐射中提取信息
人员疏忽	授权的人为了利益或由于粗心将信息泄露给未授权人

引起网络安全主要威胁的原因，可以归纳为以下几种。

① 薄弱的认证环节。

② 系统的易被监视性。

③ 易欺骗性。

④ 有缺陷的局域网服务和相互信任的主机。

⑤ 复杂的设置和控制。

⑥ 无法估计主机的安全性。

5.1.3　常见的网络攻击

网络攻击是指利用网络存在的漏洞和安全缺陷对网络系统的硬件、软件及其系统中的数据进行的攻击。

自然威胁来自各种自然灾害、恶劣的场地环境、电磁干扰、网络设备的自然老化等。这些威胁是无目的的，但会对网络通信系统造成损害，危及通信安全。而人为威胁是对网络信息系统的人为攻击，通过寻找系统的弱点，以非授权方式达到破坏、欺骗和窃取数据信息等目的。两者相比，精心设计的人为攻击威胁难防备、种类多、数量大。

1. 网络攻击的层次

网络攻击从浅入深，可分为以下几个层次。

① 简单拒绝服务。

② 本地用户获得非授权读权限。

③ 本地用户获得非授权写权限。

④ 远程用户获得非授权账号信息。

⑤ 远程用户获得特权文件的读权限。

⑥ 远程用户获得特权文件的写权限。

⑦ 远程用户拥有了系统管理员权限。

2. 网络攻击的方式

（1）口令入侵

口令入侵是指使用某些合法用户的账号和口令登录到目的主机，然后再实施攻击活动。这种方法的前提是必须先得到该主机上的某个合法用户的账号，然后再进行合法用户口令的破译。

（2）特洛伊木马

特洛伊木马程序能直接侵入用户的计算机并进行破坏，常被伪装成工具程序或游戏等，诱使用户打开带有特洛伊木马程序的邮件附件或直接从网上下载，一旦用户打开了这些邮件的附件或执行了这些程序之后，它们就会像古特洛伊人在敌人城外留下的藏满士兵的木马一样潜入用户的计算机中，并在用户的计算机系统中隐藏一个能在 Windows 启动时悄悄执行的程序。当用户连接到因特网上时，这个程序就会通知攻击者，来报告用户的 IP 地址及预先设定的端口。攻击者在收到这些信息后，再利用这个潜伏在其中的程序，就能任意地修改用户计算机的参数设定、复制文件、窥视用户的整个硬盘中的内容等，从而达到控制用户计算机的目的。

（3）WWW 欺骗

在网上用户能利用 IE 等浏览器访问各种各样的 Web 站点，如阅读新闻、咨询产品价格、订阅报纸、开展电子商务等。然而用户一般不会想到有这些问题存在，如正在访问的网页已被黑客篡改过，网页上的信息是虚假的等。例如，黑客将用户要浏览的网页的 URL 改写为指向黑客自己的服务器，当用户浏览目标网页的时候，实际上是向黑客服务器发出请求，那么黑客就能达到欺骗的目的了。

（4）电子邮件

电子邮件是互连网上运用得十分广泛的一种通信方式。攻击者使用邮件炸弹软件或 CGI 程序向目的邮箱发送大量内容重复、无用的垃圾邮件，从而使目的邮箱被撑爆而无法使用。当垃圾邮件的发送流量特别大时，更有可能造成邮件系统反应缓慢，甚至瘫痪。相对于其他的攻击手段来说，这种攻击方法具有简单、见效快等特点。

（5）安全漏洞

许多系统都有这样或那样的安全漏洞（Bugs）。其中一些是操作系统或应用软件本身具有的，如缓冲区溢出攻击。由于非常多的系统不检查程序和缓冲之间变化的情况，就接受任意长度的数据输入，把溢出的数据放在堆栈里，系统还照常执行命令。这样攻击者只要发送超出缓冲区所能处理的长度的指令，系统便进入不稳定状态。若攻击者特别设置一串准备用作攻击的字符，甚至能访问根目录，从而拥有对整个网络的绝对控制权。

（6）端口扫描

端口扫描是利用Socket编程和目标主机的某些端口建立TCP连接、进行传输协议的验证等，从而得知目标主机的扫描端口是否是处于激活状态、主机提供了哪些服务、提供的服务中是否含有某些缺陷等。常用的扫描方式有：Connect 扫描、Fragmentation 扫描。

3. 网络攻击位置

（1）远程攻击

远程攻击指外部攻击者通过各种手段，从该子网以外的地方向该子网或者该子网内的系统发动攻击。

（2）本地攻击

本地攻击指本单位的内部人员，通过所在的局域网，向本单位的其他系统发动攻击，在本级上进行非法越权访问。

（3）伪远程攻击

伪远程攻击指内部人员为了掩盖攻击者的身份，从本地获取目标的一些必要信息后，攻击过程从外部远程发起，造成外部入侵的现象。

5.1.4 网络安全机制

安全机制是一种用于解决和处理某种安全问题的方法，通常分为预防、检测和恢复 3 种类型。网络安全中的绝大多数安全服务和安全机制都是建立在密码技术基础之上的，它们通过密码学方法对数据信息进行加密和解密来实现网络安全的目标要求，通过数据加密技术、防火墙技术、访问控制技术、入侵检测与防护技术、数字签名技术等实现网络安全机制研究。

1. 数据加密技术

数据加密技术是一项具有较长应用历史的、安全性能高的基础性安全技术。它以密匙为应用基础，采用加密算法将需要传递的信息明文转化成密文，接收者再利用特定的解密密钥对其进行破解，转化成接收者可识别的信息明文，从而保护信息传递的安全性。数据加密技术根据用户的使用需求可分为对称密钥加密（私钥加密）与非对称密钥加密（公钥加密）两种方式。私人场所通常使用私钥加密保护技术，而商场、企业、政府等通常使用公钥加密保护技术。一般情况下，为提高网络安全性，加密技术对非对称与对称密钥进行综合使用，从而为用户的网络信息提供双层保护。随着对加密技术的研究与创新，密码设计、密码分析及验证技术等纷纷被应用于当前的数据加密中，在很大程度上保障了用户的隐私和信息安全。美国 IBM 公司研制、应用的数字加密标准（DES）加密算法、RSA 公司的推荐的 RC6 加密算法，推动了私钥体制的发展。美国 RSA 公司研制出最小模数的 768bit，发展到现在大多数网络用户通常采用 1024bit、2048bit 的公钥体制，加密技术的保密能力越来越强。当前，用户通常采用多种加密技术综合应用的方式对数据进行保护，大幅增加了信息的破解难度，有效减少了信息泄露情况的出现。

图 5-2 所示为公钥加密与解密过程。

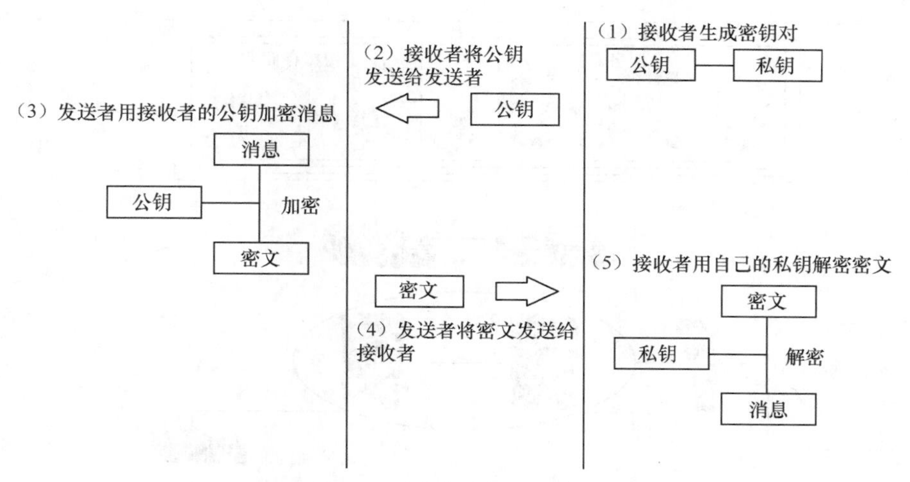

图5-2　公钥加密与解密过程

2. 防火墙技术

防火墙技术最初是针对 Internet 网络不安全因素所采取的一种保护措施。顾名思义，防火墙就是用来阻挡外部不安全因素影响的内部网络屏障，其目的就是防止外部网络用户未经授权的访问。它是一种计算机硬件和软件的结合，使内部网与 Internet 之间建立起一个安全网关（Security Gateway），从而保护内部网免受非法用户的侵入。防火墙主要由服务访问政策、验证工具、包过滤和应用网关 4 个部分组成，防火墙就是一个位于计算机和它所连接的网络之间的软件或硬件（其中硬件防火墙用得很少，只有国防部等地才用，因为它价格昂贵）。该计算机流入流出的所有网络通信均要经过此防火墙。

从实现原理上分，防火墙技术包括四大类：网络级防火墙（也叫包过滤型防火墙）、应用级网关、电路级网关和规则检查防火墙。它们之间各有所长，具体使用哪一种或是否混合使用，要看具体需要。

随着防火墙技术的进步，在双穴网关的基础上又演化出两种防火墙配置，一种是隐蔽主机网关，一种是隐蔽智能网关。目前，技术比较复杂而且安全级别较高的防火墙是隐蔽智能网关，它将网关隐藏在公共系统之后使其免遭直接攻击。隐蔽智能网关提供了对互联网服务进行几乎透明地访问，同时也阻止了外部未授权访问者对专用网络的非法访问。

图 5-3 所示为防火墙部署图。

3. 访问控制技术

访问控制（Access Control）指系统对用户身份及其所属的预先定义的策略组限制其使用数据资源能力的手段。通常用于系统管理员控制用户对服务器、目录、文件等网络资源的访问。访问控制是系统保密性、完整性、可用性和合法使用性的重要基础，是网络安全防范和资源保护的关键策略之一，也是主体依据某些控制策略或权限对客体本身或其资源进行的不同授权访问。

访问控制的主要目的是限制访问主体对客体的访问，从而保障数据资源在合法范围内得以有效使用和管理。为了达到上述目的，访问控制需要完成两个任务：识别和确认访问系统的用户、决定该用户可以对某一系统资源进行何种类型的访问。

访问控制包括 3 个要素：主体、客体和控制策略。

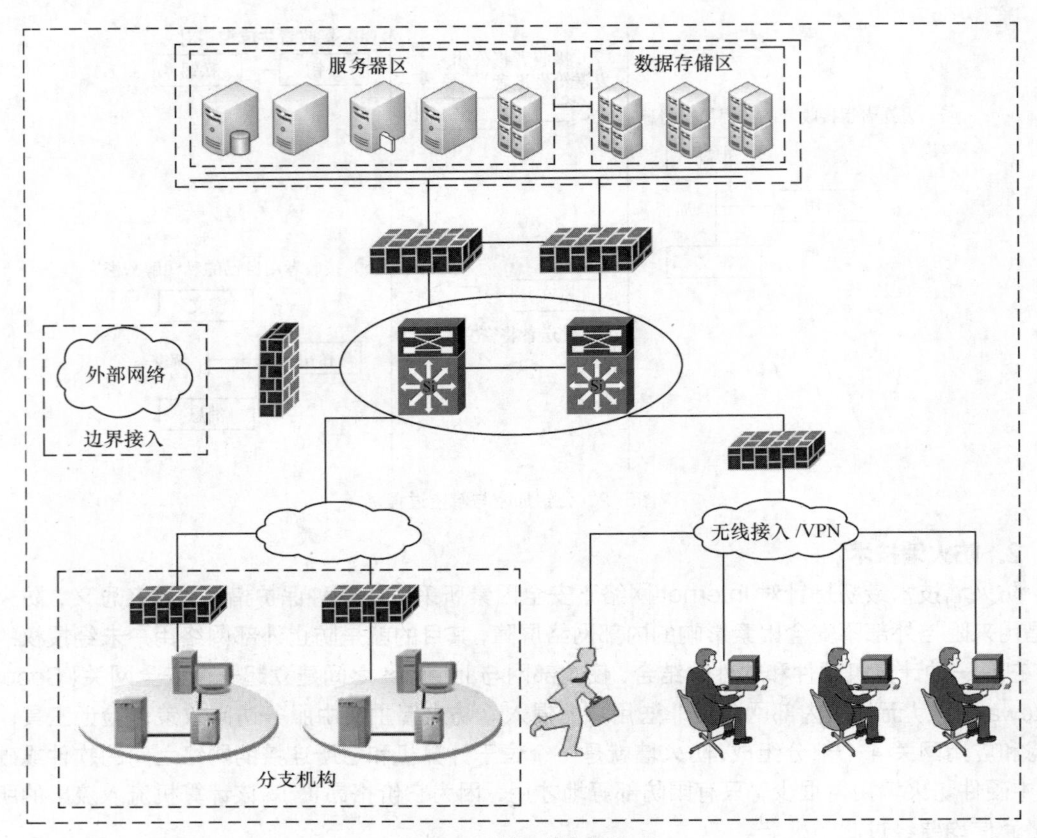

图5-3 防火墙部署图

（1）主体 S（Subject）

主体是指提出访问资源具体请求，是某一操作动作的发起者，但不一定是动作的执行者，可能是某一用户，也可以是用户启动的进程、服务和设备等。

（2）客体 O（Object）

客体是指被访问资源的实体。所有可以被操作的信息、资源、对象都可以是客体。客体可以是信息、文件、记录等集合体，也可以是网络上硬件设施、无线通信中的终端，甚至可以包含另外一个客体。

（3）控制策略 A（Attribution）

控制策略是主体对客体的相关访问规则集合，即属性集合。访问策略体现了一种授权行为，也是客体对主体某些操作行为的默认。

主要的访问控制类型有 3 种模式：自主访问控制（DAC）、强制访问控制（MAC）和基于角色访问控制（RBAC）。

图 5-4 所示为访问控制技术示例图。

4. 入侵检测与防御技术

入侵检测是指"通过对行为、安全日志或审计数据或其他网络上可以获得的信息进行操作，检测到对系统的闯入或闯入的企图"。入侵检测是检测和响应计算机网络安全的技术，其作用包括威慑、检测、响应、损失情况评估、攻击预测。

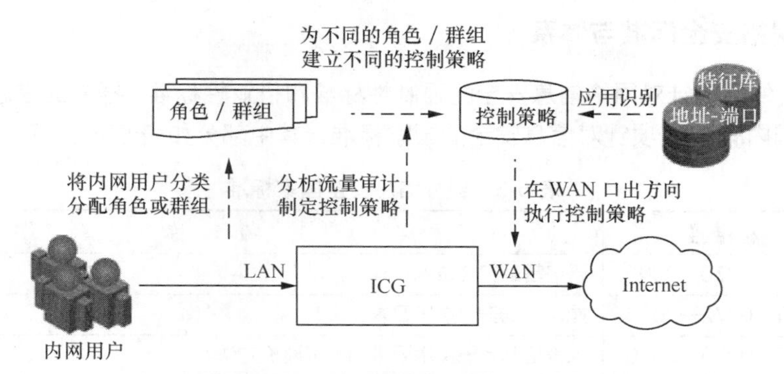

图5-4 访问控制技术示例图

入侵检测通过执行以下任务来实现。

① 监视、分析用户及系统活动。

② 系统构造和弱点的审计。

③ 识别反映已知进攻的活动模式并向相关人士报警。

④ 异常行为模式的统计分析。

⑤ 评估重要系统和数据文件的完整性。

⑥ 操作系统的审计跟踪管理，并识别用户违反安全策略的行为。

入侵防御系统（Intrusion Prevention System，IPS）是计算机网络安全设施，是对防病毒软体（Antivirus Programs）和防火墙（Packet Filter，Application Gateway）的补充。入侵防御系统是一部能够监视网络或网络设备的网络资料传输行为的计算机网络安全设备，能够即时的中断、调整或隔离一些不正常或是具有伤害性的网络资料传输行为。

5. 数字签名技术

数字签名（又称公钥数字签名、电子签章）是一种类似写在纸上的普通的物理签名，但是使用了公钥加密领域的技术实现，用于鉴别数字信息的方法。一套数字签名通常定义两种互补的运算，一个用于签名，另一个用于验证。

数字签名就是只有信息的发送者才能产生的别人无法伪造的一段数字串，这段数字串同时也是对信息的发送者发送信息真实性的一个有效证明。

数字签名是非对称密钥加密技术与数字摘要技术的应用。数字签名就是附加在数据单元上的一些数据，或是对数据单元所做的密码变换。这种数据或变换允许数据单元的接收者用以确认数据单元的来源和数据单元的完整性并保护数据，防止被人（如接收者）进行伪造。它是对电子形式的消息进行签名的一种方法，一个签名消息能在一个通信网络中传输。基于公钥密码体制和私钥密码体制都可以获得数字签名，主要是基于公钥密码体制的数字签名。数字签名包括普通数字签名和特殊数字签名。普通数字签名算法有 RSA、ElGamal、Fiat-Shamir、Guillou-Quisquarter、Schnorr、Ong-Schnorr-Shamir 数字签名算法、Des/DSA，椭圆曲线数字签名算法和有限自动机数字签名算法等。特殊数字签名有盲签名、代理签名、群签名、不可否认签名、门限签名、具有消息恢复功能的签名等，它与具体应用环境密切相关。显然，数字签名的应用涉及法律问题，美国联邦政府基于有限域上的离散对数问题制定了自己的数字签名标准（DSS）。

5.1.5 网络安全标准与体系

目前，国内外都有针对网络信息安全的强制性标准和行业性标准，据中国信息安全测评中心的数据显示，国内有 150 项针对信息安全的国家标准，其中部分如表 5-6 所示。

表 5-6 部分信息安全国家标准

序号	标准号	名称
1	GB/T 20270—2006	网络基础安全技术要求
2	GB/T 20272—2006	操作系统安全技术要求
3	GB/T 20275—2006	入侵检测系统技术要求和测试评价方法
4	GB/T 20277—2006	网络和终端设备隔离部件测试评价方法
5	GB/T 20279—2006	网络和终端设备隔离部件安全技术要求
6	GB/T 20281—2006	防火墙技术要求和测试评价方法
7	GB/T 18018—2007	路由器安全技术要求
8	GB/T 21053—2007	PKI 系统安全等级保护技术要求
9	GB/Z 20986—2007	信息安全事件分类分级指南
10	GB/T22019—2008	信息系统安全等级保护基本要求

国外针对信息安全行业相关标准也非常多，部分标准如表 5–7 所示。

表 5-7 国外信息安全相关标准

序号	标准号	名称
1	ISO/IEC 27017:2015	云端服务信息安全控制实施规程
2	ISO/IEC 27013:2015	综合实施指南
3	ISO/IEC 27039:2015	入侵窃密检测与防护系统的选择、开发与操作
4	ISO/IEC 27006:2015	信息安全管理体系审核和认证机构的要求

5.1.6 网络安全防范措施

作为一把“双刃剑”，互联网也给组织和企业带来前所未有的威胁。全天候 24 小时在网络上流动的内容当中，存在着太多的风险：垃圾邮件、恶意网站、网上欺诈、网络病毒等无时无刻不在困扰着互联网用户，而另外一方面，网络滥用行为，包括恶意的 P2P 下载、网络游戏、IM 等娱乐应用挤占了组织有限的业务带宽，同样导致网络应用效率低下。下面介绍 6 种网络安全防范措施。

（1）提升边界防御

防火墙、IDS、IPS 等是解决网络安全问题的基础设备，它们所具备的过滤、安全功能能够抵抗大多数来自外网的攻击。配备这些传统的网络防护设备，实现面向网络层的访问控制，是企业安全上网的前提。

IDC 的调查报告显示，至 2016 年，有超过 93%的病毒将互联网作为其传播入口，通过电子邮件和网络进行病毒传播的比例正逐步攀升，在网络入口处把住病毒入侵的关口成了当务之急，因此，除了上述的防火墙、IDS、IPS 等基础安全设备，还可以部署有效的网关级杀毒引擎。

（2）上网终端管理

网络边缘的外围设备再先进也无法保护内部网络，来自局域网内部的滥用、破坏也是威胁上网安全的重要因素。例如，客户端的安全级别往往难以保证，这对于内网用户数量众多的组织更是如此——缺乏安全措施的单机，例如，使用陈旧的操作系统、长时间不更新个人防火墙和杀毒软件、应用具有潜在安全漏洞的软件，都将成为局域网安全中一颗颗隐藏的定时炸弹。

为上网终端配置网络准入规则，通过对单点的安全评估和访问策略列表是实现客户端全方位安全防护的最佳手段。对终端的安全策略列表应该包括操作系统、运行程序、系统进程、注册表等。

（3）有害内容过滤

互联网是一个不可控的黑洞，无数不怀好意的网站使用户上网冲浪时如履薄冰：隐藏蠕虫病毒、木马插件的非法网站、各类层出不穷的钓鱼网站……都会在分享互联网便利的同时带来巨大的隐患。

针对这些有害内容，URL 库过滤技术近年来得到广泛采纳，采用该技术将包含潜在威胁的网站拦截在外是保障上网安全的有效方式之一。当然，还应该考虑到一些钓鱼网站采用的是 SSL 加密页面，所以还需要结合证书验证、链接黑白名单等措施。对文件下载传输行为进行规范也是必要的，将关键字、文件类型、网络服务与 IP 地址组进行关联，规范下载策略，可以控制大部分由主动下载造成的损害。

（4）全面应用管理

全球每天有 120 亿条消息通过即时通信（Instant Messaging，IM）工具被发送，这些 IM 应用也许是员工在和同事、客户讨论工作，但更多的聊天对象却是家人、朋友甚至是陌生人。此外，网络上还有其他大量的和工作无关网络应用存在，包括网络游戏、在线炒股、P2P 下载等，这些工作时间内的“丰富应用”造成了组织生产效率的巨大浪费。有些组织靠封端口、封服务器地址等方法在一定程度上有效，但由于服务器地址和端口会经常变换，这导致封服务器地址和端口成为一项持续的高成本工作，只能是治标不治本。

在全面应用管理上更有效的封堵方法主要有两种，一种是基于应用协议和数据包的智能分析，另一种是针对流量进行检测。前者是通过分析 IP 数据包首部的服务类型、协议、源地址、目的地址以及数据包的数据部分，能够更好地发现特定服务。后者则可以针对特定用户的网络连接情况进行分析，当网络流量和网络连接超出规定的阈值时，用户的行为将被限制流量。

（5）提升内网防毒管控

目前，各大防病毒厂商都有针对企业级的病毒防御一体化解决方案，通过部署其防病毒服务器和客户端，可以有效防止已知的病毒对内网的危害，并可实时在线升级病毒特征库，提升企业内网对病毒的抗击能力。

（6）制定网络安全使用管理规章制度

制定网络安全使用管理规章制度，有效规范企业内部人员使用网络的行为，加强计算机及网络安全的管理，确保网络安全稳定的运行，切实提高工作效率，促进信息化建设的健康发展，形成企业内部人员使用网络的约定性网络使用规章，有利于保护企业内部数据和机密文件的安全。

5.2 移动互联网安全

5.2.1 移动互联网安全概述

移动互联网，就是将移动通信和互联网二者结合起来，成为一体。是指互联网的技术、平台、商业模式和应用与移动通信技术结合并实践的活动的总称。4G 时代的开启以及移动终端设备的凸显必将为移动互联网的发展注入巨大的能量。但随着业务量的不断增大，其必然存在一定的风险，移动互联网面临的三大安全问题主要有：网络安全、终端安全和业务安全。

2016 年 5 月 17 日，中国互联网协会、国家互联网应急中心在京联合发布《中国移动互联网发展状况及其安全报告（2016）》，这是国内针对中国移动互联网发展状况及其安全的顶级、专业、权威的研究报告，报告对中国移动互联网发展状况、移动互联网安全态势情况及移动互联网治理情况等方面进行了全面、综合、深入地统计、分析和研究。

2015 年中国境内活跃的手机网民数量达 7.8 亿，占全国人口数量的 56.9%，各省手机网民数量大致与本省人口数量呈正比关系，除西藏、青海、宁夏等偏远地区的手机网民数量还较少外，全国其他地区的手机网民具有良好的覆盖。

2015 年中国境内活跃的智能手机联网终端达 11.3 亿部，九成以上运行 Android（安卓）操作系统和 iOS 操作系统，其中运行 Android 操作系统的智能手机最多，比例高达 78.9%，运行 iOS 操作系统的苹果智能手机位居第二，比例达 13.08%。

2016 年，手机病毒感染用户数同比增长 62.43%，总数达 5 亿人次，创下历年新高。2016 年 12 月，感染手机病毒 Android 用户数为 5692 万，比 1 月份的 3117 万增加了 81%。全年腾讯手机管家共检出病毒 6682 万次，基本呈现逐月增加趋势。

2016 年手机病毒渠道来源主要分为七大类，分别是电子市场、软件捆绑、手机资源站、手机论坛、网盘传播、二维码和 ROM 内置，其中电子市场病毒传播比例也最高，占比 22.51%。虽然正规大型电子市场基本都接入了手机安全厂商的病毒查杀引擎，大部分手机病毒在上线之前即可被检测出来，无法上架传播，但不少中小型电子市场仍存在不规范的现象。

2016 全年共有 3444 万 Android 设备感染手机支付病毒，相比 2015 年新增支付病毒包超过 45 万，占总病毒包的 2.39%。

2017 年瑞星“云安全”系统共截获手机病毒样本 505 万个，新增病毒类型以流氓行为、信息窃取、系统破坏、资费消耗 4 类为主，其中流氓行为类病毒占比 23.3%。

2018 年瑞星“云安全”系统共截获手机病毒样本 640 万个，病毒总体数量比 2017 年同期上涨 26.73%。新增病毒类型以信息窃取、资费消耗、流氓行为、恶意扣费 4 类为主，其中信息窃取类病毒占比 26%。

“互联网+”及移动互联网时代，人、物、商业全都联网，这给世界带来巨大改变。在这个时代，网络安全就变得比任何时候都重要，没有网络安全的“互联网+”就是空中楼阁。

图 5-5 所示为 2016 年 360 安全中心监测到安卓平台恶意程序感染手机数量。

5.2.2 移动互联网安全架构

移动互联网既涉及传统的移动通信网络（现包含电路域和分组域），又涉及被公认安全问题比较严重的互联网，相关网络与信息安全研究相对复杂，应当分层研究。通常基础网络安全研究可以分 4 层研究，即信息内容安全、信息自身安全、业务应用安全、设备/环境安全。

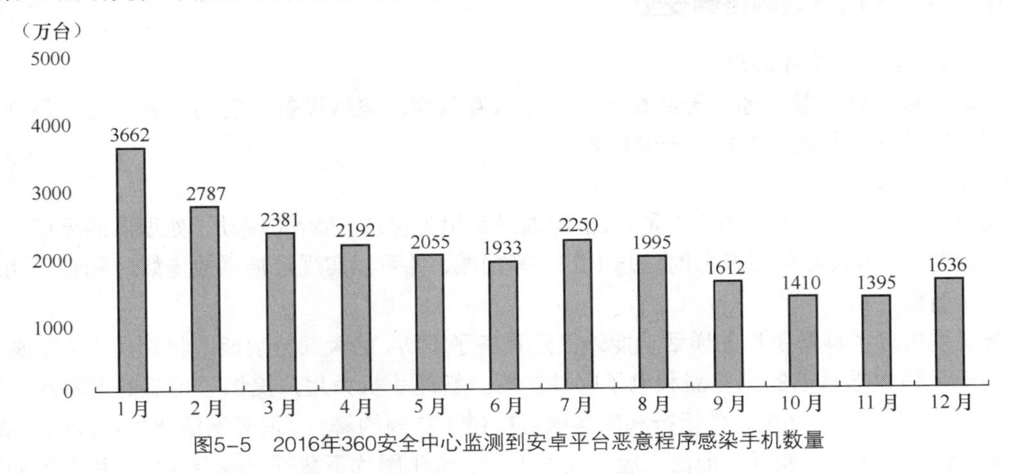

图5-5　2016年360安全中心监测到安卓平台恶意程序感染手机数量

依据移动互联网网络架构网络与信息安全分层，移动互联网安全可以分为互联网终端安全、移动互联网网络安全以及移动互联网业务安全 3 个部分。

移动互联网终端安全：通常是指手机、PDA、上网本、便携式计算机等设备的安全。

移动互联网网络安全：移动互联网网络分两部分，接入网以及 IP 承载网/互联网。接入网采用移动通信网时涉及基站（BTS）、基站控制器（BSC）、无线网络控制器（RNC）、移动交换中心（MSC）、媒体网关（MGW）、服务通用分组无线业务支持节点（SGSN）、网关通用分组无线业务支持节点（GGSN）等设备以及相关链路，采用 Wi-Fi 时涉及接入（AP）设备。IP 承载网/互联网主要涉及路由器、交换机、接入服务器等设备以及相关链路。

移动互联网应用安全：移动互联网业务可以分为 3 类。第一类是传统互联网业务在移动互联网上的复制；第二类是移动通信业务在移动互联网上的移植；第三类是移动通信网与互联网相互结合，适配移动互联网终端的创新业务。当前可以预期的移动互联网业务包括利用智能手机等移动互联网终端获取的移动浏览、移动 Web 2.0、移动搜索、移动电子邮件、移动即时消息、移动电子商务、移动在线游戏、电话、短信、彩铃、彩信、移动定位、移动导航、移动支付、移动 VoIP、移动地图、移动音频、移动视频、移动广告、移动 Mashup、移动 SaaS 等。

移动互联网是一个新生事物，是移动通信网与互联网相结合的产物，既有来自互联网的基因也有来自移动网的基因，具备明显的杂交优势。随着 4G 的部署、智能手机以及上网本的成熟，现已显示出勃勃生机。然而移动互联网相关的安全问题也逐渐显露出来，有来自互联网的病毒、垃圾信息等，也有来自移动网互联网相结合后的非法定位、移动网身份窃取等。随着 4G 网络的进一步建设、智能终端的普及以及对互联网需求以及依赖性的进一步增强，移动互联网用户规模和网络规模都将呈现爆炸性增长，移动互联网安全问题也即将随之凸显。

当前无论是移动互联网还是移动互联网的安全，与传统的互联网、互联网安全相比有较大的差距。其原因主要来源移动互联网终端带宽有限，计算能力有限，显示屏幕有限，内容源有限以及输入手段受限等。随着技术的发展与进步，移动互联网与传统互联网将逐渐趋同，用户将不再刻意区分是移动互联网还是传统互联网，使用有线上网还是移动网上网。但是在当前移动互联网发展初期，完全有机会依据移动互联网安全框架，通盘考虑安全需求与技术，使移动互联网乃至未来整个互联网都变得更安全。

5.2.3 移动互联网终端安全

1. 移动互联网终端概念

移动互联网终端就是通过无线技术上网接入互联网的终端设备，它的主要功能就是移动上网，因此对于各种网络的支持就十分重要。

（1）上网本

英特尔关于“上网本”的描述是：“上网本是采用英特尔 Atom（凌动）处理器的无线上网设备，具备上网、收发邮件以及即时信息（IM）等功能，并可以实现流畅播放流媒体和音乐功能。”

（2）智能手机

智能手机除了具备手机的通话功能外，还具备了 PDA 的大部分功能，特别是个人信息管理以及基于无线数据通信的浏览器和电子邮件功能。智能手机为用户提供了足够的屏幕尺寸和带宽，既方便随身携带，又为软件运行和内容服务提供了广阔的舞台，很多增值业务可以就此展开，如股票、新闻、天气、交通、商品、应用程序下载、音乐图片下载等。融合众多应用业务的智能手机已经成为手机发展的主流方向。

智能手机的操作系统市场上共有 6 种不同的操作系统，它们分别是：

① Windows Mobile（PocketPC、Smartphone）。

② 苹果 iOS 系统。

③ Linux 操作系列系统。

④ Palm 操作系统。

⑤ 黑莓系统。

⑥ 安卓系统。

（3）智能导航仪

智能导航仪就是在原有的 GPS 功能的基础上加上 Android 系统，能够实现 Wi-Fi 上网功能，目前 Android 系统在智能手机领域获得巨大的成功，在智能手机 OS 市场上，Android OS 系统在全球的销量早已超越搭载 iOS 系统的苹果 iPhone，其市场影响力早已超越 Windows Mobile、Palm、黑莓等老牌操作系统，受到市场和消费者的热烈追捧。

在移动互联网时代，终端成为移动互联网发展的重点之一。围绕移动互联网发展的需求，移动互联网时代终端的发展呈现出 3 个明显的发展趋势，一是紧紧围绕用户需求，为用户提供全方位的服务和体验，趋向终端与服务一体化；二是实现终端多样化；三是代表着 4G 竞合时代终端融合的必然趋势。

2. 智能终端安全风险

在智能终端广泛应用和移动互联网产业蓬勃发展的同时，智能终端的安全问题日益凸显，与智能终端相关的恶意吸费、偷跑流量、个人信息窃取、系统破坏等安全事件频发。经研究发现，导致这些安全事件发生的主要原因是由于智能终端自身安全防护能力不足，用户安装了带有恶意行为的应用软件，这些应用软件在用户不知情的情况下发送短信、订购服务、后台走流量、读取并发送用户个人信息等，损害了用户权益，甚至还威胁到国家安全，这不仅造成了不良的社会影响，还严重影响了用户的信心。未来，智能终端类型和应用更加丰富，用户在终端上存储的信息和开展的业务将更多，安全威胁将不断增大，安全形势将更加严峻，国家、产业和个人都迫切要求提高智能终端的安全水平。

（1）智能终端操作系统敏感权限滥用

智能终端的核心是操作系统，操作系统将终端的各种能力抽取形成 API 接口开放给第三方应用软件开发者，开发者利用这些开放的能力开发应用软件，并通过应用商店上架这些应用，供给用户进行下载使用。目前智能终端操作系统所开放的能力中包含一些与用户资费、隐私相关的 API，如拨打电话、发送短信、建立网络连接、读取联系人、拍照、定位、录音等，这些敏感 API 如果被开发者恶意滥用就会造成用户权益损害，带来恶意扣费、隐私窃取、远程控制等安全问题。据统计，目前约 80%的恶意应用软件都是通过调用智能终端敏感 API 来实施恶意行为。因此，对敏感 API 进行管控是限制恶意应用软件在终端上实施恶意行为的有效技术方法。

（2）应用软件难溯源

智能终端主要通过下载应用软件来为用户提供服务，但是目前整个移动互联网产业链缺乏对应用软件的管理和认证，用户即使获取到所下载的应用软件的开发者、检测机构、发布渠道等相关信息，也无法评估应用软件的可信度，造成各类恶意应用软件广泛传播。目前，Android、iOS、Windows Phone 等平台都对用户下载安装的应用软件提出数字签名的要求，但 Android 平台仅要求应用软件开发者自签名，而未对签名的真实性进行验证，造成实际上基于 Android 平台开发的应用软件签名真实性无法保证、软件信息无法溯源，许多应用软件在流通环节被植入恶意代码和重打包后提供给用户下载使用。因此，有必要建立应用软件第三方认证签名体系，确保签名信息真实可信，实现应用软件可溯源，打造安全的移动互联网环境。

（3）智能终端操作系统漏洞

智能终端操作系统作为一种软件不可避免地存在软件产品普遍存在的漏洞问题。软件漏洞是软件在开发时，由于开发者的疏忽或编程语言的局限性，导致软件存在一些缺陷。智能终端操作系统上的漏洞可能导致终端无法正常运行，有些缺陷可能会造成终端管理权限被非法获取或者安全防护措施被绕过，这类漏洞会降低产品安全性，导致严重的安全问题。目前，智能终端厂商已经开始重视终端安全问题，从智能终端的架构、能力、功能等方面不断提升产品的安全性，但对产品漏洞的及时发现和修补的重视程度还不够，造成很多正在使用的智能终端还存在一些安全漏洞。

（4）智能终端操作系统后门

智能终端操作系统后门程序是智能终端面临的另一个极为敏感的安全问题。后门程序一般是指那些绕过程序或系统已有的安全措施而获取对程序或系统访问权的程序方法。在软件开发阶段，程序员有时会在软件内创建后门程序以便可以修改程序设计中的缺陷。如果这些后门程序被他人获知，或在软件发布之前没有删除后门程序，那么后门程序就可能被黑客利用进而被攻击，成为安全隐患。还有些后门程序可能是开发者故意设置，为了以后利用后门程序实施信息采集、远程控制等行为。由于后门程序都是程序员自主设计，有的隐蔽性非常强，通过技术手段直接发现后门程序的难度很大。但由于后门程序权限高、危害大，通过国家层面对重要领域使用的智能终端开展后门程序检查，这对保障国家安全具有重要的意义。

3. 智能终端安全应对措施

为进一步降低智能终端面临的安全威胁，还需从智能终端安全标准、移动应用数字签名、终端检测认证、加强行业协作等方面开展相关工作，不断提高终端安全防护能力，减少恶意应用，保障用户权益。

（1）制定完善的智能终端安全标准

智能终端安全标准是提升终端安全能力的重要技术依据，要根据技术发展和应用情况及时制定完善的终端安全标准，引导产品研发和产业发展。针对智能终端在个人信息保护、保密通信、用户访问控制等方面面临的安全风险开展研究，不断制订完善的智能终端安全标准，重点对智能终端上的数据保护、后台服务、网络连接等提出相应的安全技术和管理要求。同时，对可穿戴智能终端、物联网终端、车载信息终端、可信终端等新型智能终端设备有针对性地研制安全技术标准，明确其在保护用户数据、保障业务安全方面的技术要求。

（2）建立应用软件可追溯体系

移动应用数字签名与认证机制是建立应用软件可追溯体系和移动互联网可信应用环境的重要技术手段。整个体系的建立涉及移动应用开发者、检测机构、应用商城、智能终端厂商等多个环节。应用软件开发者使用第三方认证证书进行开发者签名，确保应用来源的可追溯；应用软件检测机构对应用软件进行安全检测，检测合格后进行检测机构签名，确保检测结果的可信性；应用商店对上架应用软件进行渠道签名，确保应用下载渠道可追溯；移动智能终端通过操作系统内置数字签名验证即将要安装的应用软件签名情况进行验证，并将识别到的开发者信息、安全检测情况、流通渠道等信息真实地呈现给用户，为用户下载、安装安全可信应用软件提供指引。

（3）加强智能手机预装应用软件管理

智能手机在流通环节存在被刷机和预装恶意应用软件的情况，为了解决此问题，可要求智能手机厂商通过互联网、产品说明书等方式向用户公示所生产的智能手机上预装的应用软件，如软件名称、版本等。用户购买智能手机后，通过将手机预装应用软件与厂商公示信息进行比对，可及时发现所购手机操作系统和预装软件是否存在问题，从而减少恶意应用软件通过预装方式流入市场。为实现对智能手机预装应用软件的管理，可通过行业协会等制定智能手机预装应用软件公示相关规范要求，组织协会内的智能终端厂商开展手机预装应用软件公示。

（4）提高智能手机安全评测水平

目前，在我国上市的智能手机主要在进网检测环节接受安全检测，依据标准验证手机的安全防护能力。但是进网要求仅是一级安全能力要求，为了进一步促进智能终端安全防护水平的提升，可以通过行业协会开展二到五级的更高安全级别的安全能力检测，也可将基于《信息技术安全评估通用准则》（简称 CC）的安全领域认可的安全评估方法引入移动智能终端，并建设智能终端与应用软件漏洞库，帮助厂商对产品漏洞实施有效的管理，全面降低智能终端面临的安全风险。同时，针对可穿戴型智能终端、物联网终端、车载信息终端、可信终端等，研究相应的安全评测方法和开展安全评测。针对政务、企业和特殊行业中应用的智能终端，也要结合应用场景的安全需求开展相应的安全评测，提升智能终端的安全性。

（5）促进行业协作和自律

智能终端安全不仅与终端厂商有关，还涉及移动应用开发者、应用商城、终端方案厂商、移动互联网企业、检测认证机构等。目前，国家层面已对智能终端提出了安全能力要求，通过智能终端厂商和检测认证机构来落实。但国家层面的要求仅是基本要求，为全面保障智能终端安全还需要移动互联网产业中各方的积极参与和协作，这种全产业链的合作可通过电信终端测试技术协会（TAF）等行业组织聚集产业各方，整合资源和能力，通过制定行业内规范文件，并组织协会成员以试点示范等方式实施和逐步推广，不断提高行业自律水平，共同保障智能终端安全和用户权益。

随着智能终端类型和数量的不断增多，恶意应用软件也将更为复杂多变，终端面临的安全威胁类型也不断增多、安全风险将持续增大。为保障国家安全和用户合法权益不受侵害，需要加快制订与完善的智能终端、应用软件相关的安全标准，提高智能终端厂商、应用软件开发者、应用商城等对智能终端、应用软件安全的重视程度和技术能力，加强移动互联网产业各方的协作，通过行业协会等组织加强行业自律，开展行业内的智能终端安全规范制定、检测与认证等，打造健康、有序、安全的移动互联网生态圈。

5.2.4 移动互联网应用安全

1. 移动互联网应用概述

移动互联网应用程序（APP）已成为移动互联网信息服务的主要载体，对提供民生服务和促进经济社会发展发挥了重要作用。据不完全统计，在国内应用商店上架的 APP 超过 400 万款，且数量还在高速增长。与此同时，少数 APP 也被不法分子利用，传播暴力恐怖、淫秽色情及谣言等违法违规信息，有的还存在窃取隐私、恶意扣费、诱骗欺诈等损害用户合法权益的行为，社会反映强烈。主要的应用有：资讯应用、娱乐应用、沟通应用、个人信息服务应用、移动电子商务应用、手机定位与导航应用等。

（1）资讯应用

以新闻定制为代表的媒体短信服务，是许多普通用户最早的也是大规模使用的短信服务。对于像搜狐、新浪这样的网站而言，新闻短信几乎是零成本，他们几乎可以提供国内最好的媒体短信服务。目前这种资讯定制服务已经从新闻走向社会生活的各个领域，如股票、天气、商场、保险等。

（2）娱乐应用

娱乐应用包含手机网络游戏、娱乐资讯、音乐、视频等应用，手机网络游戏行业在多年的技术经验与运营经验的积累与总结后，创新出新的游戏模式与新的运营模式来推动手机网游市场的爆发。

（3）沟通应用

沟通应用包含移动 QQ、微信、易信、旺信等，用户通过此类应用程序可与其他用户进行即时聊天、发送语音和图片等信息，实现双向实时通信。

（4）个人信息服务应用

个人信息服务应用包括电子邮件、个人信息管理器、记事本、日历等应用。无线电子邮件使得传统电子邮件的功能更加强大。用户能从任何地方访问及回复电子邮件信息，而不受办公室及家庭的束缚。各种实现形式的移动电子邮件已经成为可能。例如，中国移动的 139 邮箱为其客户提供的以电子邮箱为主的业务，它将完善的电子邮箱服务和手机的移动沟通优势合二为一。个人信息管理（PIM）是商务人员在工作中提高效率所依靠的主要应用之一。这个应用组包括许多工具，如日历、日程表、联系、地址簿、杂事列表。

（5）移动电子商务应用

移动电子商务应用包括电子银行、账单支付、在线交易、无线医疗等应用。电子银行应用用户可以检查账目收支情况，在账户和银行之间转移自建，或者获得临时贷款额度。吸引客户的地方在于，有在任何地方进行银行交易的自由，不像通过 PC、ATM 自动提款机、出纳员那样受到限制。使用在线账单和付账，可以使账单的提供方节省纸张和寄送的费用，同时通过提供更加详细的在线账单，可以提高服务质量。移动电子商务允许用户买卖货物，允许用户使用无线设备获得服务。

（6）手机定位与导航应用

手机定位与导航应用主要包括手机定位、手机导航等应用。手机定位是指通过特定的定位技术来获取移动手机或终端用户的位置信息（经纬度坐标），在电子地图上标出被定位对象位置的技术或服务。其主要应用有：家长定位老人、儿童，主要是出于安全和关心的需求；单位对车辆的管理，出于 GPS 成本高以及地下室等无信号的原因，有些物流企业采用了手机 GSM 定位技术方案。手机导航就是手机具有导航功能，简单地说手机导航就是卫星手机导航。与手机电子地图的区别就在于，它能够告诉用户在地图中所在的位置，以及要去的那个地方在地图中的位置，并且能够在用户所在位置和目的地之间选择最佳路线，并在行进过程中为用户提示行进方向。

另外，移动互联网应用还有移动电视、信息通信业务、安全管理工具、浏览器等应用。

2. 移动互联网应用安全风险

移动互联网应用安全风险主要是以智能手机终端为载体，针对智能手机终端所产生的威胁，主要包括：资费消耗、隐私窃取、恶意扣费、远程控制、流氓行为等。

（1）资费消耗

资费消耗的定义：在用户不知情或未授权的情况下，通过自动拨打电话、发送短信、彩信、邮件、频繁连接网络等方式，导致用户资费损失的，具有资费消耗属性。

例如，某恶意应用伪装为手机壁纸应用诱导用户下载安装，安装后在开机或重启时自动运行某恶意进程，该恶意进程会连网获取返回链接，并不断尝试访问这些链接，通过频繁连接这些网址消耗用户大量流量。

（2）隐私窃取

恶意应用可在用户未确认或不知情的情况下读取用户电话本数据、通话记录、短彩信数据，或者在用户不知情的情况下进行通话录音、拍照、摄像、定位等操作，随后上传收集到的隐私数据。近两年，窃取用户个人隐私正在成为恶意应用的主要目标之一。除了用户隐私信息之外，高价值的用户账户信息也是窃取的主要目标。例如，利用某恶意应用，通过淘宝“忘记密码”这一功能重置手机用户的支付宝登录密码，而重置期间所提示的手机短信，都会被屏蔽，转发给黑客手机服务器，若重置成功，则可盗取用户的淘宝和支付宝账户信息，并将用户账户资金盗走。

（3）恶意扣费

恶意代码通过隐蔽执行、欺骗用户点击等手段，订购各类收费业务或使用移动终端支付，导致用户经济损失。例如，恶意扣费应用可以通过在代码内嵌入业务订购地址，或通过在线访问的方式，在用户不知情的情况下发起订购。由于被访问的订购业务是蓄意构造的，可能不具备一系列的认证、二次确认步骤，用户会不知不觉的“被订购”和“被扣费”。

（4）远程控制

一些恶意应用可将安装该软件的终端变成一部“傀儡机”，在用户不知情或未授权的情况下，接受远程控制指令并执行相应的操作。

（5）流氓行为

恶意应用可能会在后台运行，强制驻留系统内存，额外占用 CPU 资源，使手机终端运行缓慢，并且用户不能禁止该类软件的开机自启动，或者用户不能删除、卸载该软件。

据《2017 年中国手机安全状况报告》显示，2017 年全年 360 手机卫士共拦截各类钓鱼网站攻击 28.8 亿次，对手机端拦截的钓鱼网站进行分类，可以发现，赌博博彩类比重最高，为 73.2%。其他占比较高的类型包括虚假购物（9.2%）、虚假招聘（6.6%）、金融证券（5.9%）、假药（1.6%）

以及钓鱼广告（1.4%）类型的钓鱼网站。据第 41 次《中国互联网络发展状况统计报告》显示，2017 年 CNCERT 共监测发现我国境内感染网络病毒终端累计 2095 万个，境内被篡改网站数量累计 60684 个。

3. 安全风险应对措施

应对恶意应用带来的安全威胁，需要产业链每个环节的共同努力。从用户、开发者、渠道商、安全厂商、电信运营商和国家监管机构多个角度来看，手机应用发布渠道商对应用的严格管控、国家行业主管机构对渠道和应用的强力监管是最为有效的两个环节。

（1）手机使用安全防护措施

个人层面，手机经济犯罪日趋严重；社会层面，手机隐私泄露情况严重；国家层面，西方国家使用手机窃听由来已久，被远程遥控的手机将会变成带视频直播功能的窃听器。每个人都要时刻保持清醒，充分认清手机安全保密事关国家利益，事关事业发展和家庭幸福，不能认为自己“无密可保”“有密难保”，同时严格遵守手机使用规定，谨慎参与网上体验，不接受陌生蓝牙或红外设备的连接请求，不随意点击来历不明的短信或邮件，不使用工作计算机为手机充电，不使用翻墙软件违规访问境外网站等。

（2）安全使用 Wi-Fi 网络

报告显示，截至 2017 年 12 月，我国使用智能手机上网人数达 7.53 亿，同时，有 92.7%的网民在半年内曾使用 Wi-Fi 无线网络接入互联网，手机 Wi-Fi 安全问题要引起我们足够重视。一是仅连接信任网络。特别当周围出现多个同名 Wi-Fi 时，应引起警觉。二是选择使用高强度的 WPA2 认证方式。三是设置高强度连接密码。四是开启“忽略网络”功能。手机就不会发送探测请求帧，也不会自动连入该网络，可避免虚假 Wi-Fi 的网络攻击。

（3）防止充电宝失泄密

我们普遍认为，可能造成失泄密的电子产品主要是计算机、手机和具备数据通信或信息存储功能的设备，而充电宝不可能存在失泄密问题。据报道，少数充电宝可进行长时间定位和窃听，这种充电宝内部安装了具备通话、定位和录音等功能的模块，可以获取使用者的位置信息、通话信息等。我们在日常保密教育中也要进行“充电宝也能失泄密”的专题教育，深刻认识有定位监听功能充电宝的危害，明确使用充电宝的时间和场所，严禁在会议室和涉密场所使用。

（4）加强手机保密教育

在互联网时代，手机的信息安全隐患问题日益突出，导航定位、移动上网、休闲娱乐、数据传输、海量存储等功能都威胁着手机的保密安全。目前利用手机窃密的手段较多，例如，通过蓝牙、彩信、网络等途径安装间谍软件，窃取短信和通话记录；利用移动电话拦截系统监听通话内容，或拨打用户电话监听周围声音；冒充网络实体，利用复制手机 SIM 卡、设立伪基站等手段，窃取通话和短信信息等；拦截空间无线通信信号，截获通信信息；利用病毒、木马控制用户手机，对周围环境进行照相、摄像等。在日常的使用过程中，应加强手机保密工作和教育工作，防止内部涉密资料外泄。

5.2.5 移动智能终端安全工具

手机安全软件是一系列软件工程，为终端用户提供完整的安全解决方案。手机安全软件并不是一个应用软件，已经逐渐发展为一套软件体系。手机安全的重要性，确保手机的安全性远比确保计算机安全性更为重要，手机杀毒显然不能简单地套用计算机杀毒模式，把计算机杀毒的思路用于手机杀毒软件的设计之上，而需要以全新的杀毒概念，来确保手机用户的安全。手机安全软件的功能主要有：快速查杀病毒木马和恶意软件、网银网购实时保护、主动拦截恶意吸费行为、防个人信息和位置窃取并主动防窥视等。

目前，移动智能终端安全工具主要有：360 手机卫士、腾讯手机管家、百度手机卫士、LBE 安全大师、猎豹安全大师、乐安全、鲁大师、金山手机卫士、金山手机毒霸等。

1. 360 手机卫士

360 手机卫士（见图 5-6）是一款免费的手机安全软件，集防垃圾短信，防骚扰电话，防隐私泄漏，对手机进行安全扫描，联网云查杀恶意软件，软件安装实时检测，流量使用全掌握，系统清理手机加速，归属地显示及查询等功能于一身，是一款功能全面的智能手机安全软件。

图5-6 360手机卫士

功能介绍如下。

（1）杀毒

快速扫描手机中已安装的软件，发现病毒木马和恶意软件，一键操作，彻底查杀。联网云查杀确认可疑软件，获得最佳保护 。

（2）骚扰拦截

360 手机卫士的“骚扰拦截”功能一键开启诈骗先赔模式。开通后，若不幸遭遇电信诈骗，可进入快速理赔流程。

（3）支付保镖

可针对支付木马病毒、短信支付验证码、支付网址、Wi-Fi 钓鱼等问题进行一系列的支付安全检测保护，让用户的手机全面接受安全保护。

（4）隐私空间

此款功能可以让用户添加隐私联系人。用户与隐私联系人的通话记录以及短信都会在隐私空间中。只有通过密码才能查看隐私空间中的内容。

（5）防吸费

具有“防吸费电话”“流量监控防吸费”“防伪基站吸费”“防广告吸费”“防手机木马吸费”“防预装软件吸费”“防系统漏洞吸费”等全方位防吸费功能。

（6）话费流量

可随时对手机的包月扣费情况了如指掌。用户最为关心的流量剩余、话费剩余等关键信息，只一步就可全部显示，随时随地监控资费去向。

（7）清理加速

一键清理，帮助手机瘦身，清除缓存垃圾、内存和广告垃圾、无用安装包，为手机加速。用户只要摇一摇手机，就可以自动清理手机内存，给手机加速。

（8）手机备份

可将通讯录、短信等重要资料加密后备份到 360 云安全中心。用户的个人数据也可以备份到自己的手机存储卡上，无需联网也可备份恢复个人数据，本地/云端备份数据全部采用加密处理，以保证用户的隐私数据不被任何未经授权的程序查看或访问。

（9）手机防盗

开启防盗功能后，若发生手机丢失，可通过“追踪手机位置”获取被盗手机的当前位置；当确定离被盗手机很近时，可以使用“响警报音”功能；通过“锁定手机”可将被盗手机锁死，避免小偷直接进入手机界面查看机主信息。快速为寻找手机提供帮助，将手机丢失的个人信息损失降到最低。

2. 腾讯手机管家

腾讯手机管家（见图 5-7）是腾讯旗下一款永久免费的手机安全与管理软件。功能包括病毒查杀、骚扰拦截、软件权限管理、手机防盗及安全防护、用户流量监控、空间清理、体检加速、软件管理等高端智能化功能。

图5-7　腾讯手机管家

主要功能介绍如下。

（1）安全防护

骚扰拦截：基于业界领先业界的云端智能拦截系统，轻松拦截垃圾信息，屏蔽骚扰电话。

病毒查杀：腾讯手机管家杀毒引擎，配合自主研发的云端查杀技术，已通过全球知名的 AV-Test 2013 移动杀毒认证与西海岸实验室安全测试等国际认证，使手机实现无缝的安全保护。

隐私空间：对重要隐私信息进行加密，确保个人隐私不被暴露，实现全面的隐私保护。

软件权限管理：管理手机权限，防止应用“越界”。

手机防盗：只需要绑定 QQ，能通过网页实现对手机的远程控制、定位被盗手机、清除手机上的隐私信息。

（2）四级安全防护

防护 58%的应用隐私泄露。腾讯手机管家为所有用户提供“VIP”的贵宾服务，通过四级安全防护切实保障用户的手机安全。通过软件界面安全等级的显示，可以让用户实时了解当前手机的安全系数，给予用户最直观的手机安全体验感受。

（3）健康优化

流量监控：实时统计当月流量，防止超额。

深度清理：清理垃圾缓存文件，软件卸载残余文件及多余安装包。

空间清理：对 SD 卡进行一键分析，清除垃圾文件、安装包、音频等。

进程管理：关闭后台软件，提升手机速度。

电池健康：智能调节系统参数和关闭耗电功能设置，最多可为用户的手机省电达 70%（需下载腾讯电池管家）。

（4）体检加速

一键优化：全方位掌握手机状况，轻松一按解决手机反应迟缓的问题。

（5）手机加速

清理手机后台程序。用户可以查看正在运行的后台程序，选择要关闭的后台程序，点击结束进程，即可清理多余后台进程，释放手机内存。用户还可以设置保护名单，结束进程时默认不关闭保护名单中的程序。腾讯手机管家为进程管理功能专门开发了一个趣味插件，首创了小火箭加速手机。

（6）软件管理

下载软件：下载经腾讯手机管家、安全管家认证的手机软件、游戏。

更新软件：更新老板软件，防止漏洞出现。

安装软件：将 APK 包里的软件安装到手机或 SD 卡上。

卸载软件：卸载多余软件，提升手机空间。

3. 百度手机卫士

百度手机卫士（见图 5-8）是一款功能超强的手机安全软件，为用户免费提供系统优化、手机加速、垃圾清理、骚扰电话拦截、骚扰短信甄别、手机上网流量保护、流量监控、恶意软件查杀等服务。

图5-8 百度手机卫士

主要功能介绍如下。

（1）系统优化

快速安全地优化手机系统，智能删除系统垃圾，提升手机运行速度以及延长电池寿命。

（2）手机加速

智能管理手机进程、自启软件，并深度诊断后台运行软件以及安全可靠地管理 CPU。

（3）垃圾清理

快速扫描缓存、短信及 SD 卡残留垃圾，实现一键深度清理手机，为升级腾出更多可用空间。

（4）防骚扰

依托百度强大的搜索技术，智能地鉴别出垃圾短信、骚扰电话，为用户保护纯净的手机世界。

（5）广告检测

凭借自身强大的广告检测系统，可以轻松地检测出可能带有广告插件的应用，让用户远离广告的骚扰。

（6）防吸费

基于自身先进的病毒引擎，快速地发现存在吸费风险的应用，保护用户财产安全。

（7）流量保护

独有的流量防偷跑服务，夜间智能锁定网络服务，让用户的流量时刻处于受保护状态。

（8）安全防护

针对移动金融安全保护方面，百度手机卫士建立了一套全链条的支付安全解决方案。除此之外，为了给“移动金融”中用户口袋中的真金白银提供保障，百度手机卫士推出了“安全支付亿元保赔计划”，致力于“移动金融”的安防。

5.3 网络病毒及其防范

5.3.1 网络病毒简介

计算机病毒（Computer Virus）在《中华人民共和国计算机信息系统安全保护条例》中被明确定义，病毒是指“编制或者在计算机程序中插入的破坏计算机功能或者破坏数据，影响计算机使用并且能够自我复制的一组计算机指令或者程序代码”。

1. 病毒的特征

计算机病毒是人为编写的特制程序，具有自我复制能力、很强的感染性，一定的潜伏性，特定的触发性和很大的破坏性。

（1）繁殖性

计算机病毒可以像生物病毒一样进行繁殖，当正常程序运行的时候，它也进行运行自身复制，是否具有繁殖、感染的特征是判断某段程序为计算机病毒的首要条件。

（2）破坏性

计算机中毒后，可能会导致正常的程序无法运行，把计算机内的文件删除或受到不同程度的损坏。通常表现为：增、删、改、移。

（3）传染性

计算机病毒不但本身具有破坏性，更有害的是具有传染性，一旦病毒被复制或产生变种，其速度之快令人难以预防。传染性是病毒的基本特征。在生物界，病毒通过传染从一个生物体扩散到另一个生物体。在适当的条件下，它可得到大量繁殖，并使被感染的生物体表现出病症甚至死亡。同样，计算机病毒也会通过各种渠道从已被感染的计算机扩散到未被感染的计算机，在某些情况下造成被感染的计算机工作失常甚至瘫痪。与生物病毒不同的是，计算机病毒是一段人为编制的计算机程序代码，这段程序代码一旦进入计算机并得以执行，它就会搜寻其他符合其传染条件的程序或存储介质，确定目标后再将自身代码插入其中，达到自我繁殖的目的。只要一台计算机染毒，如不及时处理，那么病毒会在这台计算机上迅速扩散，计算机病毒可通过各种可能的渠道，如 U 盘、移动硬盘、计算机网络去传染其他的计算机。当在一台计算机上发现了病毒时，曾在这台计算机上用过的磁盘往往已感染了病毒，而与这台计算机相联网的其他计算机也许也被该病毒感染了。是否具有传染性是判别一个程序是否为计算机病毒的最重要条件。

（4）潜伏性

有些病毒像定时炸弹一样，让它什么时间发作是预先设计好的。例如，黑色星期五病毒，不到预定时间一点都觉察不出来，等到条件具备的时候一下子就爆发了，对系统进行破坏。一个编制精巧的计算机病毒程序，进入系统之后一般不会马上发作，因此病毒可以静静地躲在磁盘里待上几天，甚至几年，一旦时机成熟，得到运行机会，就要四处繁殖、扩散，继续危害。潜伏性的第二种表现是指，计算机病毒的内部往往有一种触发机制，不满足触发条件时，计算机病毒除了传染外不做什么破坏。触发条件一旦得到满足，有的在屏幕上显示信息、图形或特殊标识，有的则执行破坏系统的操作，如格式化磁盘、删除磁盘文件、对数据文件做加密、封锁键盘以及使系统死锁等。

（5）隐蔽性

计算机病毒具有很强的隐蔽性，有的可以通过病毒软件检查出来，有的根本查不出来，有的时隐时现、变化无常，这类病毒处理起来通常很困难。

（6）可触发性

病毒因某个事件或数值的出现，诱使病毒实施感染或进行攻击的特性称为可触发性。为了隐蔽自己，病毒必须潜伏，少做动作。如果完全不动，一直潜伏的话，病毒既不能感染也不能进行破坏，便失去了杀伤力。病毒既要隐蔽又要维持杀伤力，它必须具有可触发性。病毒的触发机制就是用来控制感染和破坏动作的频率的。病毒具有预定的触发条件，这些条件可能是时间、日期、文件类型或某些特定数据等。病毒运行时，触发机制检查预定条件是否满足，如果满足，启动感染或破坏动作，使病毒进行感染或攻击；如果不满足，使病毒继续潜伏。

2. 病毒产生的原因

病毒不是来源于突发或偶然的，一次突发的停电和偶然的错误，只会在计算机的磁盘和内存中产生一些无序和混乱的代码。病毒则是一种比较完美精巧严谨的代码，按照严格的秩序组织起来，与所在的系统网络环境相适应和配合起来，病毒不会通过偶然形成，并且需要有一定的长度，这个基本的长度从概率上来讲是不可能通过随机代码产生的。

现在流行的病毒大多是由人为故意编写的，多数病毒可以找到作者信息和产地信息，通过大量的资料分析统计来看，病毒作者主要情况和目的有：一些天才的程序员为了表现自己和证明自己的能力，出于对上司的不满，出于好奇，为了报复，为了祝贺和求爱，为了得到控制口令而预留的陷阱等。当然也有因政治、军事、宗教、民族、专利等方面的需求而专门编写的，其中也包括一些病毒研究机构和黑客的测试病毒。

3. 病毒传播途径

（1）不可移动的计算机硬件设备

如利用专用集成电路芯片（ASIC）进行传播。这种计算机病毒虽然极少，但破坏力却极强，尚没有较好的检测手段对付。

（2）移动存储设备

移动存储设备（如 U 盘、移动硬盘、可擦写光盘等）由于具有可携带、使用广泛等特点，成为了计算机病毒寄生的主要载体。另外，大量的光盘被恶意刻写带有计算机病毒的程序，也是计算机病毒传播的途径。

硬盘是数据的主要存储介质，因此也是计算机病毒感染的重灾区。硬盘传播计算机病毒的途径体现在：硬盘向可移动存储设备上复制携带计算机病毒的文件、驱动器或文件（夹）共享传播计算机病毒，通过网络传送带有计算机病毒的文件等。

（3）网络

网络是由相互连接的一组计算机组成的，这是数据共享和相互协作的需要。组成网络的每一台计算机都能连接到其他计算机，数据也能从一台计算机发送到其他计算机上。如果发送的数据感染了计算机病毒，接收方的计算机将自动被感染，因此，有可能在很短的时间内感染整个网络中的计算机。

4. 网络病毒的危害

计算机病毒对使用计算机用户的文件及程序的破坏行为体现出其惊人的杀伤力。病毒编写者的技术水平和主观愿望可以决定病毒破坏行为的激烈程度。数以万计的病毒在不断扩张发展的同时也有着千奇百怪的破坏行为，下面对常见的病毒会攻击的部位以及破坏目标进行阐述。

（1）攻击内存

计算机中重要资源是其内存，内存也是病毒所攻击的目标。计算机病毒会消耗系统内存资源，恶意占用大量内存、修改内存中的数据，致使一些大型程序的运行受到阻碍。占用大量内存、禁止分配内存、改变内存总量、蚕食内存等是病毒攻击内存的方式。

（2）攻击文件

病毒攻击文件的方式主要有以下几种：改名、删除、丢失部分程序代码、替换内容、内容颠倒、变碎片、写入时间空白、丢失文件族、假冒文件、丢失数据文件。

（3）干扰系统运行

病毒的破坏行为会对系统的正常运行造成干扰。但是破坏行为的方式多种多样，其主要方式有：对内部命令的执行进行干扰、不执行命令、文件打不开、造假报警、特殊数据区被占用、倒转时钟、换现行盘、死机、重新启动、扰乱串并行口、强制游戏。

（4）攻击 CMOS

系统的重要数据一般都保存在计算机的 CMOS 区中，如系统时钟、内存容量、磁盘类型，并且具有校验和。有的病毒被激活时，CMOS 区的写入动作能够被其进行操作，并且对系统 CMOS 中的数据造成破坏。

（5）攻击磁盘

病毒攻击磁盘数据，写操作变成读操作，不写盘，写盘时丢字节。

（6）速度下降

激活的病毒由于占用了大量的计算机系统资源（内存、网络等），将导致用户正常使用的应用程序响应变慢甚至出现无响应的情况，从而降低了计算机的运行速度。

5.3.2　网络病毒的分类

根据多年对计算机病毒的研究，按照科学的、系统的、严密的方法，可以将计算机病毒划分为网络病毒、文件病毒、引导型病毒。网络病毒通过计算机网络传播感染网络中的可执行文件，文件病毒感染计算机中的文件（如 COM、EXE、DOC 等），引导型病毒感染启动扇区（Boot）和硬盘的系统引导扇区（MBR）。计算机病毒还有这 3 种情况的混合型，例如，多型病毒（文件和引导型）感染文件和引导扇区两种目标，这样的病毒通常都具有复杂的算法，它们使用非常规的方法侵入系统，同时使用了加密和变形算法。

1. 按攻击的系统分类

（1）攻击 DOS 系统的病毒。这类病毒出现最早、变种较多，但由于 DOS 操作系统的应用很少，此类病毒也越来越少。

（2）攻击 Windows 系统的病毒。由于 Windows 的图形用户界面和多任务操作系统深受用户的欢迎，Windows 已经取代 DOS，从而成为病毒攻击的主要对象。

（3）攻击 Linux 系统的病毒。当前，Linux 系统应用非常广泛，许多服务器的操作系统均采用 Linux 作为操作系统。这类病毒对服务器的信息安全造成了严重威胁。

2. 按病毒的攻击机型分类

① 攻击微型计算机的病毒。这是世界上传染最为广泛的一种病毒。

② 攻击小型机的计算机病毒。小型机的应用范围是极为广泛的，它既可以作为网络的一个节点机，也可以作为小的计算机网络的主机。起初，人们认为计算机病毒只有在微型计算机上才能发生而小型机则不会受到病毒的侵扰，但自 1988 年 11 月份 Internet 网络受到 worm 程序的攻击后，使得人们认识到小型机也同样不能免遭计算机病毒的攻击。

③ 攻击工作站的计算机病毒。近几年，计算机工作站有了较大的进展，并且应用范围也有了较大的发展，所以我们不难想象，攻击计算机工作站的病毒的出现也是对信息系统的一大威胁。

3. 按病毒的链结方式分类

由于计算机病毒本身必须有一个攻击对象以实现对计算机系统的攻击，计算机病毒所攻击的对象是计算机系统可执行的部分。

① 源码型病毒：该病毒攻击高级语言编写的程序，该病毒在高级语言所编写的程序编译前

插入到原程序中，经编译成为合法程序的一部分。

② 嵌入型病毒：这种病毒是将自身嵌入到现有程序中，把计算机病毒的主体程序与其攻击的对象以插入的方式链接。这种计算机病毒是难以编写的，一旦侵入程序体后也较难消除。如果同时采用多态性病毒技术、超级病毒技术和隐蔽性病毒技术，将给当前的反病毒技术带来严峻的挑战。

③ 外壳型病毒：这种病毒将其自身包围在主程序的四周，对原来的程序不进行修改。这种病毒最为常见，易于编写，也易于发现，一般测试文件的大小即可知。

④ 操作系统型病毒：这种病毒用它自己的程序意图加入或取代部分操作系统进行工作，具有很强的破坏力，可以导致整个系统的瘫痪。圆点病毒和大麻病毒就是典型的操作系统型病毒。这种病毒在运行时，用自己的逻辑部分取代操作系统的合法程序模块，根据病毒自身的特点和被替代的操作系统中合法程序模块在操作系统中运行的地位与作用以及病毒取代操作系统的取代方式等，对操作系统进行破坏。

4. 按病毒的破坏情况分类

① 良性计算机病毒：是指其不包含有立即对计算机系统产生直接破坏作用的代码。这类病毒为了表现其存在，只是不停地进行扩散，从一台计算机传染到另一台，并不破坏计算机内的数据。有些人对这类计算机病毒的传染不以为然，认为这只是恶作剧，没什么关系。其实良性、恶性都是相对而言的。良性病毒取得系统控制权后，会导致整个系统运行效率降低，系统可用内存总数减少，使某些应用程序不能运行。它还与操作系统和应用程序争抢 CPU 的控制权时导致整个系统死锁，给正常操作带来麻烦。有时系统内还会出现几种病毒交叉感染的现象，一个文件不停地反复被几种病毒所感染。例如，原来只有 10KB 的文件变成 90KB，就是被几种病毒反复感染了数十次。这不仅消耗掉大量宝贵的磁盘存储空间，而且整个计算机系统也由于多种病毒寄生于其中而无法正常工作。因此也不能轻视所谓良性病毒对计算机系统造成的损害。

② 恶性计算机病毒：是指在其代码中包含有损伤和破坏计算机系统的操作，在其传染或发作时会对系统产生直接的破坏作用。这类病毒是很多的，如米开朗琪罗病毒。当米氏病毒发作时，硬盘的前 17 个扇区将被彻底破坏，使整个硬盘上的数据无法被恢复，造成的损失是无法挽回的。有的病毒还会对硬盘做格式化等破坏。这些操作代码都是刻意编写进病毒的，这是其本性之一。因此这类恶性病毒是很危险的，应当注意防范。所幸防病毒系统可以通过监控系统内的这类异常动作识别出计算机病毒的存在与否，或至少发出警报提醒用户注意。

5.3.3 网络病毒的防范

随着计算机技术的发展和进步，各行各业都普遍依赖于计算机网络，但在这个过程中，计算机病毒制造者的手段也越来越高明，不断寻找计算机漏洞传播病毒，制造新型病毒、变种病毒等，严重威胁着计算机用户的正常使用。因此，相关计算机技术人员和网络安全管理人员必须加强计算机病毒的防范工作，给用户普及计算机网络安全的知识，保证计算机运行的稳定性和安全性。下面介绍几种常用的网络病毒防范措施方法。

（1）配置防火墙

防火墙技术是防止病毒入侵，保证计算机网络安全的重要技术手段，防火墙通过把计算机软件和硬件结合在一起，在计算机网络内部和外部之间的不同应用部门中建立一个安全的网络关卡，进而有效阻止非法入户入侵。防火墙技术可以把内部网络与公共网络区分开来，并形成防线，用户需要经过授权才能访问，可以把非法访问隔离在外，对计算机进行保护，保证计算机的安全运行。

（2）安装杀毒软件

计算机杀毒软件可以查杀计算机病毒，对计算机进行防护。通常情况下，计算机杀毒软件的运行步骤如下：首先，对整个计算机系统和计算机安装的软件进行扫描。其次，发现和识别可疑文件或程序，并确认病毒并进行隔离。最后，征求用户的意见，是否把隔离区的病毒程序或许文件清除，征得用户同意后，强制清除病毒程序或文件，并对计算机系统进行升级。

（3）备份重要资料

部分计算机病毒有很强的隐蔽性和潜伏性，有时候杀毒软件也很难识别，只有在对计算机造成危害时才会被发现。因此，计算机用户要养成备份重要资料的习惯，切实保证自己的隐私安全和信息安全。

（4）提高安全意识

国家相关部门或者企业管理人员要对计算机用户和网络安全管理人员进行培训，明确其在使用计算机网络过程中的责任和义务，提高其计算机安全意识。首先，对计算机用户进行网络安全和计算机病毒防范知识普及，提高其安全防范意识。例如，在邮件的使用过程中，用户不仅要保管好自己的邮箱地址和密码，还要开启邮箱中的邮件过滤功能，不随意打开不明邮件，及时删除有问题的邮件，减小计算机病毒通过邮件传播的可能性。其次，对网络安全管理人员进行培训，提高其业务能力。

（5）提高计算机系统物理环境的安全性

计算机系统的物理环境主要指计算机机房和相关设施，可以从以下几个方面入手，提高计算网络系统的可靠性和安全性。

① 对计算机机房的温度、湿度、虫害、电气干扰、冲击和振动等进行严格的控制。

② 合理选择计算机机房场地。计算机系统的安装场所十分重要，直接影响着计算机系统的稳定性和安全性。计算机机房场地应该具备以下几个条件：场地外部环境安全、可靠，场地可以抗电磁干扰，避开强震动和噪声源，此外，计算机机房还不能设在高层建筑物下层、用水设备下层或隔壁，并且要加强机房出入口的管理，防止不法分子的恶意破坏。

③ 对机房进行安全防护，机房的相关工作人员要加强计算机机房的安全防护，既要防止物理灾害，也要防止人为灾害，如未授权者破坏、干扰、篡改、盗用网络设施和重要数据。具体来说，有以下 4 点措施：加强监督，认真识别和控制机房访问者身份信息，及时验证其身份的合法性；实时监控、限制来访者的活动范围，发现异常及时采取措施；在计算机机房的系统中心设置多层次的安全防护圈，让计算机机房具备抵御非法暴力入侵的能力；计算机机房要能够抵御各种类型的自然灾害。

5.3.4 反病毒技术

随着网络和操作系统的发展，人们对计算机病毒有了更新的认识，病毒防治理念也从原有的单纯“杀毒”上升到“杀防结合”层面，可以说，计算机病毒的蔓延导致了计算机反病毒技术的发展。

（1）病毒码扫描法

病毒码扫描法是利用病毒留在受感染文件中的病毒特征值（即每种病毒所独有的十六位代码集）进行检测。发现新病毒后，对其进行分析，根据其特征编成病毒码，加入到数据库中。今后在执行查毒程序时，通过对比文件与病毒数据库中的病毒特征代码，检查文件是否含有病毒。对于传统病毒来说，病毒码扫描法速度快，误报率低，是检测已知病毒的最简单、开销最小的方法。目前的大多数反毒产品都配备了这种扫描引擎。但是，随着病毒种类的增多，特别是变形病毒和隐蔽性病毒的发展，致使检测工具不能准确报警，速度下降，给病毒的防治提出了严峻挑战。

（2）病毒实时监控技术

传统的反毒技术已无法对付不以文件形式存在的内存型病毒；变种邮件病毒的不断出现，客观要求防毒系统必须具备针对协议层的邮件双向监控技术和对未知新型病毒的分析判断能力；恶意网页的出现，更需要在网页浏览过程中实时过滤有害代码、监控注册表信息，凡涉及修改注册表、删除文件等恶意操作的行为，必须随时报警并予以制止，所有这些都使得病毒实时监控技术显得格外重要。实时监控进程处于随时工作状态，防止病毒从外界侵入系统，全面提高计算机系统整体防护水平。

（3）虚拟机技术

虚拟机技术也称为动态启发技术，具有人工分析、高智能化、查毒准确性高等特点。该技术的原理是：用程序代码虚拟 CPU 寄存器，甚至硬件端口，用调试程序调入可疑带毒样本，将每个语句放到虚拟环境中执行，这样就可以通过内存、寄存器以及端口的变化来了解程序的执行，改变了过去拿到样本后不敢直接运行而必须跟踪它的执行查看是否带有破坏、传染模块的状况。虚拟环境既然可以反映程序的任何动态，那么病毒放入虚拟机中执行后也必然可以反映出其传染动作。通过该技术，可以解决自解压程序格式繁杂、非公开压缩方式造成大量变种病毒和新病毒的技术难题，彻底查杀由压缩工具和捆绑器制造的各种变种病毒。这一技术有着极为广阔的应用前景。

（4）自免疫扫毒技术

该技术采用软件认证和虚拟运行判断的双重机制，使用户免除对反病毒软件频繁升级之苦。软件认证机制记录系统软件正常的运行状态，形成软件特征运行库，一旦软件出现非正常运行，马上采取措施，所以对网络蠕虫、求职信等已知病毒和未知病毒都能够有效地进行遏制。如果用户在安装新软件时，杀毒引擎会启动，通过虚拟运行判断或行为转移机制，对所有软件在系统下执行的命令进行监控，进行高效智能判断，让合法操作通过，过滤恶意操作，禁止病毒进行复制、删除、格式化硬盘，破坏分区表，降低系统性能等危险性操作，保证系统的安全运行。同时随机记录文件的变化情况，必要时恢复各个时期的状态。该技术极富创意，具有良好地发展前途。

（5）主动内核技术

主动内核技术改变了传统的被动防御理念，将已经开发的各种防病毒系统嵌入操作系统内核，实现无缝连接。如将实时防毒墙、文件动态解压缩、病毒陷阱、宏病毒分析器等功能，组合起来嵌入操作系统，作为操作系统本身的一个“补丁”，与其浑然一体。这种技术可以保证防病毒模块从底层内核与各种操作系统、网络、硬件、应用环境密切协调，确保在发生病毒入侵时，防毒操作不会伤及到操作系统内核，而又能杀灭来犯的病毒。

（6）网关防毒技术

网关级防毒是在网关处设防，防止病毒经由 Internet 网关传入内网，或是防止网络内部染毒文件传到其他网络当中。网关防毒技术是目前阻绝计算机病毒，特别是邮件病毒、FTP 病毒和恶意网页的最佳手段。在病毒被下载并导致损失之前起到隔离和清除作用，并可以过滤内容不当的邮件，避免造成网络带宽的大量消耗。

5.3.5 常见病毒分析与处理

1. 特洛伊木马

特洛伊木马目前一般可理解为“为进行非法目的的计算机病毒”，在计算机中潜伏，以达到黑客目的。在古希腊传说中，希腊联军围困特洛伊久攻不下，于是假装撤退，留下一具巨大的中空木马，特洛伊守军不知是计，把木马运进城中作为战利品。夜深人静之际，木马腹中躲藏的希腊士兵打开城门，特洛伊沦陷。后人常用“特洛伊木马”这一典故，比喻在敌方营垒里埋下伏兵里应外合的活动。现在有的病毒伪装成一个实用工具、一个可爱的游戏、一个位图文件，甚至系统文件等，这会诱使用户在 PC 或者服务器上将其打开。这样的病毒也被称为“特洛伊木马（Trojan Wooden-horse）”，简称“木马”。

（1）原理

一个完整的特洛伊木马套装程序含了两部分：服务端（服务器部分）和客户端（控制器部分）。植入对方计算机的是服务端，而黑客正是利用客户端进入运行了服务端的计算机。运行了木马程序的服务端以后，会产生一个有着容易迷惑用户的名称的进程，暗中打开端口，向指定地点发送数据（如网络游戏的密码、实时通信软件密码和用户上网密码等），黑客甚至可以利用这些打开的端口进入计算机系统。这时计算机上的各种文件、程序，以及在计算机上使用的账号、密码无安全可言了。

特洛伊木马程序不能自动操作，一个特洛伊木马程序包含或者安装一个存心不良的程序，对一个对其不加怀疑的用户来说，它可能看起来是有用或者有趣的计划（或者至少无害），但是实际上当它被运行时是有害的。特洛伊木马不会自动运行，它是暗含在某些用户感兴趣的文档中，在用户下载时附带的。当用户运行文档程序时，特洛伊木马才会运行，信息或文档才会被破坏和丢失。特洛伊木马和后门不一样，后门指隐藏在程序中的秘密功能，通常是程序设计者为了能在日后随意进入系统而设置的。

（2）启动与隐藏方式

① 特洛伊木马程序经常采用如下启动方式。

- 在 Win.ini 中自启动；
- 在 System.ini 中自启动；
- 利用注册表加载运行；
- 在 Autoexec.bat 和 Config.sys 中加载运行；
- 在 Winstart.bat 中启动；
- 在 Windows 启动组中启动；
- 在*.ini 文件中配置启动；
- 捆绑文件启动。

② 特洛伊木马程序采用如下隐藏方式。

- 在任务栏里隐藏；
- 在任务管理器里隐藏；
- 端口隐藏；
- 通信隐藏；
- 加载方式隐藏。

（3）特洛伊木马的特性

① 不产生图标。

② 自动运行性。

③ 自动恢复功能。

④ 自动打开端口功能。

（4）特洛伊木马的种类

破坏型：指破坏或删除计算机上的文件，可以自动的删除计算机上的 DLL、INI、EXE 等重要文件。

密码发送型：可以找到隐藏密码并把它们发送到指定的邮箱。用户把自己的各种密码以文件的形式存放在计算机中，认为这样方便；还有人喜欢用 Windows 提供的密码记忆功能，这样就可以不必每次都输入密码了。许多黑客软件可以寻找到这些文件，把它们送到黑客手中。也有黑客软件长期潜伏，记录操作者的键盘操作，从中寻找有用的密码。

远程访问型：计算机上运行了服务端程序，如果黑客知道了服务端的 IP 地址，就可以实现远程控制。

键盘记录型：记录受害者的键盘敲击并且在 LOG 文件里查找密码，然后通过网络将获取的密码发送到指定邮箱。

Dos 攻击型：利用被攻击的计算机再次发起对其他计算机的攻击，可造成计算机资源的耗竭，从而导致网络瘫痪。

代理木马：利用被控制的计算机安装代理木马，让其变成攻击者发动攻击的跳板是代理木马最重要的特征。

FTP 木马：打开目标计算机的 21 号端口，并配置新的密码，从而进入目标计算机。

程序杀手木马；关闭目标计算机上的程序，从而更好地控制目标计算机。

（5）感染后的措施

① 审查并管理操作系统的端口。

② 检查注册表中关键位置。

③ 检查系统配置文件。

④ 采用杀毒软件清除木马。

2. 蠕虫病毒

蠕虫是一种能够利用系统漏洞通过网络进行自我传播的恶意程序。它利用网络进行复制和传播，传染途径是网络和电子邮件。蠕虫病毒是自包含的程序，它能传播它自身功能的拷贝或它的某些部分到其他的计算机系统中（通常是经过网络连接）。

计算机蠕虫是一种独立的恶意软件计算机程序，它复制自身以便传播到其他计算机。通常，它使用计算机网络来传播自己，依靠目标计算机上的安全故障来访问它。与计算机病毒不同，它不需要附加到现有的程序。蠕虫几乎总是对网络造成一些伤害，即使只是消耗带宽，而病毒几乎总是损坏或修改目标计算机上的文件。

（1）组成与入侵方法

蠕虫由两部分组成：一个主程序和一个引导程序。主程序一旦在计算机上建立就会去收集与当前计算机联网的其他计算机的信息。它能通过读取公共配置文件并运行显示当前网上联机状态信息的系统实用程序而做到这一点。随后，它尝试利用前面所描述的那些缺陷去在这些远程机器上建立其引导程序。

蠕虫程序常驻于一台或多台计算机中，并有自动重新定位（autoRelocation）的能力。如果它检测到网络中的某台计算机未被占用，它就把自身的一个拷贝（一个程序段）发送给那台计算机。每个程序段都能把自身的拷贝重新定位于另一台计算机中，并且能识别它占用的是哪台计算机。蠕虫侵入一台计算机后，首先获取其他计算机的 IP 地址，然后将自身副本发送给这些计算机。

蠕虫病毒也使用存储在染毒计算机上的邮件客户端地址簿里的地址来传播程序。虽然有的蠕虫程序也在被感染的计算机中生成文件，但一般情况下，蠕虫程序只占用内存资源而不占用其他资源。蠕虫还会蚕食并破坏系统，最终使整个系统瘫痪。

（2）典型的蠕虫病毒

①“Guapim”蠕虫病毒

“Guapim（Worm.Guapim）”蠕虫病毒的特征为：通过即时聊天工具和文件共享网络传播的蠕虫病毒。发作症状：病毒在系统目录下释放病毒文件 System32%\ pkguar d32.exe，并在注册表中添加特定键值以实现自启动。该病毒会给 MSN、QQ 等聊天工具的好友发送诱惑性消息：“Hehe.takea look at this funny game http:// ****//Monkye.exe”，同时假借 HowtoHack.exe、HalfLife2FULL.exe、WindowsXP.exe、VisualStudio2005.exe 等文件名复制自身到文件共享网络，并试图在 Internet 上下载执行另一个蠕虫病毒，直接降低系统安全设置，给用户的正常操作带来极大的隐患。

②“安莱普”蠕虫病毒

“安莱普（Worm.Anap.b）”蠕虫病毒通过电子邮件传播，利用用户对知名品牌的信任心理，伪装成某些知名 IT 厂商（如微软、IBM 等）给用户狂发带毒邮件，诱骗用户打开附件以致中毒。病毒运行后会弹出一个窗口，内容提示为“这是一个蠕虫病毒”。同时，该病毒会在系统临时文件和个人文件夹中大量收集邮件地址，并循环发送邮件。

（3）防治措施

① 安装杀毒软件

使用具有实时监控功能的杀毒软件，如 360 安全卫士、腾讯电脑管家等，并且注意不要轻易打开、运行不明来源的文件。

② 更改程序名称

对于有些网络蠕虫病毒通过调用系统中已经编译好的带有破坏性的程序来实现功能，我们可以给本地的带有破坏性的程序改名字，例如，把 format 改成 fmt，这样病毒的编辑者就无法调用本地命令来实现功能。

③ 删除 Windows Script Host

由于蠕虫病毒大多是用 VBScript 脚本语言编写的，而 VBScript 代码是通过 Windows Script Host（WSH）来解释执行的，因此将 Windows Script Host 删除，就再也不用担心这些用 VBS 和 JS 编写的病毒了。从另一个角度来说，Windows Script Host 本来是被系统管理员用来配置桌面环境和系统服务，实现最小化管理的一个手段，但对于大部分一般用户而言，WSH 并没有多大用处，所以我们可以禁止 Windows Script Host。如果嫌麻烦，可以到 C:\Windows\System32 目录下，找到 WScript.exe 等脚本程序的系统支持文件，更改其名称或者删除。

本章重要概念

- 计算机网络安全是指利用网络管理控制和技术措施，保证在一个网络环境里，信息数据的机密性、完整性及可使用性受到保护。
- 计算机网络安全的目标：保密性、完整性、可用性、不可否认性等。
- 计算机网络不安全因素可归纳为偶发因素、自然灾害和人为因素。
- 网络攻击是指利用网络存在的漏洞和安全缺陷对网络系统的硬件、软件及其系统中的数据进行的攻击。

- 口令入侵是指使用某些合法用户的账号和口令登录到目的主机，然后再实施攻击活动。这种方法的前提是必须先得到该主机上的某个合法用户的账号，然后再进行合法用户口令的破译。
- 端口扫描就是利用 Socket 编程和目标主机的某些端口建立 TCP 连接、进行传输协议的验证等，从而得知目标主机的扫描端口是否是处于激活状态、主机提供了哪些服务、提供的服务中是否含有某些缺陷等。
- 网络安全机制是一种用于解决和处理某种安全问题的方法，通常分为预防、检测和恢复 3 种类型。
- 访问控制（Access Control）指系统对用户身份及其所属的预先定义的策略组限制其使用数据资源能力的手段。
- 入侵检测是指“通过对行为、安全日志或审计数据或其他网络上可以获得的信息进行操作，检测到对系统的闯入或闯入的企图”。
- 数字签名（又称公钥数字签名、电子签章）是一种类似写在纸上的普通的物理签名，但是使用了公钥加密领域的技术实现，用于鉴别数字信息的方法。
- 移动互联网是指互联网的技术、平台、商业模式和应用与移动通信技术结合并实践的活动的总称。
- 依据移动互联网网络架构网络与信息安全分层，移动互联网安全可以分为互联网终端安全、移动互联网网络安全以及移动互联网业务安全 3 个部分。
- 移动互联网终端就是通过无线技术上网接入互联网的终端设备，它的主要功能就是移动上网，因此对于各种网络的支持就十分重要。
- 计算机病毒可以划分为网络病毒、文件病毒、引导型病毒。

习题

5-1　计算机网络安全目标有哪些?

5-2　移动网络不安全因素及主要威胁有哪些?

5-3　网络不安全因素中人为因素可分为哪些种类?

5-4　网络安全面临的主要威胁有哪些?

5-5　网络攻击的含义?

5-6　数据加密技术分为哪两种? 并描述各自的特点。

5-7　访问控制技术的 3 个要素是什么?

5-8　如何加强网络安全防范?

5-9　移动网络安全的含义是什么?

5-10　网络病毒的特征是什么?

5-11　网络病毒的分类是什么?

5-12　如何防范网络病毒的入侵?